战略性新兴领域“十四五”高等教育系列教材

智能控制

李晓理　刘春芳　王　康　余　攀
鄂新华　刘　茜　于晓威　高仕琪
王香伟　编著

机械工业出版社

本书以讲授智能控制基础知识和技术应用为目标，在阐述理论知识的基础上，结合矿渣微粉生产多模型自适应控制、旋转系统重复控制、柔性关节机器人控制，讲解了智能控制的技术应用；阐述了人工智能与智能控制的联系、智能控制相关政策和发展方向。全书共 9 章，包括智能控制概述、神经网络控制系统、模糊控制系统、专家控制系统、智能 PID 控制、学习控制、基于智能优化算法的智能控制、机器人智能控制与智能控制展望。

本书可作为高等院校自动化、智能科学与技术、机电工程、机器人、电子工程等相关专业的教材，也可作为相关研究、设计人员的参考书。

图书在版编目（CIP）数据

智能控制 / 李晓理等编著. -- 北京 ：机械工业出版社，2024. 11（2025.7重印）. --（战略性新兴领域“十四五”高等教育系列教材）. -- ISBN 978-7-111-76794-7

Ⅰ. TP273

中国国家版本馆 CIP 数据核字第 20240SS614 号

机械工业出版社（北京市百万庄大街22号　邮政编码100037）

策划编辑：吉　玲　　　　责任编辑：吉　玲

责任校对：潘　蕊　宋　安　　封面设计：张　静

责任印制：刘　媛

北京富资园科技发展有限公司印刷

2025年7月第1版第2次印刷

184mm×260mm・10.75印张・264千字

标准书号：ISBN 978-7-111-76794-7

定价：38.00 元

电话服务　　　　　　　　网络服务

客服电话：010-88361066　　机　工　官　网：www.cmpbook.com

010-88379833　　机　工　官　博：weibo.com/cmp1952

010-68326294　　金　书　网：www.golden-book.com

　机工教育服务网：www.cmpedu.com

前言

PREFACE

智能控制采用各种智能化技术实现复杂系统的控制目标，是具备自学习、自组织、自适应能力的新型自动控制技术。智能控制的发展为解决复杂的非线性、不确定系统的控制问题开辟了新的途径，并被广泛应用于各类工业过程系统、机器人系统、智能制造系统等场景。

近年来，已有大量智能控制理论研究及其工程应用论文发表。编著者多年来一直从事复杂系统智能控制理论和应用方面的教学和研究工作，为了反映智能控制理论设计和工程应用中的最新研究成果，促进自动控制相关专业学生学习，并使广大研究人员和工程技术人员能够了解、掌握和应用智能控制领域的前沿理论和技术应用，编著了本书，供广大读者学习和参考。

本书共 9 章，具体内容安排如下。

第 1 章为智能控制概述，简要介绍了智能控制的产生、定义、研究对象、性能、特点和分类。

第 2 章介绍神经网络控制系统，在介绍神经网络激活函数、基本类型、学习算法等理论基础之上，重点介绍了 BP 神经网络、RBF 神经网络；进一步系统地介绍了神经网络的建模和控制方法，包括正向、逆向模型构建，神经网络监督控制、神经网络直接逆控制、神经网络内模控制、神经网络自适应控制、神经网络多模型自适应控制等，并面向矿渣微粉生产过程，给出了基于动态神经网络的多模型自适应控制分析、设计与实验。

第 3 章介绍模糊控制系统，首先简要介绍了模糊集合、模糊关系及其运算，语言变量、模糊规则与模糊推理等模糊数学基础；然后介绍了模糊控制的基本原理与模糊控制系统的工作原理；最后阐述了模糊控制系统的设计原则及快速查表法、梯度下降法等设计方法，并以双阀水箱为例介绍了模糊控制器的设计与应用实现。

第 4 章介绍专家控制系统，在简要介绍专家系统的基本概念、主要类型与基本结构的基础上，阐明了专家系统的建立原则和建立步骤，并重点阐述了专家控制系统的特点、基本结构及其设计与应用。

第 5 章介绍智能 PID 控制，融合前述专家控制、模糊控制与神经网络控制方法，分别介绍了专家 PID 控制、模糊 PID 控制与神经网络 PID 控制的基本原理与控制实例。

第 6 章介绍学习控制，介绍研究动机、定义、特点、分类等学习控制的基本概念；阐述重复控制的定义、基本算法，并给出了旋转系统的重复控制实例；介绍了迭代学习控制的基本原理、基本算法，并给出了机械臂的迭代学习控制实例；介绍了强化学习的基本概念、基本算法，并给出了基于 DNQ 算法的倒立摆小车强化学习控制实例。

第 7 章介绍基于智能优化算法的智能控制，首先阐述了智能优化算法的基本概念；然后介绍了以遗传算法、差分进化算法为代表的进化类优化算法和以蚁群算法、粒子群算法为代表的群智能优化算法，并介绍了进化类优化算法、群智能优化算法在智能控制中的应用。

第 8 章介绍机器人智能控制，首先从特点、功能方面对机器人控制系统进行了概述；然后分别介绍机器人位置控制、力控制及力与位置协同控制，重点阐述了机械臂轨迹跟踪神经网络控制、柔性关节机器人自适应控制、机器人控制技术在人机交互中的应用等机器人智能控制案例。

第 9 章对智能控制进行展望，首先阐述了深度学习、模式识别、自然语言处理等人工智能技术与智能控制的彼此联系与相互作用，然后从多智能体技术、深度学习神经网络和混杂控制系统方面对智能控制理论发展趋势进行了介绍，接下来以工业、交通领域为例介绍了实际场景对于智能控制的应用需求与展望，最后介绍了智能控制的相关政策及发展规划。

第 1、2 章由李晓理和王康编写，第 3 章由李晓理和于晓威编写，第 4 章由刘茜编写，第 5 章由高仕琪编写，第 6 章由余攀编写，第 7 章由王香伟编写，第 8 章由刘春芳编写，第 9 章由鄂新华编写。全书由李晓理统稿。

本书由北京市教育科学"十四五"规划 2022 年度优化关注课题"首都高校研究生教育质量提升研究（CDEA22009）"资助。

由于编著者水平有限，书中尚存在一些不足和疏漏之处，欢迎读者批评指正。

编著者
于北京工业大学

目　录

CONTENTS

第1章 智能控制概述

导读

本章阐述了智能控制的产生，介绍了智能控制的定义和研究对象，智能控制系统的性能和特点，以及智能控制系统的分类。

本章知识点

- 智能控制的发展
- 智能控制的研究内容
- 智能控制系统的特点
- 智能控制系统的分类

1.1 智能控制的产生

1.1.1 传统控制所面临的问题

自动控制通过自动化装置代替人对系统进行控制，使之达到预期的状态或性能指标。自动控制对科学技术的理论和应用发展产生了重要意义和深远影响。然而，尽管以经典控制、现代控制为代表的传统控制获得了成功，当面对现代复杂系统和不断变化的环境时，传统控制仍面临着许多挑战。

首先，传统控制依赖显式的对象模型，它以系统传递函数、状态方程等为基础。然而在现实生活中，往往很难获得精确的数学模型，因而传统控制难以取得理想效果。其次，传统控制缺乏智能性，表现为缺乏学习能力与适应能力。传统控制中的控制律多数一经确定不再改变，当对象参数或环境发生变化时，控制系统的性能随之下降。最后，随着控制目标、任务的要求越来越高，传统控制系统可能变得很复杂，导致系统成本提高、可靠性下降。

1.1.2 智能控制的产生和发展

正因为传统控制诸多的困难，所以必须探索新的概念、理论和方法才能与社会生产的快速发展相适应。

对于复杂系统，传统控制方法难以取得理想的效果。但若采用人工操作，凭借人的直觉或经验对其进行控制，却能收到事半功倍的效果。于是，人们在想能否设计出类似于人的控制器，来解决这类复杂对象的控制问题。随着人工智能(AI)科学的发展，将人工智能与自动控制有机地融合起来，产生了智能控制。

20 世纪 60 年代，人工智能的概念开始成形，研究者开始探索如何将人工智能技术应用于控制系统中。这一时期的智能控制主要基于规则和符号逻辑，通过预先定义的规则集实现系统的控制。1965 年，美国普渡大学的傅京孙教授首先在学习控制中引入了人工智能的直觉推理，提出了基于直觉推理规则方法的学习控制。这些方法能够处理一些简单的控制任务，但当应对复杂和非线性系统时显得力不从心。1967 年，Mendel 把记忆、目标分解等技术用于学习控制系统，首次使用了“智能控制(Intelligent Control)”一词。1968 年，罗特菲斯特(Lotfi A. Zadeh)提出了模糊集合理论，为处理不确定性和模糊性提供了新的工具，基于模糊集合理论的模糊控制系统能够在不完全或模糊的输入信息下作出合理的控制决策。1971 年，傅京孙从发展学习控制的角度，提出了智能控制这一概念，并且归纳了三种智能控制系统：人控制器、人机结合控制器、无人参与控制器。傅京孙认为人工智能与控制工程的有机结合将促成从学习控制到智能控制的自然延伸和发展，其对智能控制的深刻理解和远见卓识，激发了研究人员对智能控制的广泛兴趣。1977 年，傅京孙的同事 Saridis 教授出版《随机系统的自组织控制》一书，并于 1979 年发表《走向智能控制的实现》，指出控制理论最终走向智能控制的发展过程，提出了智能控制系统的“组织级、协调级、执行级”分层递阶结构和学习算法，阐述了传统控制、学习控制、自组织控制、自适应控制、机器人控制和智能控制之间的天然联系。傅京孙教授和 Saridis 教授为智能控制这一新兴领域的早期发展与成长壮大做出了重要贡献，二人被尊称为“智能控制之父”。

20 世纪 80 年代，神经网络技术开始受到关注。神经网络具有强大的学习和自适应能力，可以通过训练从数据中自动学习复杂的控制策略。霍普菲尔德(Hopfield)神经网络和多层感知机(MLP)等模型被应用于各种控制任务，如模式识别和动态系统控制。与此同时，遗传算法(Genetic Algorithm，GA)作为一种基于生物进化原理的优化方法被引入智能控制领域。遗传算法通过模拟自然选择和遗传变异解决复杂的多目标优化问题，特别适用于搜索空间大且具有非线性特性的控制问题。把传统控制理论与模糊逻辑、神经网络、遗传算法等人工智能技术相结合，充分利用人类的控制知识对复杂系统进行控制，逐渐形成了智能控制理论的雏形。1985 年，IEEE(电气电子工程师学会)在美国纽约召开第一届智能控制学术会议，集中讨论智能控制的原理和系统结构等问题，标志着这一新体系的形成。1987 年在美国费城，IEEE 控制系统学会与计算机学会联合召开了第一届智能控制国际会议(International Symposium on Intelligent Control)，这标志着智能控制作为一门新学科正式建立起来。

近年来，随着增强学习、多智能体系统、深度学习和分布式控制的发展，现代智能控制系统能够在复杂、不确定和动态环境中实现高效、鲁棒的控制。尤其是 21 世纪以来，智能控制技术愈发成熟，在自动驾驶技术、机器人、物联网和智能制造中得到了广泛应用。

1.2 智能控制的定义和研究对象

1.2.1 智能控制的定义

智能控制理论始于20世纪70年代，是控制理论、人工智能和计算机科学相结合的产物。它属于控制理论发展的高级阶段，主要用来解决传统方法难以解决的复杂系统的控制问题。与传统控制理论相比，智能控制对于环境和任务的复杂性有更强的适应能力。智能控制的定义为：通过模仿和超越人类智能，采用学习、自适应、推理和决策等技术，提高控制系统在复杂和非线性环境中的性能。

1.2.2 智能控制的研究对象

根据智能控制的定义可知，一切蕴含智能行为的控制技术都属于智能控制。因此，智能控制所包含的内容十分广泛。

智能控制的研究对象往往是复杂系统，一般具备以下特点。

1. 严重不确定性

被控对象存在严重不确定性，模型结构和参数在运行过程中变化很大，例如生物发酵过程；有的被控对象甚至难以建立数学模型或所建立的模型很不精确，例如经济系统、生态系统等。面对这样的系统，基于数学模型的传统控制无能为力。这些复杂系统特性的描述往往需要借助学习、知识推理或统计模型来表达。

2. 高度非线性

传统控制理论更多用来解决线性系统的控制问题。滑模变结构控制、基于微分几何的非线性控制等方法可处理非线性系统的控制问题。但是，非线性控制理论并不成熟，有些控制方法的适用条件十分苛刻，有些控制算法十分复杂，根本无法推广应用。智能控制方法脱离复杂的数学模型，往往可以收到事半功倍的控制效果。

3. 复杂的控制任务

传统控制理论更多用来解决调节问题或跟踪问题，控制任务比较单一。对于一些系统，其控制任务往往比较复杂。例如，机器人足球比赛既要考虑单个机器人的控制性能，又要考虑多个机器人协作，还要考虑目标的不确定性等因素。对于复杂控制系统，传统控制方法显得力不从心。而采用智能控制方法，充分发挥其学习功能、组织功能，往往能够取得很好的控制效果。

1.3 智能控制系统的性能和特点

1.3.1 智能控制系统的性能

智能控制系统是指实现某种控制任务的智能系统。智能控制系统应该具备以下性能：

1）对获取的信息进行定性与定量、模糊与精确的处理能力。

2）在线学习、修改、生成新知识和记忆能力。

3）把已有的理论与人的经验相结合，归纳、演绎、推理决策的能力。

4）对系统的故障和运行过程中的突发事故实时处理的能力。

1.3.2 智能控制系统的特点

智能控制系统具有自学习、自适应和自组织功能。

1. 自学习

Saridis 对学习系统的定义为：若一个系统能够对过程或环境的未知特征所固有的信息进行学习，并将得到的知识用于进一步估计、分类、决策或控制中，从而使系统的性能得到改善，则称该系统为学习系统。学习就是获得未知过程或环境的固有特征信息，并且利用所获得的知识不断完善自我的过程。

智能控制系统具备自学习能力，能够利用神经网络及增强学习技术，通过学习和积累经验，不断改进自身的控制策略。

2. 自适应

自适应功能指对于没有学习过的数据，系统也能给出合适的输出。当系统局部出现故障时，系统仍能正常工作。高级智能控制系统还可以找出故障位置甚至实现自修复，体现出更强的自适应功能。

智能控制系统具备自适应能力，能够在环境变化或系统参数发生变化时自动调整自身参数，以保持最佳控制性能。

3. 自组织

智能控制系统对于复杂的控制任务和多传感信息具有自组织和协调的功能。当多个控制目标出现冲突时，系统可以在满足控制要求的情况下自行决策，主动采取行动，这体现出智能控制系统具有相应的主动性和灵活性。

1.4 智能控制系统的分类

1.4.1 神经网络控制系统

随着被控对象越来越复杂，人们对控制系统的要求越来越高。传统基于精确模型的控制方法，难以保证在被控对象存在模型不确定性、时变等因素下的控制性能。而神经网络控制系统充分利用神经网络的自适应性和学习能力、非线性映射能力、鲁棒性和容错能力，将控制问题视为模式识别问题，被识别的模式是关于受控的状态、输出或某个性能评价函数的变化信号，这些信号经神经网络映射成控制信号。神经网络示意图如图 1-1 所示。

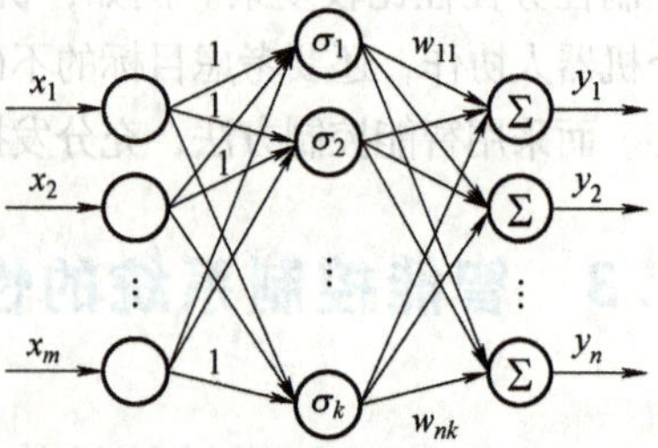

图 1-1 神经网络示意图

应用神经网络技术，可以对难以精确建模的复杂非线性被控对象进行神经网络模型辨识、控制、优化计算、推理或故障诊断。

1.4.2 模糊控制系统

模糊控制是将人类长期积累的控制经验用“模糊规则”表示并赋予机器，使其能代替人类完成相应控制的方法。不同于传统控制理论对于精确数学模型的依赖性，模糊控制可以仅靠基于历史经验的控制规则实现智能控制。模糊控制是以模糊集理论、模糊语言变量和模糊逻辑推理为基础的一种智能控制方法，它是从行为上模仿人的模糊推理和决策过程的一种智能控制方法。

模糊控制系统是以模糊控制器代替传统控制器的控制系统，主要由模糊控制器、被控对象和检测装置组成。其核心模糊控制器的许多优点，如适用于建模困难的被控对象，控制系统的鲁棒性强且具有非常强的不确定性处理能力，使得模糊控制系统受到广泛研究。而且，化学反应控制、四旋翼无人机编队控制、多机器人协同控制等模糊控制系统的实际应用，进一步验证了模糊控制技术的实用性。随着计算机科学与控制技术的不断发展，被控对象从线性系统到非线性系统，再到复杂系统，针对结合 PID(比例积分微分)控制算法的模糊控制系统、结合自适应控制技术的模糊控制系统和结合人工智能技术的模糊控制系统等，如何设计模糊控制策略实现精准控制是热点研究。

1.4.3　专家控制系统

专家控制系统(Expert Control System)是指将专家系统与传统控制系统有机地结合起来，在未知的情况下，效仿人类专家的思想，实现对实体系统的控制。专家控制系统可以诠释控制系统中的情况，诊断可能发生的问题，推断控制过程的未来行为，不断修改和执行控制方案，这就是说，专家控制系统拥有诊断、预报、解释、规划和执行等功能。

专家控制系统通常分为直接型专家控制系统和间接型专家控制系统两种。在直接型专家控制系统中，专家控制器向系统提供控制信号，并直接作用于控制过程或者被控对象，如图 1-2 所示。在间接型专家控制系统中，专家控制器是间接的作用于控制过程或者被控对象，如图 1-3 所示。

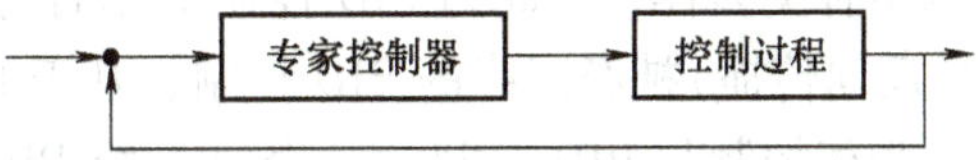

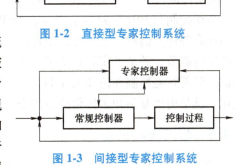

图 1-2　直接型专家控制系统

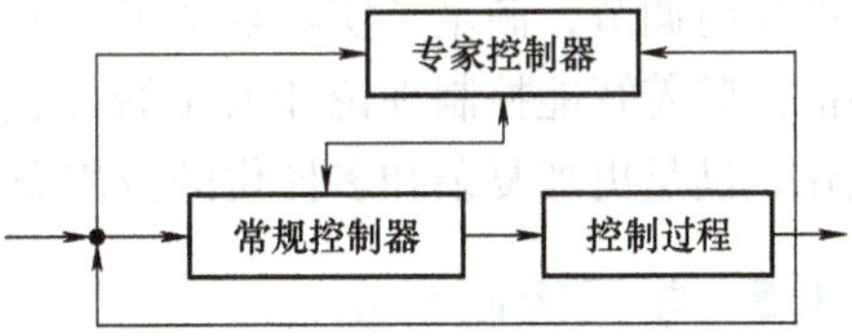

图 1-3　间接型专家控制系统

直接型专家控制系统和间接型专家控制系统的主要区别在于知识的设计目的。直接型专家控制系统的专家控制器是直接效仿人类或者人类专家的认知能力，并且为专家控制器设计了两种规则：机器规则和训练规则。机器规则是由积累和学习人类专家的控制经验得到的动态规则，用于实现机器的学习过程；训练规则由一组产生式规则组成，这些规则把专家控制误差直接对应为被控对象的作用。间接型专家控制系统的专家控制器用来调节常规控制器的控制参数，采集被控对象的某些特性，如系统超调量、系统的上升和稳定时间等，以此设计校正 PID 参数的规则，用来保证控制系统处于较稳定的运行状态。

此外，还有一种实时专家控制系统，是专家系统、模糊集合和控制理论相结合的产物，是智能控制未来发展方向之一。若一个控制系统对控制过程表现出预定的足够快的实时行为，有严格的响应时间限制，且与所用算法无关，则这种系统被称为实时控制系统。专家系统与实时系统在控制上结合形成的实时专家系统能够在广泛的范围内代替或帮助操作人员进行工作。

1.4.4 智能 PID 控制系统

PID 控制自 20 世纪提出以来，已经凭借其算法简单、适用面广、鲁棒性强等优势在工业过程控制等方面得到了广泛的应用。其思想是将系统的输出误差、误差的积分和微分线性组合，构成控制器，对系统进行控制，结构中包含比例(P)、积分(I)和微分(D)环节。传统 PID 控制器的比例、积分、微分系数通常根据操作者经验人为给定，无法实时调整。然而实际工况复杂，随着现代工业的不断发展，被控对象极易呈现出高度非线性、时变、不确定性和纯滞后性等特点，给传统 PID 控制器参数的整定带来困难和挑战，仅靠传统 PID 控制方法无法达到满意的控制效果，需要探索传统 PID 控制与其他算法的结合。

随着智能控制理论的发展，智能 PID 控制方法应运而生。通过智能控制与 PID 控制的有机结合，提升系统的自适应性和实时控制能力。智能 PID 控制主要有专家 PID 控制、模糊 PID 控制、神经网络 PID 控制等。

专家 PID 控制将专家系统的思想引入 PID 控制，通过总结调整 PID 算法的专家经验，制定专家规则库，实现 PID 控制算法的实时在线调整。然而，对操作经验定量精确描述往往存在一定困难，所以学者们依据模糊数学的思想提出了模糊 PID 控制。模糊 PID 控制主要有两种思路，一种为将模糊控制与传统 PID 的环节串联或并联构成模糊-PID 混合控制，具体可分为模糊-PID 切换控制、含积分引入的模糊控制、基于模糊补偿的 PID 控制。另一种为用模糊系统进行 PID 控制参数的整定，将控制参数的调节原则转化为模糊集合下的模糊规则，通过输入变量模糊化—模糊推理—解模糊得到 PID 系统三个控制参数的增量值，完成 PID 参数的整定。神经网络 PID 控制利用人工神经网络强大的非线性自学习能力在线调节 PID 控制参数，神经网络种类多样，因此与 PID 控制的结合方法也非常多样，例如单神经元 PID 控制、基于 BP(反向传播)神经网络的 PID 控制、基于 RBF(径向基函数)网络的 PID 控制等。

智能控制与 PID 控制的结合是传统 PID 控制的优化，在保留常规 PID 控制结构简单、可靠性高等优点的基础上，提高了控制算法的自学习、自适应、自组织能力，实现了控制算法的实时调节，满足了实际复杂工况下的控制需求，提高了控制系统在更复杂环境下的系统性能。随着智能控制理论和人工智能技术的不断发展，智能 PID 控制系统将进一步完善和优化，满足更加复杂和多样化的应用需求。

1.4.5 学习控制系统

学习控制的任务是在系统运行中估计未知、不确定信息，并基于这种估计的信息确定最优控制策略，从而逐步改进系统性能。因此，学习控制通过自动获取知识、积累经验、不断更新和扩充知识实现改善控制性能的目的。

学习控制大致可以分为有外部监督的学习控制(离线学习控制)、无外部监督的学习控制(非监督学习控制或在线学习控制)和强化学习控制。自 20 世纪 70 年代初以来，学习控制的研究方向主要包括基于模式识别的学习控制、基于重复的学习控制(即重复控制)、基于迭代的学习控制(即迭代学习控制)、强化学习控制和基于人工神经网络的学习控制等。

1.4.6 进化类优化智能控制系统

智能控制系统设计中的许多问题在本质上都可以抽象为优化问题，这些问题既包括离线的模型设计，又包括在线的自适应调节；既包括控制器本身的优化设计，又包括整个控制系统的优化分析。然而传统优化算法依赖于系统模型的准确表达、目标函数的连续可导和目标解的全局最优等问题，无法广泛应用于智能控制系统中。智能优化算法通过启发式的优化方式可以有效且高效地解决许多复杂的优化问题，进而可以较好的应用于智能控制算法中。

进化类优化算法是智能优化算法中被广泛应用的一种，其主要通过模拟自然生物中的“物竞天择，适者生存”这一客观规律，同时融合基因遗传规律，将基因编码、自然选择、交叉繁殖和基因突变等自然行为数学化，并利用这些自然规律和自然行为优化所需要解决的目标问题。进化类算法中较常用的算法有遗传算法和差分进化算法，其中遗传算法为原生的进化类算法，更原本地模拟生物的进化过程；而差分进化算法则是在遗传算法的基础之上提出的一种更抽象的进化算法，这种进化算法虽在自然情况(如使用三个父代通过差分的方式完成变异，通过父子两代完成交叉等)下并不存在，但其在实际应用中也取得了一定的效果。

进化类优化智能控能系统就是将进化类优化算法融入智能控制系统，融入方式主要包括以下五种。

1）控制器结构优化：使用进化类优化算法高效搜索更优的控制器结构。

2）控制器参数优化：在控制器结构固定的前提下，使用进化类优化算法优化模型参数，例如 PID 参数整定。

3）系统辨识：通过进化类优化算法学习模型参数。

4）高级控制器优化：进化类优化算法可以用于解决模糊控制、最优控制、非线性控制、模型预测控制、鲁棒控制等高级控制器所涉及的优化问题。

5）高层优化：进化类优化算法还可以用于控制系统中规划器和决策辅助器的优化。

本章小结

本章主要介绍了智能控制的产生和发展、智能控制的定义和研究对象、智能控制系统的性能和特点，并对神经网络控制系统、模糊控制系统、专家控制系统、智能 PID 控制系统、学习控制系统和进化类优化智能控制系统等典型智能控制系统进行了概述。

思考题与习题

1-1　在自动控制发展过程中出现了什么挑战？为什么要提出智能控制？

1-2　如何理解智能控制？智能控制有哪些特点？

1-3　在智能控制发展过程中，哪些思想、事件和人物起到了重要作用？

1-4　智能控制分为哪几类？其主要原理是什么？

参考文献

[1]　FU K S. Learning control systems: Review and outlook [J]. IEEE Transactions on automatic control, 1970, 15(2): 210-221.

[2] FU K. Learning control systems and intelligent control systems: An intersection of artifical intelligence and automatic control[J]. IEEE Transactions on automatic control, 1971, 16(1): 70-72.
[3] LEONDES C T, MENDEL J M. Artificial intelligence control[M]/WIENER N, Rose J. Survey of cybernetics: a tribute to Dr. Norbert Wiener. London: Iliffe Books, 1969: 209-228.
[4] ZADEH L A. Fuzzy sets[J]. Information and control, 1965, 8(3): 338-353.
[5] SARIDIS G N. Self-organizing control of stochastic systems[M]. New York: Marcel Dekker, 1977.
[6] SARIDIS G N. Toward the realization of intelligent controls[J]. Proceedings of the IEEE, 1979, 67(8): 1115-1133.
[7] 王飞跃. 智能控制五十年回顾与展望：傅京孙的初心与萨里迪斯的雄心[J]. 自动化学报, 2021, 47(10): 2301-2320.
[8] HUNT K J, SBARBARO D, BIKOWSKI R, et al. Neural networks for control systems: a survey[J]. Automatica, 1992, 28(6): 1083-1112.
[9] PSALTIS D, SIDERIS A, YAMAMURA A A. A multilayered neural network controller[J]. IEEE Control Systems Magazine, 1988, 8(2): 17-21.
[10] LEWIS F W, JAGANNATHAN S, YESILDIRAK A. Neural network control of robot manipulators and nonlinear systems[M]. Boca Raton, FL: CRC Press, 1998.
[11] GE S S, HANG C C, ZHANG T. Adaptive neural network control of nonlinear systems by state and output feedback[J]. IEEE Transactions on systems, man, and cybernetics, part B (Cybernetics), 1999, 29(6): 818-828.
[12] HE W, CHEN Y, YIN Z. Adaptive neural network control of an uncertain robot with full-state constraints [J]. IEEE Transactions on cybernetics, 2015, 46(3): 620-629.
[13] PATINO H D, LIU D. Neural network-based model reference adaptive control system[J]. IEEE Transactions on systems, man, and cybernetics, part B (Cybernetics), 2000, 30(1): 198-204.
[14] MILLER W T, SUTTON R S, WERBOS P J. Neural networks for control[M]. Cambridge, MA: MIT Press, 1995.
[15] HUNT K J, IRWIN G R, WARWICK K. Neural network engineering in dynamic control systems[M]. London: Springer, 2012.
[16] ÅSTRÖM K J. Implementation of an auto-tuner using expert system ideas[R/OL]. (1983-07-01)[2024-06-05]. https://portal.research.lu.se/en/publications/implementation-of-an-auto-tuner-using-expert-system-ideas.
[17] ÅSTRÖM K J, ANTON J J, ÅRZÉN K E. Expert control[J]. Automatica, 1986, 22(3): 277-286.
[18] ÅSTRÖM K J. Adaptive control[M]//ANTOULAS A C. Mathematical system theory: the Influence of R. E. Kalman. Berlin, Heidelberg: Springer-Verlag, 1995: 437-450.
[19] ZHUANG M, ATHERTON D P. Automatic tuning of optimum PID controllers[J]. IEE Proceedings D: Control Theory and Applications, 1993, 140(3): 216-224.
[20] ÅSTRÖM K J, HANG C C, Persson P, et al. Towards intelligent PID control[J]. Automatica, 1992, 28(1): 1-9.
[21] BRISTOW D A, THARAYIL M, ALLEYNE A G. A survey of iterative learning control[J]. IEEE Control systems magazine, 2006, 26(3): 96-114.
[22] FLEMING P J, PURSHOUSE R C. Evolutionary algorithms in control systems engineering: a survey[J]. Control engineering practice, 2002, 10(11): 1223-1241.

第2章　神经网络控制系统

导读

本章首先简述了人工神经网络的相关基础知识，包括人工神经网络的基本类型、激活函数和学习算法；然后以BP神经网络和RBF神经网络为例详细介绍了前馈神经网络的原理与结构；介绍了常见神经网络建模方式及神经网络控制框架；最后给出了基于动态神经网络多模型自适应控制器的设计与实现。

本章知识点

- 神经网络的基本类型
- 神经网络常见的学习算法
- BP神经网络
- RBF神经网络
- 神经网络建模
- 神经网络控制器设计

2.1　人工神经网络概述

2.1.1　人工神经元及其特性

人脑由$10^{11}\sim10^{12}$个神经元组成，每个神经元与$10^4\sim10^5$个神经元连接，形成错综复杂而又灵活多变的神经网络。虽然每个神经元都比较简单，但是如此多的神经元经过复杂的连接却可以演化出智能和思维等丰富多彩的高级行为方式。为了利用数学模型模拟人脑的活动，研究者自20世纪40年代开启了对神经网络的研究。

生物神经元主要由树突、细胞体和轴突三部分组成，神经元结构如图2-1所示。其中树突是神经元的输入，将电信号传送到细胞体。细胞体对这些输入信号进行整合并进行阈值处理，将信号传输到轴突。轴突是神经元的输出，将细胞体信号导向其他神经元。突触是一个神经元的轴突和另一个神经元的树突的结合点。

人工神经网络（简称神经网络）是由人工神经元组成的网络，它是从微观结构和功能上对人脑的抽象、简化，反映了人脑功能的若干基本特征，如并行信息处理、学习、联想、模式分类、记忆等，是模拟人类智能的一条重要途径。人工神经网络可以通过电子电路实现。人工神经元（简称神经元）是人工神经网络的基本处理单元。

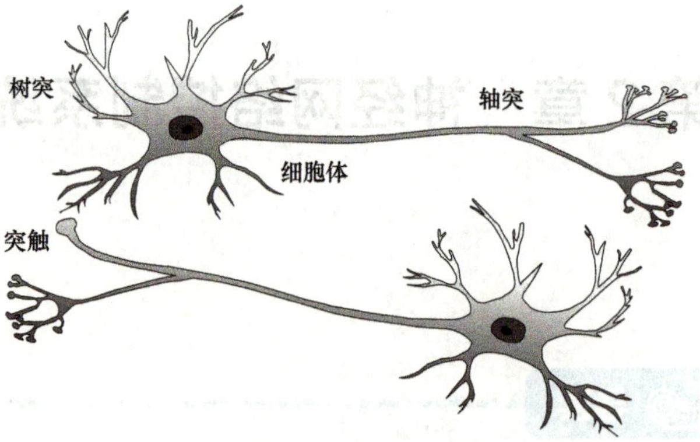

图 2-1 神经元结构

图 2-2 所示为人工神经元示意图。

其中 u_1，u_2，…，u_j，…，u_n 为与第 i 个神经元连接的其他 n 个神经元的输出，作为第 i 个神经元的输入；y_i 是第 i 个神经元的输出；w_{1i}，w_{2i}，…，w_{ji}，…，w_{ni} 分别为其他神经元与第 i 个神经元的连接权值；θ_i 是第 i 个神经元的阈值；x_i 是第 i 个神经元的净输入；$f(x_i)$ 为激活函数。神经元的净输入 x_i 可表示为

$$x_i=\sum_{j=1}^{n} w_{ji}u_j-\theta_i$$

第 i 个神经元的输出为 $y_i=f(x_i)$，即

$$y_i=f\left(\sum_{j=1}^{n} w_{ji}u_j-\theta_i\right)$$

若同时将阈值作为权值，即 $w_{0i}=-\theta_i$，$u_0=1$，则有

$$y_i=f\left(\sum_{j=0}^{n} w_{ji}u_j\right)$$

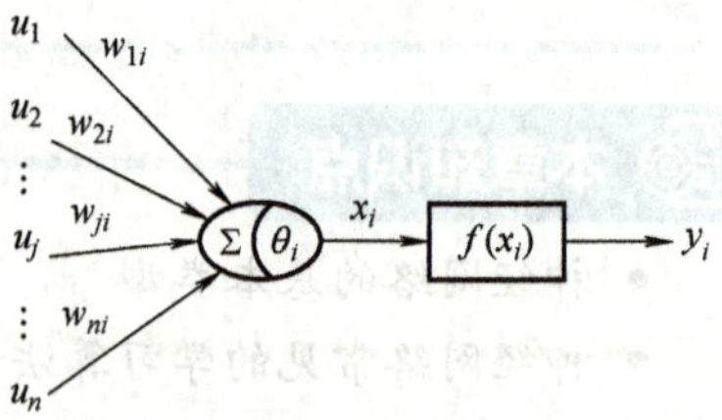

图 2-2 人工神经元示意图

常见的激活函数有阶跃函数、Sigmoid 函数、阈值逻辑单元、线性函数、高斯函数等。

若激活函数 $f(x)=\begin{cases}1, & x\geqslant 0\\ 0, & x<0\end{cases}$，即采用如图 2-3 所示的阶跃函数，则当输入加权和超过阈值时，输出为“1”，即为“兴奋”状态；反之，输出为“0”，即为“抑制”状态。

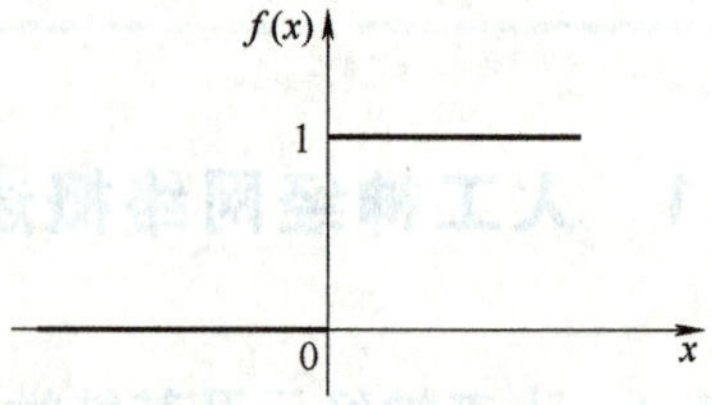

图 2-3 阶跃函数

当 $f(x)=\dfrac{1}{1+e^{-\beta x}}$，$\beta>0$ 时，称函数为非对称型 Sigmoid 函数，如图 2-4 所示。

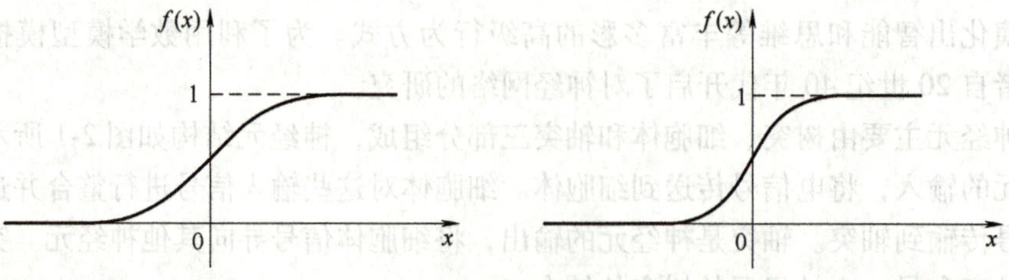

a) $\beta=1$　　b) $\beta=2$

图 2-4 非对称型 Sigmoid 函数

当 $f(x)=\dfrac{1-\mathrm{e}^{-\beta x}}{1+\mathrm{e}^{-\beta x}}$，$\beta>0$ 时，称函数为对称型 Sigmoid 函数，如图 2-5 所示。

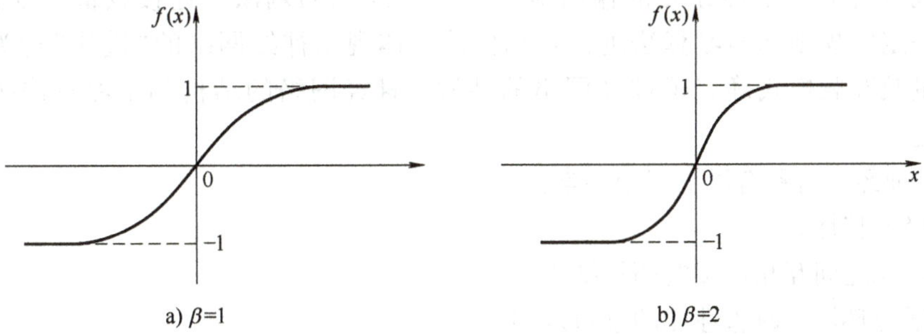

图 2-5　对称型 Sigmoid 函数

当 $f(x)=\begin{cases}1, & x\geqslant 0\\ -1, & x<0\end{cases}$ 时，称函数为对称阶跃函数，如图 2-6 所示。阈值逻辑单元常采用阶跃函数作为其激活函数。

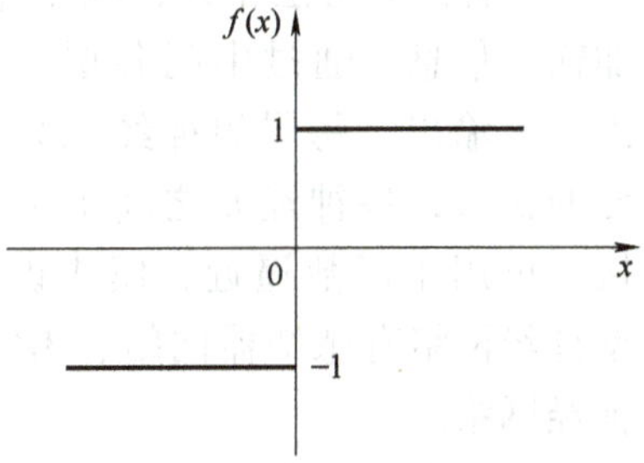

图 2-6　对称阶跃函数

当输出等于输入，即 $y=f(x)=x$ 时，称函数为线性函数，如图 2-7a 所示；当 $y=f(x)=\begin{cases}0 & x<0\\ x & 0\leqslant x\leqslant 1\\ 1 & x>1\end{cases}$ 时，称函数为饱和线性函数，如图 2-7b 所示；当 $y=f(x)=\begin{cases}-1 & x<-1\\ x & -1\leqslant x\leqslant 1\\ 1 & x>1\end{cases}$ 时，称函数为对称饱和线性函数，如图 2-7c 所示。

当 $f(x)=\mathrm{e}^{-(x^2/\sigma^2)}$ 时，称函数为高斯函数，如图 2-8 所示。

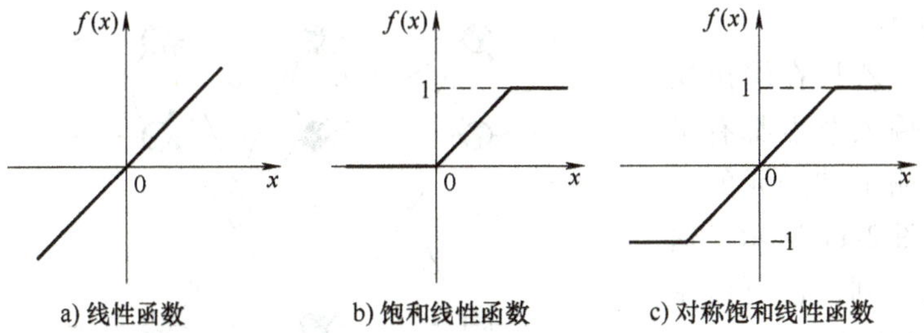

图 2-7　线性函数

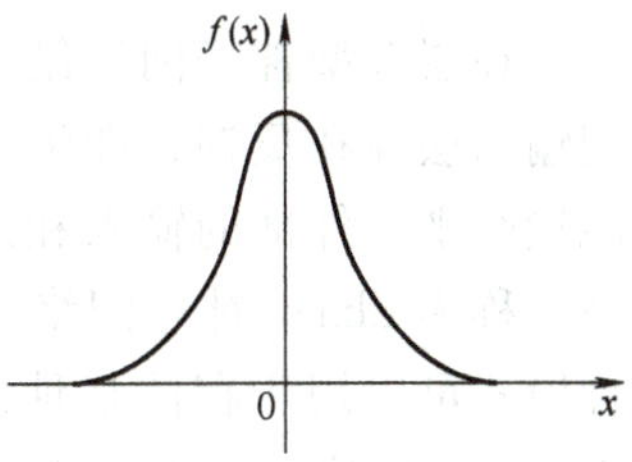

图 2-8　高斯函数

2.1.2　人工神经网络的基本类型

若干个神经元通过相互连接就形成一个神经网络，神经网络具有以下四个特征：

1）能逼近任意非线性函数。

2）可以处理多输入、多输出数据。

3）信息的并行分布式处理和存储。

4）能够进行学习以适应环境变化。

神经网络的拓扑结构称为神经网络的互联模式。神经元的连接并不只是一个单纯的传送信号的通道，而是有一个加权值(权值)，相当于生物神经系统中神经元的突触强度，它可以加强或减弱上一个神经元的输出对下一个神经元的刺激。连接权值并非固定不变，而是按照一定的规则和学习算法进行自动修改，体现出神经网络的“进化”行为。神经元模型、数量及互联模式确定了神经网络的结构，神经网络的结构和学习算法决定了神经网络的性能。

因此，神经网络具有以下三个要素：

1）神经元特性。

2）神经元之间互相连接的拓扑结构。

3）为适应环境而改善性能的学习规则。

根据神经网络的结构设计和信息处理方式，神经网络可分为层次型神经网络和互联型神经网络。

1. 层次型神经网络

当神经元分层排列，顺序连接时，称为层次型神经网络，如图 2-9 所示。由输入层施加输入信息，通过中间各层，加权后传递到输出层后输出。每层的神经元只接受前一层神经元的输入，各神经元之间不存在反馈和相互连接。可用于函数逼近、模式识别等，典型层次型神经网络有感知器网络、BP 神经网络和 RBF 神经网络。

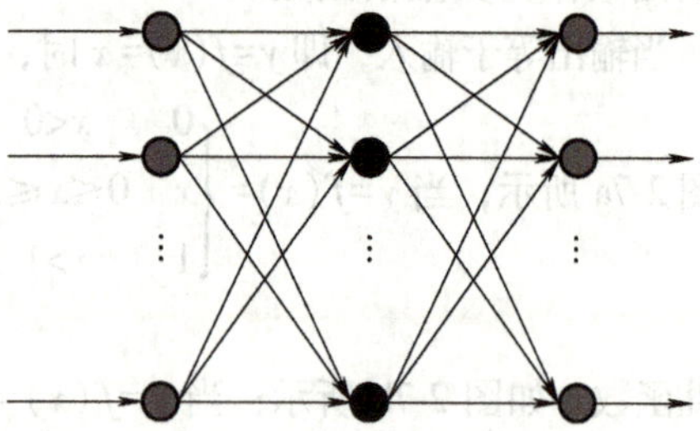

图 2-9 层次型神经网络

另一种层内神经元互联的层次型神经网络如图 2-10 所示，前向神经网络中在同一层中的各神经元有的相互连接，通过层内神经元的相互结合，可以实现同一层内神经元之间的横向抑制或兴奋机制，这样可以限制每层内能同时动作的神经元数量，或者把每层内的神经元分为若干组，让每组作为一个整体来动作。

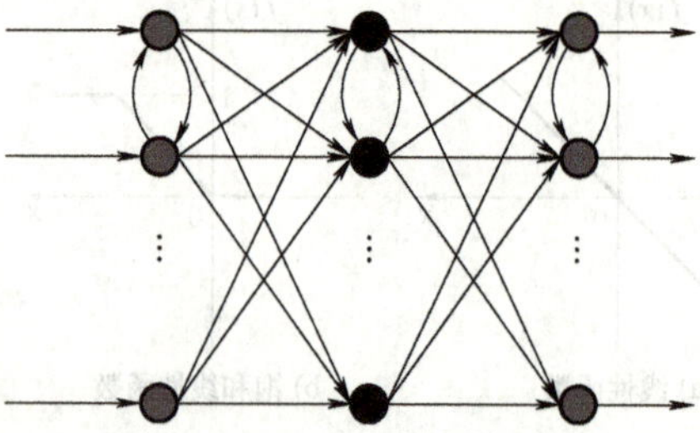

图 2-10 层内神经元互联的层次型神经网络

在层次型神经网络结构中，若只在输出层到输入层存在反馈，即每一个输入节点都有可能接受来自外部的输入和来自输出神经元的反馈，称为 Elman 神经网络，如图 2-11 所示。这种模式可以用于存储某种模式序列，也可以用于动态时间序列过程的神经网络建模。

2. 互联型神经网络

若任意两个神经元之间都可能有相互连接的关系，则称为互联型神经网络，如图 2-12 所示。有的神经元之间连接是双向的，有的是单向的。神经网络处在一种不断改变状态的动态过程中，它从某个初始状态开始，经过若干次的变化，才会到达某种平衡状态。根据神经网络的结构和神经元的特性，还有可能进入周期振荡或如混沌等其他状态。互联型神经网络主要用作各种联想存储器或用于求解最优化问题，代表网络有 Hopfield 神经网络、Boltzman(玻耳兹曼)机网络、循环神经网络等。

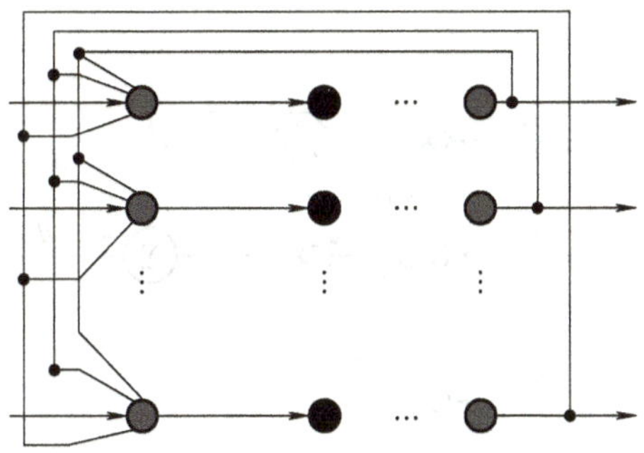

图 2-11　Elman 神经网络

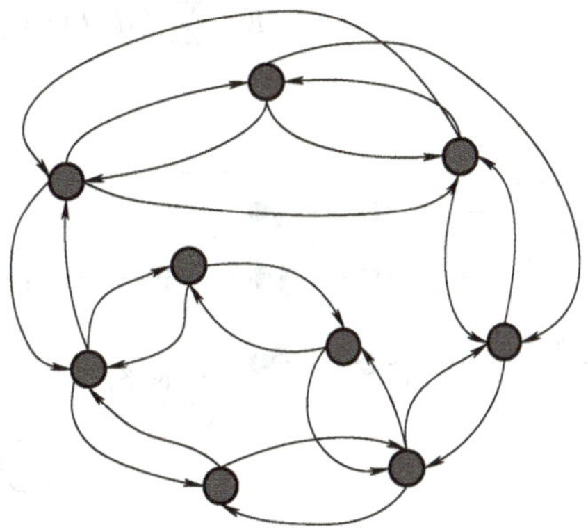

图 2-12　互联型神经网络

2.1.3　人工神经网络学习算法

学习是神经网络中最重要的特征之一，它使神经网络具有自适应和自组织能力。学习是指神经元之间的连接权值按照一定的学习规则进行自动调整，调整的目标是使性能函数达到最小。学习算法对网络的学习速度、收敛特性和泛化能力等有很大的影响。神经网络的学习按学习方式可分为无监督学习、有监督学习，按学习规则可分为 Hebb（赫布）学习规则、Delta 学习规则。

1. 无监督学习与 Hebb 学习规则

无监督学习是指神经网络根据预先设定的规则自动调整权值，使网络最终具有模式分类等功能，如图 2-13 所示。

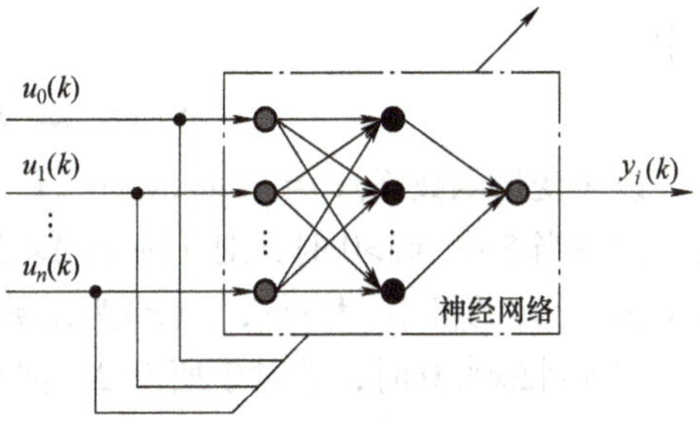

图 2-13　无监督学习

Hebb 学习规则是一种联想式学习算法。Hebb 学习规则认为当两个神经元同时处于激活状态时，它们之间的连接强度将得到加强。Hebb 学习规则可以用以下公式表示：

$$w_{ij}(k+1)=w_{ij}(k)+\eta x_i x_j \tag{2-1}$$

式中，$w_{ij}(k)$ 为当前从神经元 i 连接到神经元 j 的权值；x_i 和 x_j 分别为神经元 i 和神经元 j 的激活值；η 为学习率。

Hebb 学习规则是一种无监督学习方法，只根据神经元连接间的激活水平改变权值，又称为相关学习或并联学习。

2. 有监督学习与 Delta 学习规则

有监督学习是指神经网络根据实际输出与期望输出的误差，按照一定的准则调整各神经元连接的权值，如图 2-14 所示，期望输出信号又称为导师信号。

作为一种典型的有监督学习方法，Delta 学习规则如图 2-15 所示，其中误差 $e=d-y$，d 为神经元的期望输出，$y=f(\boldsymbol{wu})$ 为神经元的实际输出，$f(\cdot)$ 为神经元的激活函数，$\boldsymbol{w}=[w_0,w_1,\cdots,w_n]$ 为神经元的输入权值向量，$\boldsymbol{u}=[u_0,u_1,\cdots,u_n]^{\mathrm{T}}$ 为输入向量。

定义误差准则函数为

$$E=\sum_{t=1}^{N}(d(t)-y(t))^2=\sum_{t=1}^{N}(d(t)-f(\boldsymbol{wu}(t)))^2$$

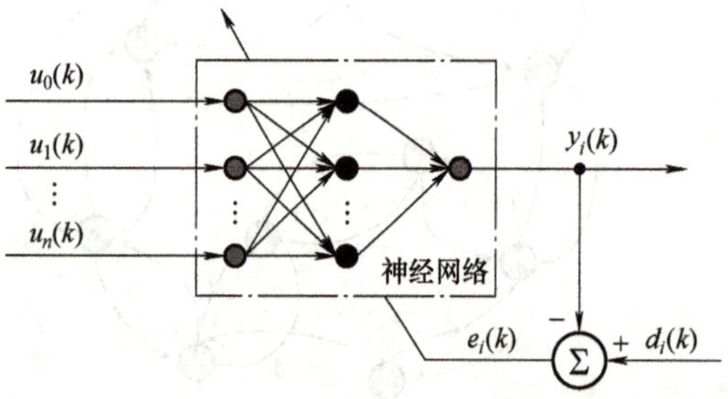

图 2-14　有监督学习

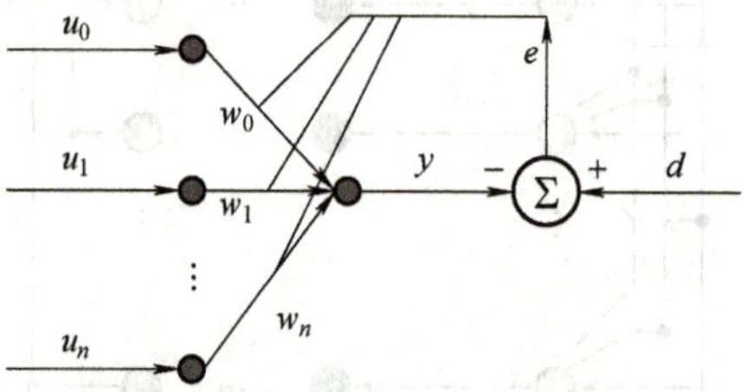

图 2-15　Delta 学习规则

学习的目的是为了使误差准则函数达到最小，即网络实际输出逼近期望输出。学习的实质是函数最优化过程，一般采用最优化算法中的梯度下降法，沿着 E 的负梯度方向不断修正 $\boldsymbol{w}$，直到 E 达到最小。

梯度定义： 给定一个 n 维多变量函数 $F(\boldsymbol{x})=F(x_1,x_2,\cdots,x_n)$，$F(\boldsymbol{x})$在向量空间 R^n 内具有一阶连续偏导数，则对于 R^n 内的任一点 $\boldsymbol{x}=(x_1,x_2,\cdots,x_n)$都可以定义出一个向量

$$\nabla F(\boldsymbol{x})=\left[\frac{\partial F(\boldsymbol{x})}{\partial x_1},\frac{\partial F(\boldsymbol{x})}{\partial x_2},\cdots,\frac{\partial F(\boldsymbol{x})}{\partial x_n}\right]^{\mathrm{T}} \tag{2-2}$$

向量 $\nabla F(\boldsymbol{x})$称为多变量函数 $F(\boldsymbol{x})$在点 $\boldsymbol{x}$ 上的梯度。

给定 n 维多变量函数 $F(\boldsymbol{x})=F(x_1,x_2,\cdots,x_n)$，该函数在点 $\hat{\boldsymbol{x}}$ 上的泰勒级数展开式为

$$F(\boldsymbol{x})=F(\hat{\boldsymbol{x}})+\nabla F(\boldsymbol{x})^{\mathrm{T}}\big|_{\boldsymbol{x}=\hat{\boldsymbol{x}}}(\boldsymbol{x}-\hat{\boldsymbol{x}})+\cdots \tag{2-3}$$

式中，

$$\boldsymbol{x}-\hat{\boldsymbol{x}}=[x_1-\hat{x}_1,x_2-\hat{x}_2,\cdots,x_n-\hat{x}_n]^{\mathrm{T}}$$

设多变量函数 $F(\boldsymbol{x})=F(x_1,x_2,\cdots,x_n)$在点 $\hat{\boldsymbol{x}}=(\hat{x}_1,\hat{x}_2,\cdots,\hat{x}_n)$的某个邻域 $\delta(\delta>0)$内有定义，使得当 $\delta>\|\Delta\boldsymbol{x}\|>0$ 时，对于所有 $\Delta\boldsymbol{x}$ 都有 $F(\hat{\boldsymbol{x}})\leqslant F(\hat{\boldsymbol{x}}+\Delta\boldsymbol{x})$ ($F(\hat{\boldsymbol{x}})\geqslant F(\hat{\boldsymbol{x}}+\Delta\boldsymbol{x})$)成立，则称 $\hat{\boldsymbol{x}}$ 为 $F(\boldsymbol{x})$的极小(大)点，$F(\hat{\boldsymbol{x}})$为函数 $F(\boldsymbol{x})$的极小(大)值。

当 $\delta>\|\Delta\boldsymbol{x}\|>0$ 时，若对于所有 $\Delta\boldsymbol{x}$ 都有 $F(\hat{\boldsymbol{x}})<F(\hat{\boldsymbol{x}}+\Delta\boldsymbol{x})$ ($F(\hat{\boldsymbol{x}})>F(\hat{\boldsymbol{x}}+\Delta\boldsymbol{x})$)成立，则称 $\hat{\boldsymbol{x}}$ 为 $F(\boldsymbol{x})$的强极小(大)点，$F(\hat{\boldsymbol{x}})$为函数 $F(\boldsymbol{x})$的强极小(大)值。若对所有 $\Delta\boldsymbol{x}$ 都有 $F(\hat{\boldsymbol{x}})\leqslant F(\hat{\boldsymbol{x}}+\Delta\boldsymbol{x})$ ($F(\hat{\boldsymbol{x}})\geqslant F(\hat{\boldsymbol{x}}+\Delta\boldsymbol{x})$)成立，则称 $\hat{\boldsymbol{x}}$ 为 $F(\boldsymbol{x})$的全局极小(大)点，$F(\hat{\boldsymbol{x}})$为函数 $F(\boldsymbol{x})$的全局极小(大)值。

极值存在的一阶必要条件： 若 $\hat{\boldsymbol{x}}$ 是极小点，且 $F(\boldsymbol{x})$在点 $\hat{\boldsymbol{x}}$ 可微，则 $\nabla F(\boldsymbol{x})\big|_{\boldsymbol{x}=\hat{\boldsymbol{x}}}=0$。

证明：令 $\Delta\boldsymbol{x}=\boldsymbol{x}-\hat{\boldsymbol{x}}$，若$\|\Delta\boldsymbol{x}\|$很小，$F(\boldsymbol{x})$近似为 $F(\boldsymbol{x})=F(\hat{\boldsymbol{x}}+\Delta\boldsymbol{x})\approx F(\hat{\boldsymbol{x}})+\nabla F(\boldsymbol{x})^{\mathrm{T}}\big|_{\boldsymbol{x}=\hat{\boldsymbol{x}}}\Delta\boldsymbol{x}$。假设 $\nabla F(\boldsymbol{x})^{\mathrm{T}}\big|_{\boldsymbol{x}=\hat{\boldsymbol{x}}}\neq 0$，取 $\Delta\boldsymbol{x}=-\lambda\nabla F(\boldsymbol{x})\big|_{\boldsymbol{x}=\hat{\boldsymbol{x}}}$，其中 λ 为很小的正数，则有 $\nabla F(\boldsymbol{x})^{\mathrm{T}}\big|_{\boldsymbol{x}=\hat{\boldsymbol{x}}}\Delta\boldsymbol{x}=-\lambda\|\nabla F(\boldsymbol{x})\big|_{\boldsymbol{x}=\hat{\boldsymbol{x}}}\|^2<0$，从而有 $\Delta\boldsymbol{x}\neq 0$，$F(\hat{\boldsymbol{x}}+\Delta\boldsymbol{x})\approx F(\hat{\boldsymbol{x}})+\nabla F(\boldsymbol{x})^{\mathrm{T}}\big|_{\boldsymbol{x}=\hat{\boldsymbol{x}}}\Delta\boldsymbol{x}<F(\hat{\boldsymbol{x}})$，这与 $\hat{\boldsymbol{x}}$ 是极小点矛盾，所以 $\nabla F(\boldsymbol{x})\big|_{\boldsymbol{x}=\hat{\boldsymbol{x}}}=0$。

所有满足上式的点都称为驻点。

梯度下降算法的主要思想为：为了实现在线寻优，一般以迭代的方式求极值，即 $\boldsymbol{x}(k+1)=\boldsymbol{x}(k)+\Delta\boldsymbol{x}(k)$。令 $\Delta\boldsymbol{x}(k)=\boldsymbol{x}(k+1)-\boldsymbol{x}(k)=\alpha(k)\boldsymbol{p}(k)$，其中 $\alpha(k)$为学习步长$[\alpha(k)>0]$，向

量 $\boldsymbol{p}(k)$ 代表一个搜索方向。该算法的任务是确定学习步长 $\alpha(k)$ 和搜索方向 $\boldsymbol{p}(k)$，使 $F(\boldsymbol{x}(k+1))<F(\boldsymbol{x}(k))$。

下面给出梯度下降算法推导过程。

函数 $F(\boldsymbol{x})$ 在 $\boldsymbol{x}(k)$ 点的一阶泰勒级数展开式为

$$F(\boldsymbol{x}(k+1))=F(\boldsymbol{x}(k)+\Delta\boldsymbol{x}(k))\approx F(\boldsymbol{x}(k))+\nabla F(\boldsymbol{x})^{\mathrm{T}}\big|_{\boldsymbol{x}=\boldsymbol{x}(k)}\Delta\boldsymbol{x}(k) \tag{2-4}$$

欲使 $F(\boldsymbol{x}(k+1))<F(\boldsymbol{x}(k))$，式(2-5)右边的第二项必须为负，即

$$\nabla F(\boldsymbol{x})^{\mathrm{T}}\big|_{\boldsymbol{x}=\boldsymbol{x}(k)}\Delta\boldsymbol{x}(k)=\alpha(k)\nabla F(\boldsymbol{x})^{\mathrm{T}}\big|_{\boldsymbol{x}=\boldsymbol{x}(k)}\boldsymbol{p}(k)<0 \tag{2-5}$$

由于 $\alpha(k)>0$，意味着 $\nabla F(\boldsymbol{x})^{\mathrm{T}}\big|_{\boldsymbol{x}=\boldsymbol{x}(k)}\boldsymbol{p}(k)<0$，当 $\nabla F(\boldsymbol{x})^{\mathrm{T}}\big|_{\boldsymbol{x}=\boldsymbol{x}(k)}\boldsymbol{p}(k)<0$ 取得负最大值时，函数的递减速度最快。此时两个向量相反，即 $\boldsymbol{p}(k)=-\gamma\nabla\boldsymbol{F}(\boldsymbol{x})^{\mathrm{T}}\big|_{\boldsymbol{x}=\boldsymbol{x}(k)}$。

常值 γ 可并入学习步长 $\alpha(k)$，因此梯度下降方向的向量为 $\boldsymbol{p}(k)=-\nabla F(\boldsymbol{x})\big|_{\boldsymbol{x}=\boldsymbol{x}(k)}$，梯度下降学习算法表达式为 $x(k+1)=x(k)-\alpha(k)\nabla F(\boldsymbol{x})\big|_{\boldsymbol{x}=\boldsymbol{x}(k)}$，式中，学习步长 $\alpha(k)$ 影响算法的收敛速度常取为固定常数。

例　给定函数 $F(\boldsymbol{x})=x_1^2+25x_2^2$，试用梯度下降法求其极值点。

解　首先求函数 $F(\boldsymbol{x})$ 的梯度：

$$\boldsymbol{x}(k+1)=\boldsymbol{x}(k)-\alpha(k)\nabla F(\boldsymbol{x})\big|_{\boldsymbol{x}=\boldsymbol{x}(k)} \tag{2-6}$$

$$\nabla F(\boldsymbol{x})=\begin{bmatrix}\dfrac{\partial F(\boldsymbol{x})}{\partial x_1}\\[2mm]\dfrac{\partial F(\boldsymbol{x})}{\partial x_2}\end{bmatrix}=\begin{bmatrix}2x_1\\50x_2\end{bmatrix} \tag{2-7}$$

若给定迭代初始值 $\boldsymbol{x}(0)=[\,0.5\quad 0.5\,]^{\mathrm{T}}$，那么在 $\boldsymbol{x}(0)$ 处的梯度为

$$\nabla F(\boldsymbol{x})\Big|_{\boldsymbol{x}=\boldsymbol{x}(0)}=\begin{bmatrix}2x_1\\50x_2\end{bmatrix}\Bigg|_{\boldsymbol{x}=\boldsymbol{x}(0)}=\begin{bmatrix}1\\25\end{bmatrix} \tag{2-8}$$

假设采用固定的学习步长 $\alpha=0.01$，则梯度下降法的第一次迭代结果为

$$\boldsymbol{x}(1)=\boldsymbol{x}(0)-\alpha\nabla F(\boldsymbol{x})\Big|_{\boldsymbol{x}=\boldsymbol{x}(0)}=\begin{bmatrix}0.5\\0.5\end{bmatrix}-0.01\begin{bmatrix}1\\25\end{bmatrix}=\begin{bmatrix}0.49\\0.25\end{bmatrix} \tag{2-9}$$

第二次迭代结果为

$$\boldsymbol{x}(2)=\boldsymbol{x}(1)-\alpha\nabla F(\boldsymbol{x})\Big|_{\boldsymbol{x}=\boldsymbol{x}(1)}=\begin{bmatrix}0.49\\0.25\end{bmatrix}-0.01\begin{bmatrix}0.98\\12.5\end{bmatrix}=\begin{bmatrix}0.4802\\0.125\end{bmatrix} \tag{2-10}$$

图 2-16 所示为 $\alpha=0.01$ 时的梯度下降结果，对于较小的学习步长，梯度下降轨迹的路径总是与轮廓线正交，这是因为梯度与轮廓线总是正交的。

为了提高算法的学习速度，一般要增大学习步长。图 2-17 所示为 $\alpha=0.035$ 时的梯度下降结果。如果学习步长太大，算法会变得不稳定，振荡不会衰减，反而会增大。如何确定学习步长，既使得算法有较高的收敛速度，又保证学习算法稳定，成为梯度下降法研究的一个主要问题。

基于梯度下降法，Delta 学习规则的数学表达式为

$$\boldsymbol{w}(k+1)=\boldsymbol{w}(k)+\Delta\boldsymbol{w}(k) \tag{2-11}$$

式中，$\Delta\boldsymbol{w}(k)=\eta\left[-\dfrac{\partial E}{\partial\boldsymbol{w}}\right]\Bigg|_{\boldsymbol{w}=\boldsymbol{w}(k)}$，$\eta$ 为学习率。误差准则函数 $E=\sum\limits_{t=1}^{N}(d(t)-y(t))^2$。

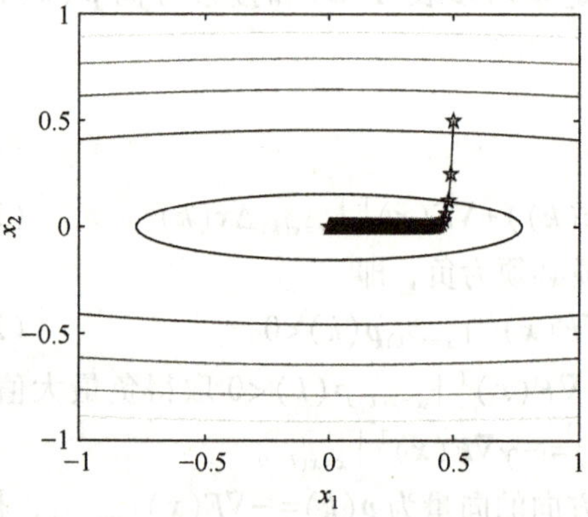

图 2-16 $\alpha = 0.01$ 时的梯度下降结果

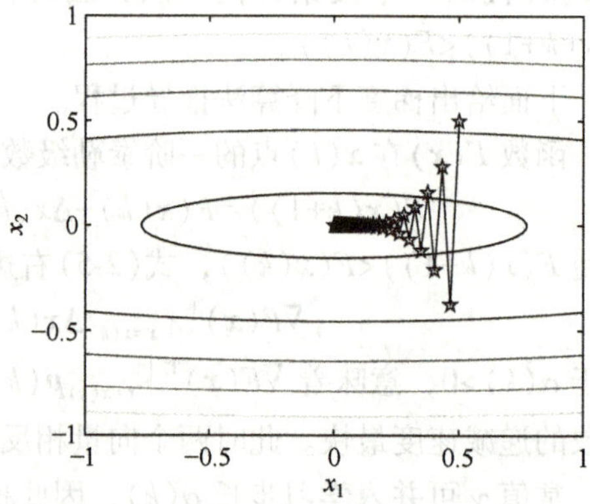

图 2-17 $\alpha=0.035$ 时的梯度下降结果

由于 $y(t)=f(\boldsymbol{x}(t))=f(\boldsymbol{w}\boldsymbol{u}(t))$，因此有

$$\frac{\partial E}{\partial \boldsymbol{w}}=\sum_{t=1}^{N}\left(\frac{\partial E}{\partial y(t)}\frac{\partial y(t)}{\partial \boldsymbol{x}(t)}\frac{\partial \boldsymbol{x}(t)}{\partial \boldsymbol{w}}\right)=\sum_{t=1}^{N}(-2(d(t)-y(t))f'(\boldsymbol{x}(t))\boldsymbol{u}^{\mathrm{T}}(t)) \tag{2-12}$$

$$\left.\frac{\partial E}{\partial \boldsymbol{w}}\right|_{\boldsymbol{w}=\boldsymbol{w}(k)}=\sum_{t=1}^{N}(-2(d(t)-f(\boldsymbol{w}(k)\boldsymbol{u}(t))f'(\boldsymbol{w}(k)\boldsymbol{u}(t))\boldsymbol{u}^{\mathrm{T}}(t))) \tag{2-13}$$

采用梯度下降法进行最小化误差准则，Delta 学习规则又称误差修正规则。

2.2 典型神经网络

前馈神经网络是一种多层神经网络，其结构包含输入层、一个或多个隐藏层和输出层，其主要原理包括数据正向传播和误差反向传播两个环节。数据正向传播指通过一系列权重和激活函数将输入数据映射到输出空间；误差反向传播基于梯度下降法和链式法则，通过计算损失函数相对于每个权重的梯度，调整权重以最小化预测误差。前馈神经网络能够通过学习输入输出之间的复杂关系，对非线性系统进行逼近和预测。下面以 BP 神经网络和 RBF 神经网络为例介绍前馈神经网络的基本原理。

2.2.1 BP 神经网络及其学习算法

BP 神经网络是一种基于误差反向传播学习算法的多层前馈神经网络，能够逼近任意非线性函数，可用于非线性系统建模和控制，如图 2-18 所示。

图中，u_i，$i=1, 2, \cdots, n$ 为输入信号，输入层输出为 $y_i^{\mathrm{I}}=u_i$；隐含层净输入为

$$x_j^{\mathrm{H}}=\sum_{i=1}^{n} w_{ij}^{\mathrm{H}} y_i^{\mathrm{I}}$$

隐含层输出为 $y_j^{\mathrm{H}}=f_j^{\mathrm{H}}(x_j^{\mathrm{H}})$，$j=1, 2, \cdots, l$；输出层净输入为

$$x_h^{\mathrm{O}}=\sum_{j=1}^{l} w_{jh}^{\mathrm{O}} y_j^{\mathrm{H}}$$

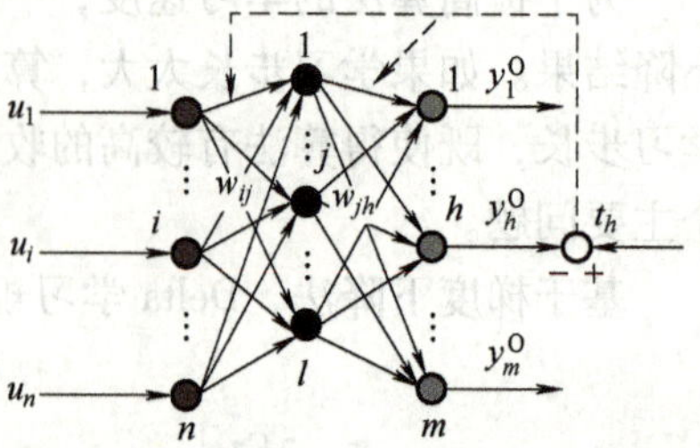

图 2-18 BP 神经网络

输出层输出为 $y_h^O=f_h^O(x_h^O)$，$h=1$，2，…，m；隐含层和输出层激活函数均取 Sigmoid 函数，即 $f(x)=1/(1+e^{-x})$。

设有 Q 组数据样本，输入为 $\boldsymbol{u}^q=[u_1^q,u_2^q,\cdots,u_n^q]^T$，输出为 $\boldsymbol{t}^q=[t_1^q,t_2^q,\cdots,t_m^q]^T$，$q=1$，2，…，$Q$，数据样本对可表示为 $(\boldsymbol{u}(k),\boldsymbol{t}(k))\in\{(\boldsymbol{u}^1,\boldsymbol{t}^1),(\boldsymbol{u}^2,\boldsymbol{t}^2),\cdots,(\boldsymbol{u}^Q,\boldsymbol{t}^Q)\}$。

网络输出为

$$y_h^O(\boldsymbol{u}^q)=f_h^O\left(\sum_{j=1}^{l}w_{jh}^O f_j^H\left(\sum_{i=1}^{n}w_{ij}^H u_i^q\right)\right) \tag{2-14}$$

$y_h^O(\boldsymbol{u}^q)$ 与权值 $\boldsymbol{w}_h^O$、$\boldsymbol{w}_j^H$ 相关，输入-隐含层权值向量记为 $\boldsymbol{w}_j^H=[w_{1j}^H,w_{2j}^H,\cdots,w_{nj}^H]$，隐含层-输出权值向量记为 $\boldsymbol{w}_h^O=[w_{1h}^O,w_{2h}^O,\cdots,w_{lh}^O]$，总权值向量记为

$$\boldsymbol{w}=[\boldsymbol{w}_1^O,\boldsymbol{w}_2^O,\cdots,\boldsymbol{w}_m^O,\boldsymbol{w}_1^H,\boldsymbol{w}_2^H,\cdots,\boldsymbol{w}_l^H] \tag{2-15}$$

定义误差准则函数为

$$F(\boldsymbol{w})=\frac{1}{2}\sum_{q=1}^{Q}\|\boldsymbol{t}^q-\boldsymbol{y}^O(\boldsymbol{u}^q)\|^2=\frac{1}{2}\sum_{q=1}^{Q}\sum_{h=1}^{m}(t_h^q-y_h^O(\boldsymbol{u}^q))^2 \tag{2-16}$$

瞬时误差为

$$\widetilde{F}(\boldsymbol{w})=\frac{1}{2}\|\boldsymbol{t}(k)-\boldsymbol{y}^O(\boldsymbol{u}(k))\|^2=\frac{1}{2}\sum_{h=1}^{m}(t_h(k)-y_h^O(\boldsymbol{u}(k)))^2 \tag{2-17}$$

采用梯度下降算法，权值向量更新规则为

$$\boldsymbol{w}(k+1)=\boldsymbol{w}(k)-\alpha\frac{\partial F(\boldsymbol{w})}{\partial \boldsymbol{w}}\bigg|_{\boldsymbol{w}=\boldsymbol{w}(k)} \tag{2-18}$$

权值 w_i 更新规则为

$$w_i(k+1)=w_i(k)-\alpha\frac{\partial F(\boldsymbol{w})}{\partial w_i}\bigg|_{\boldsymbol{w}=\boldsymbol{w}(k)} \tag{2-19}$$

用 $\widetilde{F}(\boldsymbol{w})$ 代替 $F(\boldsymbol{w})$，则有

$$w_i(k+1)=w_i(k)-\alpha\frac{\partial \widetilde{F}(\boldsymbol{w})}{\partial w_i}\bigg|_{\boldsymbol{w}=\boldsymbol{w}(k)} \tag{2-20}$$

各层网络权值具体调整规则如下。

1. 输出层神经元权值的调整

权值的迭代可表示为

$$w_{jh}^O(k+1)=w_{jh}^O(k)-\alpha\frac{\partial \widetilde{F}(\boldsymbol{w})}{\partial w_{jh}^O}\bigg|_{\boldsymbol{w}=\boldsymbol{w}(k)} \tag{2-21}$$

式中，瞬时误差 $\widetilde{F}(\boldsymbol{w})$ 见式(2-17)。

为表达简洁略去 $\boldsymbol{u}$，得到

$$y_h^O(k)=f_h^O(x_h^O(k)) \tag{2-22}$$

式中，$x_h^O(k)=\sum_{j=1}^{l}w_{jh}^O y_j^H(k)$。

可得

$$\frac{\partial \widetilde{F}(\boldsymbol{w})}{\partial w_{jh}^O}=\frac{\partial \widetilde{F}(\boldsymbol{w})}{\partial y_h^O(k)}\frac{\partial y_h^O(k)}{\partial x_h^O(k)}\frac{\partial x_h^O(k)}{\partial w_{jh}^O} \tag{2-23}$$

定义 $\delta_h^{O}(k)$ 为

$$\delta_h^{O}(k)=\frac{\partial \widetilde{F}(\boldsymbol{w})}{\partial y_h^{O}(k)}\frac{\partial y_h^{O}(k)}{\partial x_h^{O}(k)} \tag{2-24}$$

式中，

$$\frac{\partial \widetilde{F}(\boldsymbol{w})}{\partial y_h^{O}(k)}=-[t_h(k)-y_h^{O}(k)],\quad \frac{\partial y_h^{O}(k)}{\partial x_h^{O}(k)}=f_h^{O'}(x_h^{O}(k)) \tag{2-25}$$

同时，

$$\frac{\partial x_h^{O}(k)}{\partial w_{jh}^{O}}=\frac{\partial}{\partial w_{jh}^{O}}\left(\sum_{j=1}^{l}w_{jh}^{O}y_j^{H}(k)\right)=y_j^{H}(k) \tag{2-26}$$

因此式(2-23)可写为

$$\frac{\partial \widetilde{F}(\boldsymbol{w})}{\partial w_{jh}^{O}}=\delta_h^{O}(k)y_j^{H}(k) \tag{2-27}$$

将 $\boldsymbol{w}=\boldsymbol{w}(k)$ 时的隐含层输入、隐含层输出、输出层输入、输出层输出和 $\delta_h^{O}(k)$ 分别记为 $\bar{x}_j^{H}(k)$、$\bar{y}_j^{H}(k)$、$\bar{x}_h^{O}(k)$、$\bar{y}_h^{O}(k)$、$\bar{\delta}_h^{O}(k)$，则有

$$\begin{cases}x_j^{H}(k)=\sum_{i=1}^{n}w_{ij}^{H}u_i(k)\rightarrow\bar{x}_j^{H}(k)=\sum_{i=1}^{n}w_{ij}^{H}(k)u_i(k)\\ y_j^{H}(k)=f_j^{H}(x_j^{H}(k))\rightarrow\bar{y}_j^{H}(k)=f_j^{H}(\bar{x}_j^{H}(k))\\ x_h^{O}(k)=\sum_{j=1}^{l}w_{jh}^{O}y_j^{H}(k)\rightarrow\bar{x}_h^{O}(k)=\sum_{j=1}^{l}w_{jh}^{O}(k)\bar{y}_j^{H}(k)\\ y_h^{O}(k)=f_h^{O}(x_h^{O}(k))\rightarrow\bar{y}_h^{O}(k)=f_h^{O}(\bar{x}_h^{O}(k))\\ \delta_h^{O}(k)=-[t_h(k)-y_h^{O}(k)]f_h^{O'}(x_h^{O}(k))\rightarrow\bar{\delta}_h^{O}(k)=-[t_h(k)-\bar{y}_h^{O}(k)]f_h^{O'}(\bar{x}_h^{O}(k))\end{cases} \tag{2-28}$$

则输出层神经元权值按照下式调整：

$$w_{jh}^{O}(k+1)=w_{jh}^{O}(k)-\alpha\delta_h^{O}(k)y_j^{H}(k)\big|_{\boldsymbol{w}=\boldsymbol{w}(k)}=w_{jh}^{O}(k)-\alpha\bar{\delta}_h^{O}(k)\bar{y}_j^{H}(k) \tag{2-29}$$

2. 隐含层神经元权值的调整

隐含层网络权值的迭代公式为

$$w_{ij}^{H}(k+1)=w_{ij}^{H}(k)-\alpha\frac{\partial \widetilde{F}(\boldsymbol{w})}{\partial w_{ij}^{H}}\bigg|_{\boldsymbol{w}=\boldsymbol{w}(k)} \tag{2-30}$$

根据隐含层、输出层的输入输出定义及式(2-24)对 $\delta_h^{O}(k)$ 的定义，有

$$\begin{aligned}\frac{\partial \widetilde{F}(\boldsymbol{w})}{\partial w_{ij}^{H}}&=\sum_{h=1}^{m}\frac{\partial \widetilde{F}(\boldsymbol{w})}{\partial y_h^{O}(k)}\frac{\partial y_h^{O}(k)}{\partial x_h^{O}(k)}\frac{\partial x_h^{O}(k)}{\partial y_j^{H}(k)}\frac{\partial y_j^{H}(k)}{\partial x_j^{H}(k)}\frac{\partial x_j^{H}(k)}{\partial w_{ij}^{H}}\\&=\sum_{h=1}^{m}\delta_h^{O}(k)w_{jh}^{O}f_j^{H'}(x_j^{H}(k))u_i(k)\\&=\left(f_j^{H'}(x_j^{H}(k))\sum_{h=1}^{m}\delta_h^{O}(k)w_{jh}^{O}\right)u_i(k)\end{aligned} \tag{2-31}$$

定义

$$\delta_j^{H}(k)=f_j^{H'}(x_j^{H}(k))\sum_{h=1}^{m}\delta_h^{O}(k)w_{jh}^{O} \tag{2-32}$$

则有

$$\frac{\partial \widetilde{F}(\boldsymbol{w})}{\partial w_{ij}^{\mathrm{H}}}=\delta_j^{\mathrm{H}}(k)u_i(k) \tag{2-33}$$

进而式(2-30)可表示为

$$w_{ij}^{\mathrm{H}}(k+1)=w_{ij}^{\mathrm{H}}(k)-\alpha\delta_j^{\mathrm{H}}(k)u_i(k)\mid_{w=w(k)}=w_{ij}^{\mathrm{H}}(k)-\alpha\bar{\delta}_j^{\mathrm{H}}(k)u_i(k) \tag{2-34}$$

式中，$\bar{\delta}_j^{\mathrm{H}}(k)$为$\boldsymbol{w}=\boldsymbol{w}(k)$时的$\delta_j^{\mathrm{H}}(k)$，有

$$\bar{\delta}_j^{\mathrm{H}}(k)=f_j^{\mathrm{H}'}(\bar{x}_j^{\mathrm{H}}(k))\sum_{h=1}^{m}\bar{\delta}_h^{\mathrm{O}}(k)w_{jh}^{\mathrm{O}}(k) \tag{2-35}$$

BP 神经网络算法流程如下。

1）初始化，设置初始权值$\boldsymbol{w}(0)$为较小的随机数，设置最小瞬时误差ε，设置最大迭代次数c。

2）提供训练样本数据$\boldsymbol{u}^q=[u_1^q,u_2^q,\cdots,u_n^q]^{\mathrm{T}}$，$\boldsymbol{t}^q=[t_1^q,t_2^q,\cdots,t_m^q]^{\mathrm{T}}$。

3）$k=0$，随机完成$(\boldsymbol{u}(k),\boldsymbol{t}(k))\in\{(\boldsymbol{u}^1,\boldsymbol{t}^1),(\boldsymbol{u}^2,\boldsymbol{t}^2),\cdots,(\boldsymbol{u}^Q,\boldsymbol{t}^Q)\}$，根据式(2-29)计算$w_{jh}^{\mathrm{O}}(k+1)=w_{jh}^{\mathrm{O}}(k)-\alpha\bar{\delta}_h^{\mathrm{O}}(k)\bar{y}_j^{\mathrm{H}}(k)$，根据式(2-34)计算$w_{ij}^{\mathrm{H}}(k+1)=w_{ij}^{\mathrm{H}}(k)-\alpha\bar{\delta}_j^{\mathrm{H}}(k)u_i(k)$。

4）判断是否满足终止条件

$$\widetilde{F}(\boldsymbol{w}(k))=\frac{1}{2}\sum_{h=1}^{m}(t_h(k)-\bar{y}_h^{\mathrm{O}}(k))^2\leqslant\varepsilon \text{ 或 } k>c$$

若满足，则学习结束；否则，$k=k+1$，回到第 3)步。

BP 神经网络的主要优点如下。

1）如果有足够多的隐含层和隐含层节点，BP 神经网络可以逼近任意的非线性映射关系。

2）BP 神经网络的学习算法属于全局逼近算法，具有较强的泛化能力。

3）BP 神经网络输入输出之间的连接信息分布存储在网络连接权值中，个别神经元的损坏并不会对输入输出关系有较大的影响，BP 神经网络具有较好的容错能力。

然而，原始 BP 神经网络算法一般收敛速度较慢，常见原因如下：

1）连接权值过大，工作在 Sigmoid 饱和区，调节停止。

2）采用较小的学习速率，增加了训练时间。

可采用如下收敛速度慢的解决办法。

1）选取较小的初始权值。

2）变化的学习速率或自适应学习速率。

例如，当$\widetilde{F}(\boldsymbol{w}(k+1))<\widetilde{F}(\boldsymbol{w}(k))$时，增大学习率为$\alpha(k+1)=1.05\alpha(k)$；当$\widetilde{F}(\boldsymbol{w}(k+1))>1.04\widetilde{F}(\boldsymbol{w}(k))$时，减小学习率为$\alpha(k+1)=0.7\alpha(k)$，见式(2-36)。

$$\alpha(k+1)=\begin{cases}1.05\alpha(k),\widetilde{F}(\boldsymbol{w}(k+1))<\widetilde{F}(\boldsymbol{w}(k))\\0.7\alpha(k),\widetilde{F}(\boldsymbol{w}(k+1))>1.04\widetilde{F}(\boldsymbol{w}(k))\\\alpha(k),\text{其他}\end{cases} \tag{2-36}$$

除收敛速度慢外，BP 神经网络由于目标函数存在多个极值点，按照梯度下降法进行学习时易陷入局部最小值。如何针对特定问题确定隐含层数量和隐含层节点数量仍无明确机

理，需根据经验进行试凑。

2.2.2 RBF 神经网络及其学习算法

RBF 神经网络是一种基于径向基函数的神经网络，将输入数据映射到高维特征空间并使用径向基函数进行分类或回归。RBF 神经网络能够逼近任意非线性函数，可用于非线性系统建模和控制。RBF 神经网络与 BP 神经网络的学习过程类似，主要区别在于激活函数。BP 神经网络隐含层采用 Sigmoid 函数，其值在输入空间的无限大范围内为非零值，是一种全局逼近的神经网络；RBF 神经网络隐含层采用高斯函数，其值在输入空间的有限范围内为非零值，因而是一种局部逼近的神经网络。RBF 神经网络通过径向基函数将输入数据映射到一个高维空间中，数据变得更加线性可分；输出层采用线性组合，使输出层权值训练成为有全局最优解的凸优化问题；同时，径向基函数的局部响应特性使得每个隐含层神经元仅对输入空间中的一个特定区域敏感。RBF 神经网络的以上特点都能够使其在一定程度上避免局部极小值问题。

设有 Q 组数据，输入为 $\boldsymbol{u}^q=[u_1^q,u_2^q,\cdots,u_n^q]^{\mathrm{T}}$，输出为 $\boldsymbol{t}^q=[t_1^q,t_2^q,\cdots,t_m^q]^{\mathrm{T}}$。RBF 神经网络采用三层前馈神经网络，如图 2-19 所示。

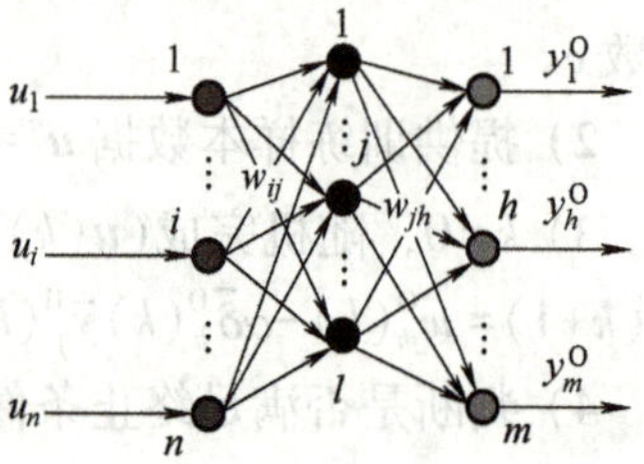

图 2-19　RBF 神经网络

图中，输入层输出为 $y_i^{\mathrm{I}}=u_i$；输出层输出为 $y_h^{\mathrm{O}}=\sum_{j=1}^{l} w_{jh}^{\mathrm{O}}y_j^{\mathrm{H}}$；隐含层采用高斯函数，输出为

$$y_j^{\mathrm{H}}=\mathrm{e}^{\left(-\sum_{i=1}^{n}(y_i^{\mathrm{I}}-c_{ij})^2\Big/\sigma_j^2\right)}$$

式中，c_{ij} 为神经元中心；σ_j 为神经元半径。

输入输出映射 $y_h^{\mathrm{O}}(\boldsymbol{u}^q)$ 与权值 $\boldsymbol{w}_h^{\mathrm{O}}$、中心 $\boldsymbol{c}_j^{\mathrm{H}}$ 和宽度 $\boldsymbol{\sigma}_j$ 相关，记为

$$y_h^{\mathrm{O}}(\boldsymbol{u}^q)=w_{jh}^{\mathrm{O}}\mathrm{e}^{\left(-\sum_{i=1}^{n}(u_i^q-c_{ij})^2\Big/\sigma_j^2\right)} \tag{2-37}$$

权值和中心分别为

$$\boldsymbol{w}_h^{\mathrm{O}}=[w_{1h}^{\mathrm{O}},w_{2h}^{\mathrm{O}},\cdots,w_{lh}^{\mathrm{O}}],\quad \boldsymbol{c}_j^{\mathrm{H}}=[c_{1j},c_{2j},\cdots,c_{nj}] \tag{2-38}$$

将权值向量 $\boldsymbol{w}$ 记为

$$\boldsymbol{w}=[\boldsymbol{w}_1^{\mathrm{O}},\boldsymbol{w}_2^{\mathrm{O}},\cdots,\boldsymbol{w}_m^{\mathrm{O}},\boldsymbol{c}_1^{\mathrm{H}},\boldsymbol{c}_2^{\mathrm{H}},\cdots,\boldsymbol{c}_l^{\mathrm{H}},\boldsymbol{\sigma}_1,\boldsymbol{\sigma}_2,\cdots,\boldsymbol{\sigma}_l] \tag{2-39}$$

1. 输出层神经元权值的调整

误差准则函数为

$$F(\boldsymbol{w})=\frac{1}{2}\sum_{q=1}^{Q}\|\boldsymbol{t}^q-\boldsymbol{y}^{\mathrm{O}}(\boldsymbol{u}^q)\|^2=\frac{1}{2}\sum_{q=1}^{Q}\sum_{h=1}^{m}(t_h^q-y_h^{\mathrm{O}}(\boldsymbol{u}^q))^2 \tag{2-40}$$

输出层权值迭代公式为

$$w_{jh}^{\mathrm{O}}(k+1)=w_{jh}^{\mathrm{O}}(k)-\alpha\left.\frac{\partial F(\boldsymbol{w})}{\partial w_{jh}^{\mathrm{O}}}\right|_{\boldsymbol{w}=\boldsymbol{w}(k)} \tag{2-41}$$

式中，

$$\frac{\partial F(\boldsymbol{w})}{\partial w_{jh}^{\mathrm{O}}}=\sum_{q=1}^{Q}\frac{\partial F(\boldsymbol{w})}{\partial y_h^{\mathrm{O}}(\boldsymbol{u}^q)}\frac{\partial y_h^{\mathrm{O}}(\boldsymbol{u}^q)}{\partial w_{jh}^{\mathrm{O}}}=\sum_{q=1}^{Q}-(t_h^q-y_h^{\mathrm{O}}(\boldsymbol{u}^q))\mathrm{e}^{\left(-\sum_{i=1}^{n}(u_i^q-c_{ij})^2\Big/\sigma_j^2\right)} \tag{2-42}$$

则有

$$w_{jh}^{O}(k+1)=w_{jh}^{O}(k)+\alpha\sum_{q=1}^{Q}(t_h^q-y_h^{O}(\boldsymbol{u}^q))\mathrm{e}^{\left(-\sum_{i=1}^{n}(u_i^q-c_{ij})^2/\sigma_j^2\right)}\Big|_{w=w(k)}$$

$$=w_{jh}^{O}(k)+\alpha\sum_{q=1}^{Q}\left(t_h^q-\sum_{j=1}^{l}w_{jh}^{O}(k)\mathrm{e}^{\left(-\sum_{i=1}^{n}(u_i^q-c_{ij}(k))^2/\sigma_j^2(k)\right)}\right)\mathrm{e}^{\left(-\sum_{i=1}^{n}(u_i^q-c_{ij}(k))^2/\sigma_j^2(k)\right)} \tag{2-43}$$

2. 隐含层神经元中心的调整

根据误差准则函数式(2-40)，隐含层神经元中心迭代公式为

$$c_{ij}(k+1)=c_{ij}(k)-\alpha\frac{\partial F(\boldsymbol{w})}{\partial c_{ij}}\Big|_{w=w(k)} \tag{2-44}$$

式中，

$$\frac{\partial F(\boldsymbol{w})}{\partial c_{ij}}=\sum_{q=1}^{Q}\sum_{h=1}^{m}\frac{\partial F(\boldsymbol{w})}{\partial y_h^{O}(\boldsymbol{u}^q)}\frac{\partial y_h^{O}(\boldsymbol{u}^q)}{\partial y_j^{H}(\boldsymbol{u}^q)}\frac{\partial y_j^{H}(\boldsymbol{u}^q)}{\partial c_{ij}}$$

$$=\sum_{q=1}^{Q}\sum_{h=1}^{m}-(t_h^q-y_h^{O}(\boldsymbol{u}^q))w_{jh}^{O}\mathrm{e}^{\left(-\sum_{i=1}^{n}(u_i^q-c_{ij})^2/\sigma_j^2\right)}2\frac{(u_i^q-c_{ij})}{\sigma_j^2} \tag{2-45}$$

3. 隐含层神经元宽度的调整

根据误差准则函数式(2-40)，隐含层神经元宽度迭代公式为

$$\sigma_j(k+1)=\sigma_j(k)-\alpha\frac{\partial F(\boldsymbol{w})}{\partial \sigma_j}\Big|_{w=w(k)} \tag{2-46}$$

式中，

$$\frac{\partial F(\boldsymbol{w})}{\partial \sigma_j}=\sum_{q=1}^{Q}\sum_{h=1}^{m}\frac{\partial F(\boldsymbol{w})}{\partial y_h^{O}(\boldsymbol{u}^q)}\frac{\partial y_h^{O}(\boldsymbol{u}^q)}{\partial y_j^{H}(\boldsymbol{u}^q)}\frac{\partial y_j^{H}(\boldsymbol{u}^q)}{\partial \sigma_j}$$

$$=\sum_{q=1}^{Q}\sum_{h=1}^{m}-(t_h^q-y_h^{O}(\boldsymbol{u}^q))w_{jh}^{O}\mathrm{e}^{\left(-\sum_{i=1}^{n}(u_i^q-c_{ij})^2/\sigma_j^2\right)}2\frac{\sum_{i=1}^{n}(u_i^q-c_{ij})^2}{\sigma_j^3} \tag{2-47}$$

除上述基于误差反向传播的中心和宽度迭代求解外，还可以通过经验法或者聚类法确定中心和宽度，然后采取最小二乘法求最优输出层权值。在中心和宽度已确定的情况下，权值可按照如下规则进行调整。

由于中心和宽度已定，误差准则函数式(2-40)可看成 $\boldsymbol{w}^{O}$ 的函数，有

$$F(\boldsymbol{w}^{O})=\sum_{h=1}^{m}\left(\frac{1}{2}\sum_{q=1}^{Q}\left(t_h^q-\sum_{j=1}^{l}w_{jh}^{O}y_j^{H}(\boldsymbol{u}^q)\right)^2\right) \tag{2-48}$$

式中，$\boldsymbol{w}^{O}=[\boldsymbol{w}_1^{O},\boldsymbol{w}_2^{O},\cdots,\boldsymbol{w}_m^{O}]$，$\boldsymbol{w}_h^{O}=[w_{1h}^{O},w_{2h}^{O},\cdots,w_{lh}^{O}]$。

求以上函数的极小值点相当于分别求下面函数的极小值点

$$F_h(\boldsymbol{w}_h^{O})=\frac{1}{2}\sum_{q=1}^{Q}\left(t_h^q-\sum_{j=1}^{l}w_{jh}^{O}y_j^{H}(\boldsymbol{u}^q)\right)^2$$

$$=\frac{1}{2}(\boldsymbol{B}-\boldsymbol{A}(\boldsymbol{w}_h^{O})^{\mathrm{T}})^{\mathrm{T}}(\boldsymbol{B}-\boldsymbol{A}(\boldsymbol{w}_h^{O})^{\mathrm{T}}) \tag{2-49}$$

式中，

$$\boldsymbol{B}=\begin{bmatrix} t_h^1 \\ \vdots \\ t_h^Q \end{bmatrix},\boldsymbol{A}=\begin{bmatrix} y_1^{\mathrm{H}}(\boldsymbol{u}^1) & \cdots & y_l^{\mathrm{H}}(\boldsymbol{u}^1) \\ \vdots & & \vdots \\ y_1^{\mathrm{H}}(\boldsymbol{u}^Q) & \cdots & y_l^{\mathrm{H}}(\boldsymbol{u}^Q) \end{bmatrix},(\boldsymbol{w}_h^{\mathrm{O}})^{\mathrm{T}}=\begin{bmatrix} w_{1h}^{\mathrm{O}} \\ \vdots \\ w_{lh}^{\mathrm{O}} \end{bmatrix} \tag{2-50}$$

由最小二乘法，令$\dfrac{\partial F_h(\boldsymbol{w}_h^{\mathrm{O}})}{\partial \boldsymbol{w}_h^{\mathrm{O}}}=0$，可得

$$\boldsymbol{A}^{\mathrm{T}}\boldsymbol{A}(\boldsymbol{w}_h^{\mathrm{O}})^{\mathrm{T}}=\boldsymbol{A}^{\mathrm{T}}\boldsymbol{B} \tag{2-51}$$

从而有

$$(\boldsymbol{w}_h^{\mathrm{O}})^{\mathrm{T}}=(\boldsymbol{A}^{\mathrm{T}}\boldsymbol{A})^{-1}\boldsymbol{A}^{\mathrm{T}}\boldsymbol{B} \tag{2-52}$$

由于 RBF 神经网络结构固定，只需调节网络权值，因此较 BP 神经网络具有算法简单、运行效率高的优点。但由于 RBF 神经网络隐含层到输出层的映射是线性的，其非线性逼近能力不如 BP 神经网络。

2.3 神经网络建模

神经网络建模的主要思想和方法是：借助神经网络的逼近能力，通过学习获知系统差分方程中的未知非线性函数。对于拟辨识的未知动力学系统，可预先给出定阶差分方程[如非线性自回归移动平均模型(NARMA 模型)]的形式，进而确定神经网络的输入输出，实现基于静态前馈神经网络的非线性系统辨识和建模。

2.3.1 正向模型

正向模型是指利用多层前馈神经网络，通过网络训练和学习，使其能够表达动态系统正向动力学特性的模型。正向模型如图 2-20 所示。神经网络与待辨识系统呈并联关系，且两者具有相同的输入，两者的输出误差被用作网络的训练信号。

对于动态系统，常采用动态神经网络(如递归神经网络)进行建模，或者假设待辨识对象为线性或非线性离散时间系统，即

$$y(k+1)=f[y(k),\cdots,y(k-n+1),u(k),\cdots,u(k-m+1)] \tag{2-53}$$

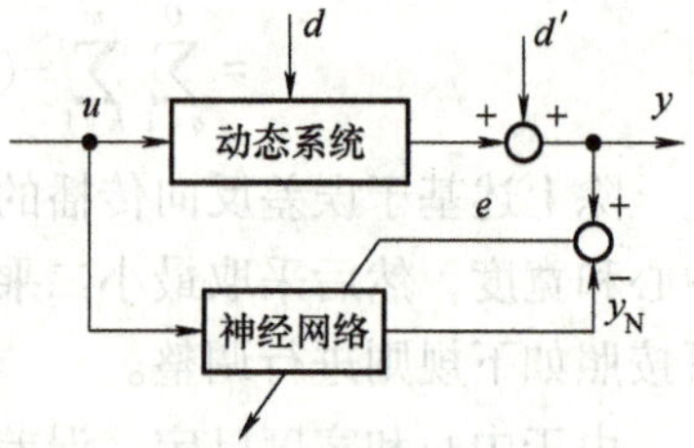

图 2-20 正向模型

式中，$u(k)$和$y(k)$分别为系统k时刻的输入和输出；m和n分别为输入时间序列和输出时间序列的阶次，$m \leqslant n$。

将$y(k)$，…，$y(k-n+1)$，$u(k)$，…，$u(k-m+1)$作为网络输入，$y(k+1)$为网络输出，利用静态前馈神经网络辨识非线性系统$f(x)$的步骤如下：

1）获得系统输入和输出数据$u(1)$，…，$u(N)$和$y(1)$，…，$y(N)$。

2）获得网络训练样本数据$\{[y(n),\cdots,y(1),u(n),\cdots,u(n-m+1)]^{\mathrm{T}},y(n+1)\}$，…，$\{[y(N-1),\cdots,y(N-n),u(N-1),\cdots,u(N-m)]^{\mathrm{T}},y(N)\}$。

3）选择合适的神经网络结构，采用 2.2 节中介绍的神经网络学习算法训练神经网络。

从以上步骤可以看出，除非另外建立干扰信号d的差分方程模型，否则正向模型无法对动态对象的干扰部分进行有效表达。

2.3.2 逆向模型

对于被控对象式(2-53)，若$f(\cdot)$可逆，则有

$$u(k)=f^{-1}(y(k+1),y(k),\cdots,y(k-n+1),u(k-1),\cdots,u(k-m+1)) \tag{2-54}$$

式中，$f^{-1}(\cdot)$为$f(\cdot)$的逆。由于在当前时刻k无法获知系统输出$y(k+1)$，采用$(k+1)$时刻的期望输出$y_d(k+1)$替换，式(2-54)可表示为

$$u(k)=f^{-1}(y_d(k+1),y(k),\cdots,y(k-n+1),u(k-1),\cdots,u(k-m+1)) \tag{2-55}$$

对动态系统构建逆向模型，指通过网络训练或学习，使多层前馈神经网络能够表达系统的逆向动力学特征。

逆向模型网络输入为$y_d(k+1)$，$y(k)$，$\cdots$，$y(k-n+1)$，$u(k-1)$，$\cdots$，$u(k-m+1)$，网络输出为$u(k)$，用静态前馈神经网络逼近上述未知差分方程中的非线性函数$f^{-1}(\cdot)$。

1. 直接逆建模

逆向模型如图 2-21 所示。系统的输出作为网络的输入，网络的输出与系统的输入进行比较，用来训练神经网络，以建立起系统的逆向模型。

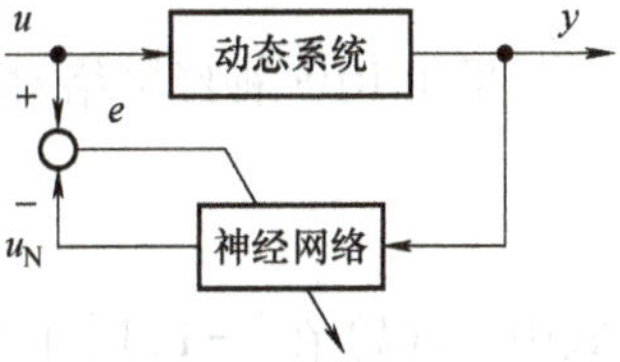

图 2-21 逆向模型

建立非线性系统直接逆向模型的步骤如下：

1）获得系统输入和输出数据$u(1)$，$\cdots$，$u(N)$和$y(1)$，$\cdots$，$y(N)$。

2）获得网络训练样本数据$\{[y(n+1),\cdots,y(1),u(n-1),\cdots,u(n-m+1)]^{\mathrm{T}},u(n)\},\cdots,\{[y(N),\cdots,y(N-n),u(N-2),\cdots,u(N-m)]^{\mathrm{T}},u(N-1)\}$。

3）选择合适的神经网络结构，采用 2.2 节中介绍的神经网络学习算法训练神经网络。

将$y_d(k+1)$带入神经网络辨识后的$f^{-1}(\cdot)$，由式(2-55)即可获得控制信号$u(k)$，将神经网络逆向模型与被控对象串联起来，就构成了神经网络直接逆控制。直接逆向模型假设被控对象可逆，若动态系统不可逆，则将得到一个不正确的逆向模型。与此同时，由于持续激励的、覆盖工作区域的大范围输入信号难以设计，采用直接逆建模方法获得的逆向模型往往不可靠。

2. 正-逆建模

正-逆建模也称狭义逆学习，正向模型用作神经网络辨识器(NNI)与被控对象并联，逆模型用作神经网络控制器(NNC)与被控对象串联。逆向模型的输入为系统的期望输出$y_d(t)$，训练误差为期望输出$y_d(t)$与系统输出$y(t)$或正向模型输出$y_N(t)$之差，因此克服了直接逆向模型采用系统输入作为训练信号所带来的问题。下面介绍三种典型的正-逆建模方法。

第一种正-逆建模方法如图 2-22 所示，采用实际输出与期望输出之差作为神经网络逆向模型的训练信号，此时需知道被控对象的正向动力学模型，以便进行误差反向传播。事实证明，当系统精确模型无法确知，推导其逆模型又过于烦琐时，该方法仍不失为一种较好的选择。

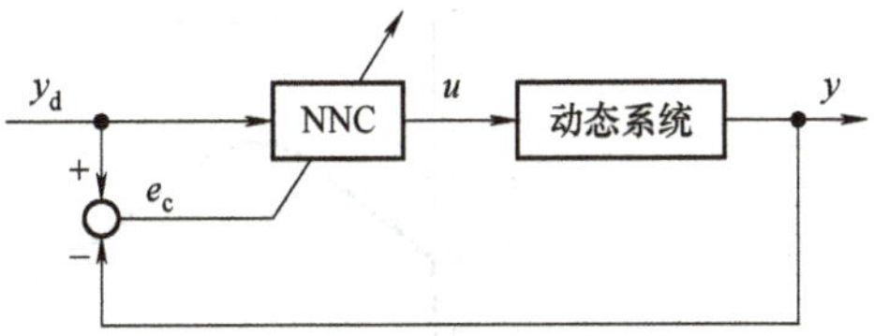

图 2-22 第一种正-逆建模方法

第二种正-逆建模方法如图 2-23 所示，采用神经网络正向模型的输出代替系统实际输出，用期望输出与神经网络正向模型输出之差e_c作为训练信号，采用神经网络正向模型的

输出与系统实际输出之差 e_i 进行误差反向传播。第二种方法克服了第一种方法要求被控对象动态已知的缺点，同时具有较强的鲁棒性和自适应性。但正向模型的建模误差必然会影响逆向模型的精度。

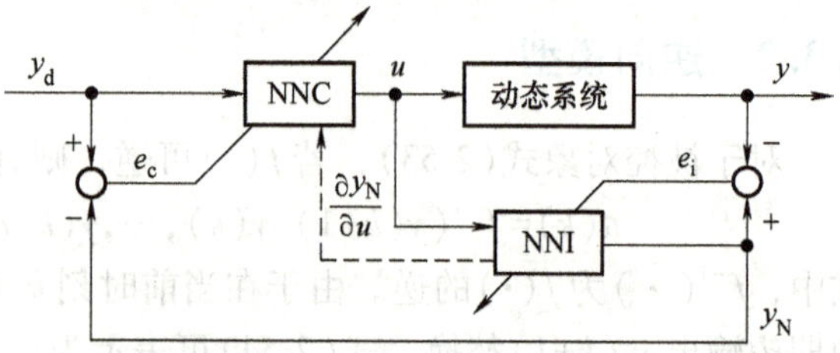

图 2-23　第二种正-逆建模方法

第三种正-逆建模方法如图 2-24 所示，仍然用系统的实际输出构成训练误差，但反向传播通道的误差信号由神经网络正向模型提供。由于正向模型仅起误差梯度信息方向传播的作用，正向模型的小幅误差一般只影响逆模型的收敛速度。该方法综合了前两种方法的优点，同时克服了它们的缺点。

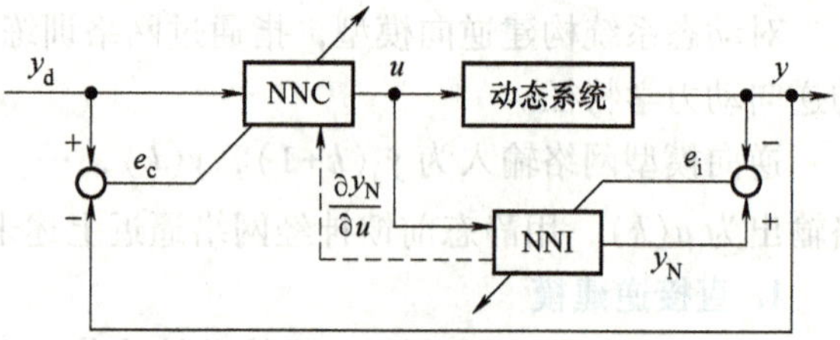

图 2-24　第三种正-逆建模方法

2.3.3　神经网络建模实例

采用 RBF 神经网络对以下离散模型进行逼近：

$$y(k)=u(k-1)^3+\frac{y(k-1)}{1+y(k-1)^2} \tag{2-56}$$

式中，$u(k)$ 在 $[-1,1]$ 上变化，系统有界输入输出稳定，$u(t)=\sin t$，$t=k\times T$，采样间隔 $T=0.001$。

根据正向模型算法设置网络输入输出，采用 RBF 神经网络，构建输入 $x(k)=[u(k-1),y(k-1)]$ 与输出 $y(k)$ 的映射关系如下：

$$y_p(k)=N[u(k-1),y(k-1)] \tag{2-57}$$

式中，$y_p(k)$ 为神经网络预测输出。

设置神经网络隐含层单元的个数为 5 个，即神经网络结构为 2-5-1。径向基函数中心点取值为 $c_j=\begin{bmatrix}-1 & -0.5 & 0 & 0.5 & 1\\ -1 & -0.5 & 0 & 0.5 & 1\end{bmatrix}^{\mathrm{T}}$，宽度为 $b_j=3.0$，$j=1, 2, \cdots, 5$。采用最小二乘法调节神经网络权值 $\boldsymbol{w}$ 及径向基函数参数 c_j 和 b_j，训练样本数为 10000。

RBF 神经网络非线性系统辨识结果如图 2-25 所示，可见模型误差迅速减小为零，该 RBF 神经网络能够很好地构建非线性系统模型。

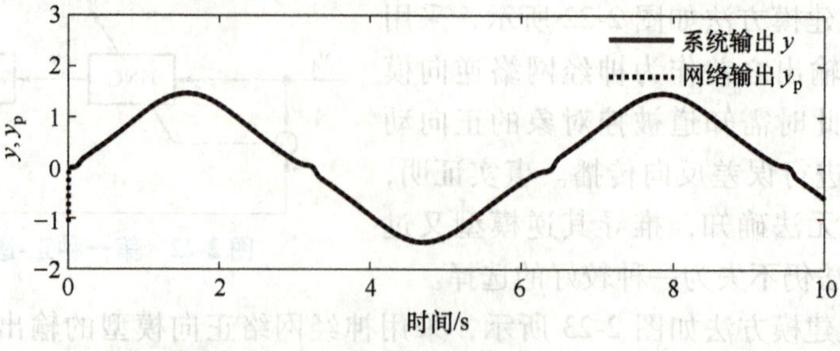

图 2-25　RBF 神经网络非线性系统辨识结果

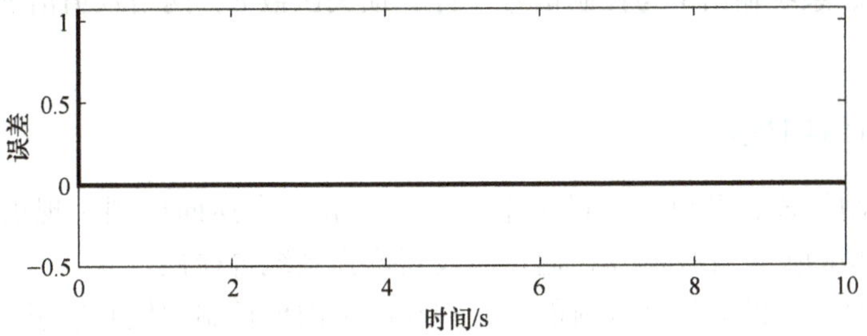

图 2-25　RBF 神经网络非线性系统辨识结果（续）

2.4　神经网络控制

神经网络控制的目的在于利用神经网络控制器确定合适的控制输入，使得系统获得期望的输出特性。神经网络控制凭借其强大的非线性逼近能力和自适应学习能力，在复杂系统控制中展现出巨大的优势并已广泛应用。典型的神经网络控制包括神经网络监督控制、神经网络直接逆控制、神经网络内模控制、神经网络自适应控制、神经网络多模型自适应控制等。

2.4.1　神经网络监督控制

当被控对象的动态特性未知或部分已知时，需要设计控制行为的规律，使得系统能够被有效地控制。神经网络监督控制通过对人工或传统控制器进行学习，用神经网络控制器取代或逐渐取代原控制器。图 2-26 所示为神经网络监督控制，图中包含一个传统控制器（导师）和一个可训练的神经网络控制器。神经网络控制器以期望输出 y_d 与系统输出 y 的误差 e 作为输入，根据传统控制器输出的控制信号 u 与神经网络控制器输出 u_N 的误差进行网络训练，神经网络控制器可看作被控对象的逆向模型。

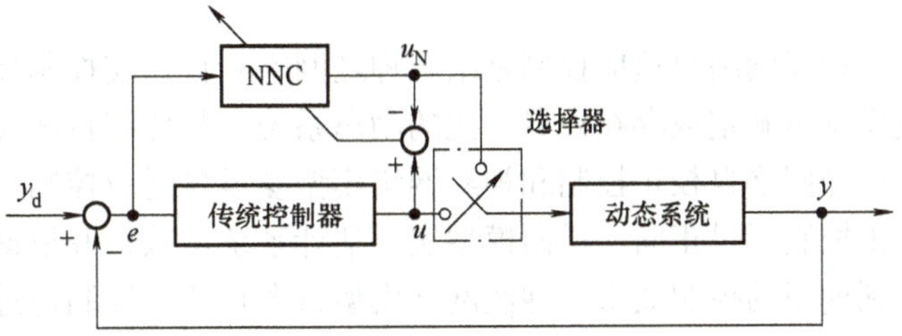

图 2-26　神经网络监督控制

在控制初始阶段，传统控制器起主要作用；随着网络训练的成熟，神经网络控制器将对控制起主导作用，最终将取代传统控制器的作用。

2.4.2　神经网络直接逆控制

神经网络直接逆控制通过与动态系统串联的形式构建被控对象的逆向模型，使得神经网络的输出逼近被控对象的期望输入信号，从而使神经网络作为前馈控制器时被控对象的输出为期望输出。

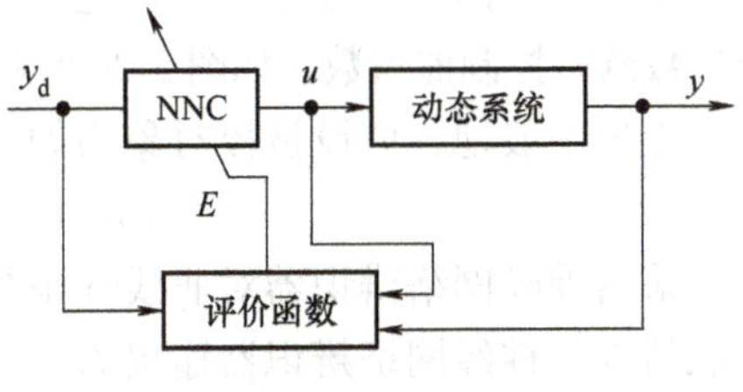

图 2-27　神经网络直接逆控制

图 2-27 所示为神经网络直接逆控制。神经网络控制器作为被控动态系统的前馈控制器，评价函数

根据期望输出 y_d、系统输出 y 与控制信号 u 计算损失函数 E，网络权值沿 E 的负梯度方向进行修正。

2.4.3 神经网络内模控制

传统内模控制的核心思想是通过一个正向模型和一个逆向模型实现被控对象的稳定控制，通过正向模型的逆设计控制器，通过滤波器增强系统鲁棒性。

融合神经网络强大的非线性映射能力，神经网络内模控制的核心思想是在内模控制的基础上，利用神经网络建立被控对象的正向模型和控制器。图 2-28 所示为神经网络内模控制的一种实现方式。其中神经网络正向模型(神经网络辨识器)与动态系统并行设置，两者输出信号之间的差被用作反馈信号。神经网络逆向模型(神经网络控制器)以神经网络辨识器为训练对象，同时间接学习被控对象的逆动态特性。滤波器的目的是为了获得期望的鲁棒性和跟踪响应。若模型的神经网络辨识器精确且干扰 d 为 0，则反馈信号为 0，系统为开环状态，为直接逆控制，此时系统输出 $y=y_d$。若模型的神经网络辨识器不精确或存在干扰，则由于负反馈的作用，仍有 y 接近 y_d。神经网络内模控制有很好的鲁棒性。

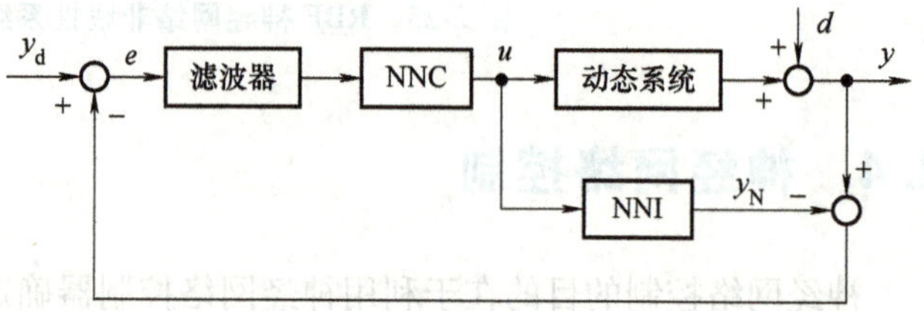

图 2-28 神经网络内模控制

2.4.4 神经网络自适应控制

神经网络自适应控制是结合神经网络和自适应控制技术，用于控制动态系统，特别是系统模型不确定或存在外界干扰的动态系统。与传统自适应控制相同，神经网络自适应控制分为神经网络自校正控制和神经网络模型参考自适应控制。二者的主要区别在于，神经网络自校正控制通过正向、逆向模型实时估计系统参数，并根据估计结果实时调整控制器参数，以达到期望的控制效果；神经网络模型参考自适应控制通过预先给定参考模型描述期望的系统期望输出，通过调整控制器参数使实际系统输出跟随参考模型输出，从而实现对被控系统的精确控制。

1. 神经网络自校正控制

神经网络自校正控制分为神经网络直接自校正控制和神经网络间接自校正控制两种。

神经网络直接自校正控制将神经网络直接用于调整控制器参数，使系统输出逼近期望值，其在本质上与神经网络直接逆控制相同，如图 2-27 所示。

神经网络间接自校正控制首先通过神经网络在线估计系统参数，然后根据这些估计的系统参数调整控制器参数，如图 2-29 所示，由一个神经网络辨识器和一个神经网络控制器构成。

不失一般地，假设被控对象为如下未知的仿射非线性系统：

$$y(k+1)=f(y(k))+g(y(k))u(k)$$

采用神经网络辨识器对非线性函数 $f(y(k))$ 和 $g(y(k))$ 进行离线辨识，且获得足够高的辨识精度，神经网络辨识器输出为

$$\hat{y}(k+1)=\hat{f}(y(k))+\hat{g}(y(k))u(k)$$

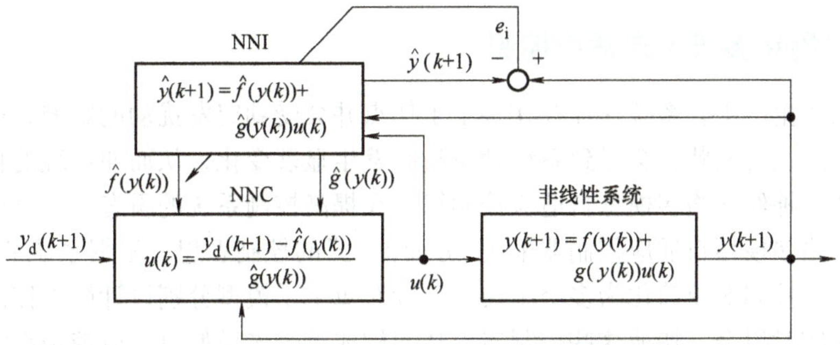

图 2-29　神经网络间接自校正控制

式中，$\hat{f}(y(k))$和$\hat{g}(y(k))$分别为上述两个非线性函数的估计值。神经网络控制器的输出可表示为

$$u(k)=\frac{y_d(k+1)-\hat{f}(y(k))}{\hat{g}(y(k))}$$

神经网络间接自校正控制能够提供更精确的系统参数估计，从而实现更精确的控制，适用于系统参数变化频繁且需要高精度建模的场合，如工业过程控制、复杂机械系统控制等。但相对于直接自校正控制，其系统建模和参数估计的过程较为复杂，需要更多的计算资源和训练时间。

2. 神经网络模型参考自适应控制

神经网络模型参考自适应控制给定参考模型，其参考模型输入、参考模型输出信号分别为$r(t)$、$y_m(t)$，其控制目标是使被控对象的输出一致渐近地趋近参考模型的输出$y_m(t)$。神经网络模型参考自适应控制分为神经网络直接模型参考自适应控制和神经网络间接模型参考自适应控制。

神经网络直接模型参考自适应控制如图 2-30 所示，以控制误差，即动态系统输出与参考模型输出之差$e_c(t)=y(t)-y_m(t)$为神经网络控制器训练信号，即控制目标是使得$e_c(t)\to 0$。由于误差反向传播过程中，需要已知动态系统数学模型，给神经网络的学习训练带来了困难。采用类似于正-逆模型中的建模方法，可以构建神经网络间接模型参考自适应控制。

神经网络间接模型参考自适应控制如图 2-31 所示，由神经网络辨识器对动态系统进行离线正向模型构建，并基于模型辨识误差$e_i(t)$进行在线学习修正。此时，可由神经网络辨识器提供控制误差$e_c(t)$或其梯度的反向传播通道，进而避免了对于动态系统数学模型的依赖。

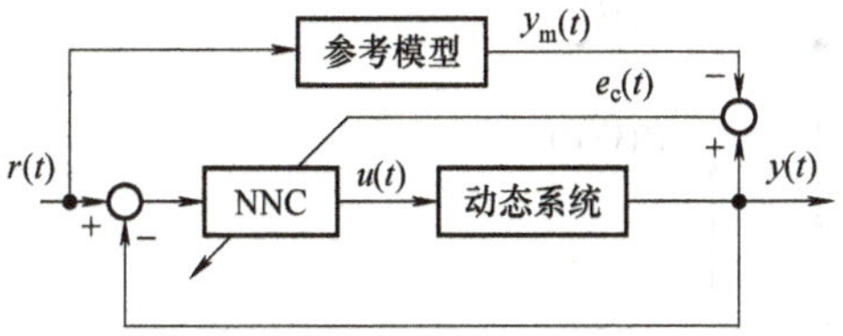

图 2-30　神经网络直接模型参考自适应控制

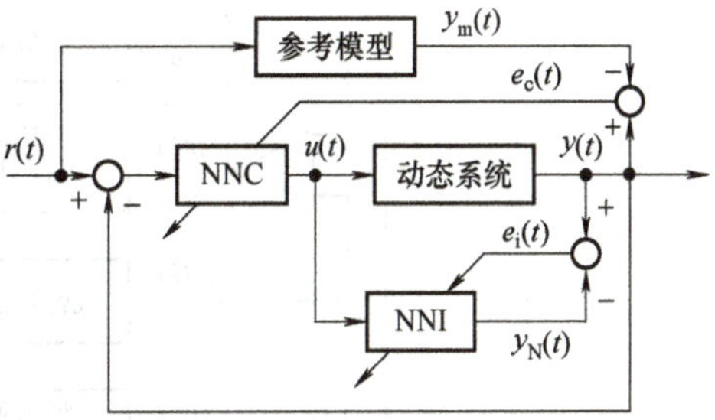

图 2-31　神经网络间接模型参考自适应控制

2.4.5 神经网络多模型自适应控制

在实际工业生产中，系统往往存在多个工作点并会受到突发扰动的影响，例如机器部件的意外损坏。这些突发状况会导致系统动态瞬间发生显著变化，从而使传统的自适应控制产生较大的超调。神经网络多模型自适应控制算法在提高控制系统的瞬态响应方面表现出显著优势。神经网络多模型自适应控制器采用“分而治之”的控制思想，根据系统的实际工作点，将复杂的非线性控制对象简化为多个子模型。针对每个子模型分别设计简单控制器，并根据切换指标函数实时组合、切换这些控制器，从而构成整个多模型自适应控制系统。当被控对象发生突变时，神经网络多模型自适应控制能够迅速将控制信号切换到与当前被控对象最接近的模型所对应的控制器上，极大地改善瞬态响应并提高控制品质。

对于如下单入单出(SISO)离散时间非线性系统：

$$y(k+1)=a_0y(k)+\cdots+a_{n-1}y(k-n+1)+b_0u(k)+\cdots+b_{n-1}u(k-n+1)+ f(y(k),\cdots,y(k-n+1),u(k-1),\cdots,u(k-n+1)) \tag{2-58}$$

式中，$u(k)$, $y(k)\in R$，$b_0\geqslant b_{\min}>0$，f 为由高阶项组成的平滑非线性函数，$|f|\leqslant\Delta$。定义向量 $\boldsymbol{\theta}=[a_0,\cdots,a_{n-1},b_0,\cdots,b_{n-1}]^{\mathrm{T}}$，$\overline{\boldsymbol{\theta}}=[a_0,\cdots,a_{n-1},b_1,\cdots,b_{n-1}]^{\mathrm{T}}$，$\boldsymbol{\omega}(k)=[y(k),\cdots,y(k-n+1),u(k),\cdots,u(k-n+1)]^{\mathrm{T}}$，$\overline{\boldsymbol{\omega}}(k)=[y(k),\cdots,y(k-n+1),u(k-1),\cdots,u(k-n+1)]^{\mathrm{T}}$，则式(2-58)可写为

$$y(k+1)=\boldsymbol{\theta}^{\mathrm{T}}\boldsymbol{\omega}(k)+f(\overline{\boldsymbol{\omega}}(k))=b_0u(k)+\overline{\boldsymbol{\theta}}^{\mathrm{T}}\overline{\boldsymbol{\omega}}(k)+f(\overline{\boldsymbol{\omega}}(k)) \tag{2-59}$$

自适应控制的目标是获取有界控制信号 $u(k)$，使得输出信号 $y(k)$ 渐近收敛到期望信号 $y*(k)$，即

$$\lim_{k\to\infty}|y(k)-y*(k)|=0 \tag{2-60}$$

当非线性项 f 较小时，可将其视为有界干扰，进一步设计鲁棒自适应控制器。为了提高控制性能，采用神经网络逼近非线性项 f。

神经网络多模型自适应控制器如图 2-32 所示，对被控对象分别构建线性模型、神经网络模型和对应的线性控制器、神经网络控制器，设计合适的模型性能指标和模型切换策略，实时评估与当前被控对象最接近的模型并切换到对应的控制器上。

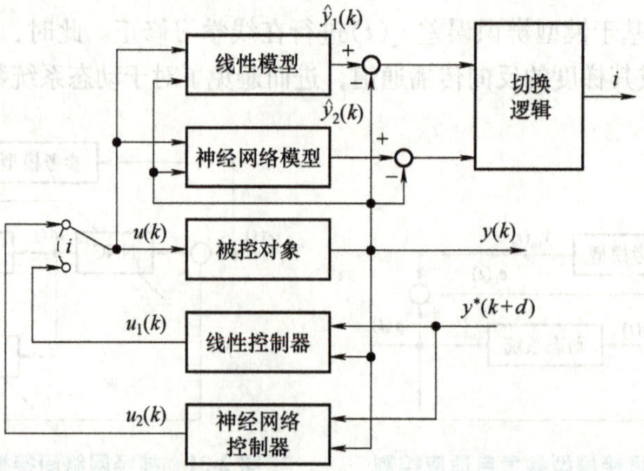

图 2-32 神经网络多模型自适应控制器

1. 线性模型与线性控制器设计

定义系统式(2-58)的线性辨识模型为

$$\hat{y}_1(k+1)=\hat{\boldsymbol{\theta}}_1^{\mathrm{T}}(k)\boldsymbol{\omega}(k) \tag{2-61}$$

式中，参数 $\hat{\boldsymbol{\theta}}_1(k)$ 的更新律为

$$\hat{\boldsymbol{\theta}}_1(k)=\hat{\boldsymbol{\theta}}_1(k-1)-\frac{a(k)e_1(k)\boldsymbol{\omega}(k-1)}{1+|\boldsymbol{\omega}(k-1)|^2} \tag{2-62}$$

式中，模型辨识误差 $e_1(k)$ 和学习率 $a(k)$ 分别为

$$e_1(k)\triangleq\hat{y}_1(k)-y(k)$$

$$a(k)=\begin{cases}1, & |e_1(k)|>2\Delta\\ 0, & \text{其他}\end{cases}$$

并且 $\hat{\boldsymbol{\theta}}_1(k)$ 中的 $\hat{b}_0^{(1)}(k)$ 总是被约束为大于 $b_{\min}>0$，如前所述。

由此可知，线性控制器在 k 时间的控制输入 $u_1(k)$ 为

$$u_1(k)=\frac{1}{\hat{b}_0^{(1)}(k)}(y^*(k+1)-\hat{\bar{\boldsymbol{\theta}}}_1(k)\bar{\boldsymbol{\omega}}(k)) \tag{2-63}$$

2. 神经网络模型和神经网络控制器设计

定义神经网络模型为

$$\hat{y}_2(k+1)=\hat{\boldsymbol{\theta}}_2^{\mathrm{T}}(k)\boldsymbol{\omega}(k)+\hat{f}(\bar{\boldsymbol{\omega}}(k),\boldsymbol{W}(k)) \tag{2-64}$$

式中，$\hat{f}(\cdot)$ 为非线性项 f 的神经网络逼近函数，$\boldsymbol{W}(k)$ 为非线性神经网络权值向量。参数 $\hat{\boldsymbol{\theta}}_2(k)$ 或 $\boldsymbol{W}(k)$ 的更新方式没有任何限制，只是它们总是位于某个预先定义的紧凑区域 $\mathcal{S}$ 内

$$\hat{\boldsymbol{\theta}}(k),\hat{\boldsymbol{W}}(k)\in\mathcal{S},\quad \forall k \tag{2-65}$$

并且在该区域中 $\hat{b}_0^{(2)}(k)$ 总是大于 $b_{\min}$。

由此可得，神经网络控制器为

$$u_2(k)=\frac{1}{\hat{b}_0^{(2)}(k)}[y^*(k+1)-\hat{\bar{\boldsymbol{\theta}}}_2^{\mathrm{T}}(k)\bar{\boldsymbol{\omega}}(k)-\hat{f}(\bar{\boldsymbol{\omega}}(k),\boldsymbol{W}(k))] \tag{2-66}$$

3. 性能指标和切换规则

对于线性模型和神经网络模型，定义如下关于累积模型辨识误差的性能指标函数：

$$J_i(k)=\sum_{l=1}^{k}\frac{a_i(l)(e_i^2(l)-4\Delta^2)}{2(1+|\boldsymbol{\omega}(l-1)|^2)}+c\sum_{l=k-N+1}^{k}(1-a_i(l))e_i^2(l),\quad i=1,2 \tag{2-67}$$

式中，N 为整数，常数权重 $c\geqslant0$，模型辨识误差和学习率分别为

$$e_i(k)\triangleq\hat{y}_i(k)-y(k),$$

$$a_i(k)=\begin{cases}1, & |e_i(k)|>2\Delta\\ 0, & \text{其他}\end{cases}$$

在任意时刻 k，若 $J_1(k)\leqslant J_2(k)$，则将由线性控制器获得的控制量 $u_1(k)$ 用作控制输入 $u(k)$；若 $J_1(k)>J_2(k)$，则将由神经网络控制器获得的控制量 $u_2(k)$ 用作控制输入 $u(k)$。

定理：对于被控对象式(2-58)，采用线性模型式(2-61)和神经网络模型式(2-64)、对应的控制器式(2-63)和式(2-66)及性能指标式(2-67)所示，则上述闭环切换系统中的所有信号都是有界的。

2.5 基于动态神经网络的多模型自适应控制器设计与实现

本部分以基于动态神经网络的多模型自适应控制及其在矿渣微粉生产中的应用为例，介绍神经网络多模型自适应控制器的设计与实现过程。

2.5.1 矿渣微粉生产多工况切换自适应控制问题

矿渣微粉粉磨系统的动态方程可描述为

$$\dot{\boldsymbol{x}}=f(\boldsymbol{x},\theta,\boldsymbol{u}) \tag{2-68}$$

式中，$\boldsymbol{x}=[x_1,x_2]^{\mathrm{T}}$，$x_1$、$x_2$ 分别为微粉比表面积和磨内压差；$\boldsymbol{u}=[u_1,u_2,u_3,u_4]^{\mathrm{T}}$，控制量 $u_1\sim u_4$ 分别为喂料量、选粉机转速、入磨风温和入磨风阀开度；θ 为常数。由于工艺机理复杂，难以精确建立动态方程的机理模型。与此同时，假设微粉生产在以下三种工况条件下切换运行：

$$x(t)=\begin{cases}\text{工况 }1, & t\in[0,200)\\ \text{工况 }2, & t\in[200,400)\\ \text{工况 }3, & t\in[400,600)\end{cases} \tag{2-69}$$

矿渣微粉粉磨系统的控制问题可以描述为：在机理模型未知、工况未知且工况切换时刻未知的条件下，控制微粉比表面积跟踪上设定值

$$r(t)=0.755,t\in(0,600] \tag{2-70}$$

利用动态神经网络对非线性动态系统的良好辨识能力，对被控系统建立多个神经网络模型，将被控系统的参数不确定转移到神经网络权值调整上。同时设计多个神经网络控制器并给出评价指标与切换准则，在保证控制系统稳定性的同时，提高被控对象存在未知不确定性或工况变化情况下的动态响应性能。串并动态神经网络多模型自适应控制器如图 2-33 所示。

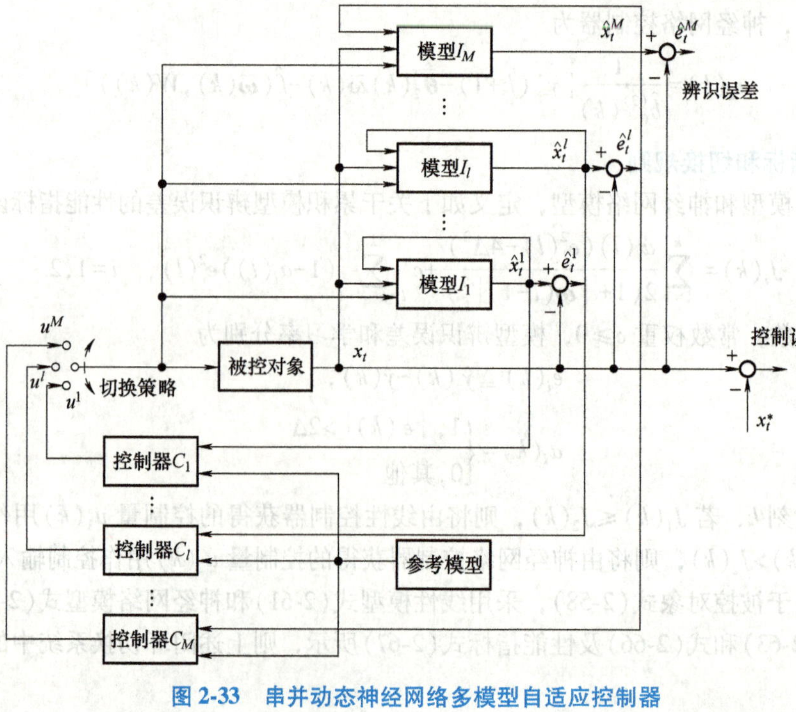

图 2-33 串并动态神经网络多模型自适应控制器

2.5.2　基于串并动态神经网络多模型自适应控制器设计

1. 串并结构动态神经网络模型辨识

根据结构中是否包含时间延迟或反馈机制，神经网络可以分为静态神经网络和动态神经网络。动态神经网络由于包含时间延迟或反馈机制，在捕捉和理解数据中的时间依赖关系和复杂模式方面更具有优势。从结构来看，可以将动态神经网络分为并行结构和串并结构，其中并行结构将模型输出反馈回模型输入端，完成下一时刻模型输出值的计算；相比之下，串并结构使用系统输出对模型输出进行计算，该结构在模型参数更新时具有更高的计算效率和辨识精度。串并动态神经网络辨识模型结构如图 2-34 所示。

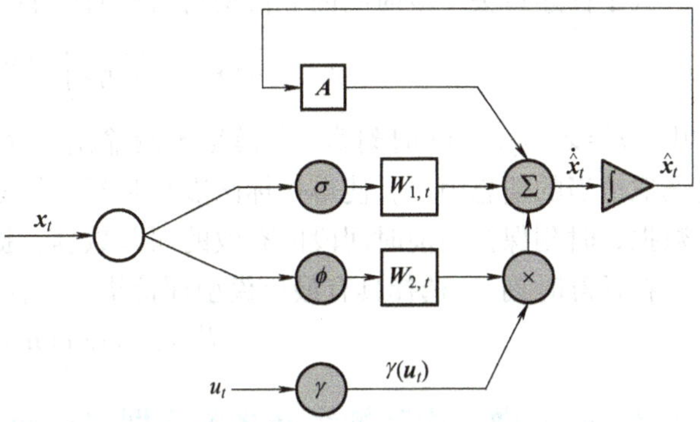

图 2-34　串并动态神经网络辨识模型结构

串并动态神经网络辨识模型的表达式为

$$\dot{\hat{\boldsymbol{x}}}_t=\boldsymbol{A}\hat{\boldsymbol{x}}_t+\boldsymbol{W}_{1,t}\sigma(\boldsymbol{x}_t)+\boldsymbol{W}_{2,t}\phi(\boldsymbol{x}_t)\gamma(\boldsymbol{u}_t) \tag{2-71}$$

式中，$\boldsymbol{A}\in R^{n\times n}$ 为稳定矩阵；$\gamma(\cdot)$：$R^m\to R^n$；t 时刻神经网络输入为状态向量 $\boldsymbol{x}_t\in R^n$ 与控制向量 $\boldsymbol{u}_t\in R^m$，系统真实状态输出为 $\dot{\boldsymbol{x}}_t$；$\hat{x}_t$、$\dot{\hat{x}}_t$ 分别为 $\boldsymbol{x}_t$ 与 $\dot{\boldsymbol{x}}_t$ 的估计向量。神经网络权值矩阵分别为 $\boldsymbol{W}_{1,t}$、$\boldsymbol{W}_{2,t}$；$\sigma(\boldsymbol{x}_t)$、$\phi(\boldsymbol{x}_t)$ 为激活函数矩阵，激活函数均采用 Sigmoid 函数。权值矩阵和激活函数矩阵如下：

$$\begin{cases}\boldsymbol{W}_{1,t}=\begin{bmatrix}\nu_{1,1}(t) & \cdots & \nu_{1,n}(t)\\ \vdots & & \vdots\\ \nu_{n,1}(t) & \cdots & \nu_{n,n}(t)\end{bmatrix}\\ \boldsymbol{W}_{2,t}=\mathrm{diag}[w_{1,1}(t) \quad w_{2,2}(t) \quad \cdots \quad w_{n,n}(t)]\in R^{n\times n}\\ \sigma(\boldsymbol{x}_t)=[\sigma(x_{1,t}) \quad \sigma(x_{2,t}) \quad \cdots \quad \sigma(x_{n,t})]^{\mathrm{T}}\\ \phi(\boldsymbol{x}_t)=\mathrm{diag}[\phi(x_{1,t}) \quad \phi(x_{2,t}) \quad \cdots \quad \phi(x_{n,t})]\in R^{n\times n}\end{cases} \tag{2-72}$$

得到如下形式的神经网络权值调节律：

$$\begin{cases}\dot{\nu}_{i,j}(t)=-k_1e_i(t)\sigma(x_j(t))\\ \dot{w}_{i,i}(t)=-k_2\gamma(\boldsymbol{u}(t))_i\phi(x_i(t))e_i(t)\end{cases} \tag{2-73}$$

式中，$i=1, 2, \cdots, n$；学习率 k_1、k_2 为常数；定义状态估计误差为 $e_i(t)=\hat{x}_i(t)-x_i(t)$。

为了覆盖系统不确定性，依据式(2-73)所示神经网络权值调节律，构建如下 M 个动态神经网络子模型：

$$\dot{\hat{\boldsymbol{x}}}_t^l=\boldsymbol{A}\hat{\boldsymbol{x}}_t^l+\boldsymbol{W}_{1,t}^l\sigma(\boldsymbol{x}_t)+\boldsymbol{W}_{2,t}^l\phi(\boldsymbol{x}_t)\gamma(\boldsymbol{u}_t^l) \tag{2-74}$$

式中，$l\in\{1,2,\cdots,M\}$。

2. 串并动态神经网络控制器集合

给定控制目标对应的轨迹方程：

$$\dot{\boldsymbol{x}}_t^* = \varphi(\boldsymbol{x}_t^*, t) \tag{2-75}$$

分别针对动态神经网络子模型式(2-74)构建子控制器:

$$\gamma^l(\boldsymbol{u}_t) = [\boldsymbol{W}_{2,t}^l \phi(\boldsymbol{x}_t)]^{-1}[\varphi(\boldsymbol{x}_t^*, t) - \boldsymbol{A}\boldsymbol{x}_t^* - \boldsymbol{W}_{1,t}^l \sigma(\boldsymbol{x}_t)] \tag{2-76}$$

式中,$l \in \{1, 2, \cdots, M\}$。

3. 模型评价指标及切换准则

为了描述过去一段时间内子模型与被控对象的一致性,采用如下模型评价指标:

$$J_l(t) = \alpha \|\boldsymbol{\varepsilon}_l(\tau)\|^2 + \beta \int_0^t \mathrm{e}^{-\lambda(t-\tau)} \|\boldsymbol{\varepsilon}_l(\tau)\|^2 \mathrm{d}\tau \tag{2-77}$$

式中,$\boldsymbol{\varepsilon}_t^l = \hat{\boldsymbol{x}}_t^l - \boldsymbol{x}_t$,为 t 时刻第 l 个模型预测输出与系统真实输出的误差;λ 为遗忘因子,通过选取恰当的遗忘因子,使得指标函数在判断最优模型的同时不断的抛弃之前较早的历史误差数据,时刻保持当前时间段内有效的误差数据,提高切换准确度及效率。

在任意时刻 t,选择具有最小模型评价指标的模型 $l'(t)$ 作为有效控制器:

$$l'(t) = \arg\min_{1 \leqslant l \leqslant M} J_l(t) \tag{2-78}$$

2.5.3 矿渣微粉生产神经网络多模型自适应控制实验

基于大量现场数据及工程师经验,得到以下三种工况,且按照式(2-69)切换运行。

工况 1:

$$\dot{\boldsymbol{x}}_t = \boldsymbol{A}_1^{\mathrm{T}}\boldsymbol{x}_t + \boldsymbol{B}_1^{\mathrm{T}} f(\boldsymbol{x}_t) + \boldsymbol{C}_1^{\mathrm{T}}\boldsymbol{u}_t + \boldsymbol{D}_1^{\mathrm{T}}$$

式中,

$$\boldsymbol{A}_1^{\mathrm{T}} = \begin{bmatrix} -0.2276 & 0.0183 \\ 0.2268 & -0.4306 \end{bmatrix}, \quad \boldsymbol{B}_1^{\mathrm{T}} = \begin{bmatrix} 0.3788 & 0.2366 \\ -0.0198 & -0.0237 \end{bmatrix}$$

$$\boldsymbol{C}_1^{\mathrm{T}} = \begin{bmatrix} -0.5382 & -0.62534 & -0.2665 & -0.5935 \\ -0.1597 & -0.0508 & -0.0934 & -0.6822 \end{bmatrix}, \quad \boldsymbol{D}_1^{\mathrm{T}} = \begin{bmatrix} 0.6626 \\ 0.3939 \end{bmatrix}$$

工况 2:

$$\dot{\boldsymbol{x}}_t = \boldsymbol{A}_2^{\mathrm{T}}\boldsymbol{x}_t + \boldsymbol{B}_2^{\mathrm{T}} f(\boldsymbol{x}_t) + \boldsymbol{C}_2^{\mathrm{T}}\boldsymbol{u}_t + \boldsymbol{D}_2^{\mathrm{T}}$$

式中,

$$\boldsymbol{A}_2^{\mathrm{T}} = \begin{bmatrix} -0.3616 & -0.0364 \\ 0.0718 & -0.1328 \end{bmatrix}, \quad \boldsymbol{B}_2^{\mathrm{T}} = \begin{bmatrix} -0.1922 & 0.2147 \\ -0.1346 & 0.3439 \end{bmatrix}$$

$$\boldsymbol{C}_2^{\mathrm{T}} = \begin{bmatrix} -0.3975 & -0.1213 & 0.0070 & -0.3266 \\ -0.4139 & -0.3949 & -0.0499 & -0.0220 \end{bmatrix}, \quad \boldsymbol{D}_2^{\mathrm{T}} = \begin{bmatrix} 0.5351 \\ 0.3403 \end{bmatrix}$$

工况 3:

$$\dot{\boldsymbol{x}}_t = \boldsymbol{A}_3^{\mathrm{T}}\boldsymbol{x}_t + \boldsymbol{B}_3^{\mathrm{T}} f(\boldsymbol{x}_t) + \boldsymbol{C}_3^{\mathrm{T}}\boldsymbol{u}_t + \boldsymbol{D}_3^{\mathrm{T}}$$

式中,

$$\boldsymbol{A}_3^{\mathrm{T}} = \begin{bmatrix} -0.1166 & 0.0677 \\ 0.1511 & -0.2370 \end{bmatrix}, \quad \boldsymbol{B}_3^{\mathrm{T}} = \begin{bmatrix} 0.1284 & -0.1085 \\ 0.2785 & 0.1088 \end{bmatrix}$$

$$\boldsymbol{C}_3^{\mathrm{T}} = \begin{bmatrix} -0.7534 & -0.3239 & -0.2013 & -0.6015 \\ -0.0778 & -0.5739 & -0.3869 & -0.8901 \end{bmatrix}, \quad \boldsymbol{D}_3^{\mathrm{T}} = \begin{bmatrix} 0.7903 \\ 0.5005 \end{bmatrix}$$

串并动态神经网络多模型自适应控制结果与神经网络单模型自适应控制结果分别如图 2-35a 和图 2-35b 所示。当工况在 $k=200$ 和 $k=400$ 处发生切换时,前者经历部分超调后迅速恢复稳定，而后者则出现较大超调，调节时间显著延长，甚至随着时间积累可能出现控制失效。由此可见，动态神经网络多模型自适应控制在系统工况发生变化时仍能够获得良好的瞬时响应性能。

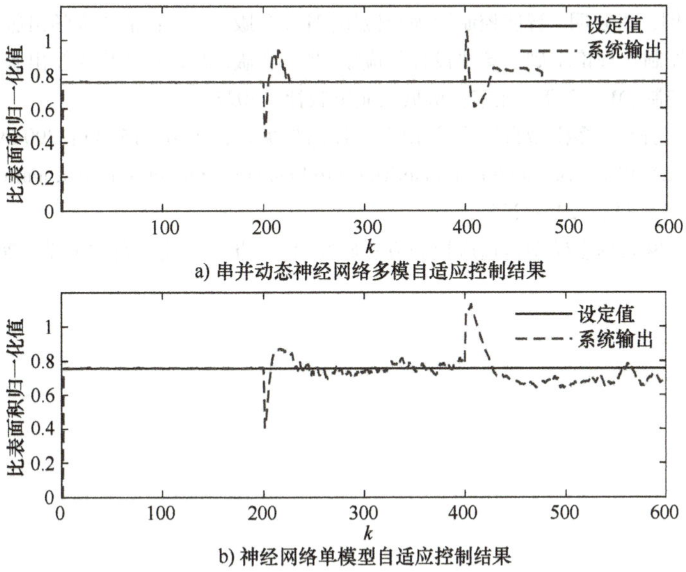

图 2-35　结果对比

本章小结

本章主要介绍了神经网络的特点、基本类型、激活函数和学习算法，并以 BP 神经网络、RBF 神经网络为例阐述了前馈神经网络的基本结构和原理；讨论了不同类型的神经网络建模方法及神经网络控制器方案，并以矿渣微粉多模型自适应控制为例给出了神经网络控制器的设计步骤。

思考题与习题

2-1　RBF 神经网络输入层、隐含层和输出层的表达式分别是什么？RBF 神经网络的主要特点是什么？与 BP 神经网络相比有什么优点？

2-2　请用自己的话给出人工神经网络的定义，并说明神经网络的结构和性能是由什么决定的。

2-3　简述 BP 神经网络误差准则函数如何选取，采用何种算法进行权值学习，以及如何设计算法学习结束判断准则。

2-4　对于如下仿射非线性离散时间系统：

$$y(k)=\frac{0.5y(k-1)[1-y(k-1)]}{1+\exp[-0.25y(k-1)]}+u(k-1)$$

试明确神经网络的输入输出，并设计 RBF 神经网络，实现上述动态系统建模。

参考文献

[1] 蔡自兴，余伶俐，肖晓明. 智能控制原理与应用[M]. 2 版. 北京：清华大学出版社，2014.

[2] 刘金琨. 智能控制：理论基础、算法设计与应用[M]. 2 版. 北京：清华大学出版社，2023.

[3] 李少远. 智能控制[M]. 3 版. 北京：机械工业出版社，2024.

[4] 李晓理，王伟，孙维. 多模型自适应控制[J]. 控制与决策，2000，15(4)：390-394.

[5] CHEN L，NARENDRA K S. Nonlinear adaptive control using neural networks and multiple models[J]. Automatica，2001，37(8)：1245-1255.

[6] 贾超. 基于神经网络的多模型自适应控制方法研究[D]. 北京：北京科技大学，2017.

第 3 章　模糊控制系统

导读

本章首先简述了模糊控制相关的数学基础知识，包括模糊集合、模糊关系、模糊规则和模糊推理等；然后介绍了模糊控制系统的原理与结构；最后综合前面知识，给出了模糊控制器设计的详细步骤，并完成了水箱水位的模糊控制器设计。

本章知识点

- 模糊数学
- 模糊控制原理
- 模糊控制器设计

3.1　模糊数学基础

模糊性是由概念的外延、内含不明确所造成的事物本身性态和类属的不确定性。它与事件是否发生表现出来的不确定性(随机性)不同。模糊性往往伴随着复杂性出现。当系统复杂性增大时，人们对系统性能做出精确而有意义的描述的能力就会降低。当达到一定限度时，复杂性与精确描述能力将相互排斥。美国加利福尼亚大学的 Zadeh 教授在 1965 年首先提出用隶属函数(MF)描述模糊现象，形成了模糊集合论，为模糊控制奠定了模糊逻辑推理基础。接下来，本节将介绍模糊集合、模糊关系和模糊推理等模糊控制相关的数学基础知识。

3.1.1　模糊集合、模糊关系及其运算

1. 模糊集合

经典集合一般是指具有某种属性，确定的、彼此可以区别的事物的全体。例如，身高在 1.83m 以上的人用经典集合可以表示为

$$A=\{人 \mid 身高大于 1.83\text{m}\} \tag{3-1}$$

任何一个元素要么属于该集合，要么不属于该集合。非此即彼，界限分明，没有模棱两可的情况。

经典集合一般用特征函数来描述，设 A 是给定论域 X 上的集合，则 A 的特征函数为

$$\mu_A(x)=\begin{cases}1, & x\in A\\ 0, & x\notin A\end{cases} \tag{3-2}$$

当特征函数值为 1 时，元素属于该集合；当特征函数值为 0 时，元素不属于该集合。

经典集合反映了确定、清晰、可分解的事物本质。但在客观世界中，存在着大量带有模糊性的事件，它们的界限并不十分明确，也就是它们的属性并非全都非此即彼。对于这种具有模糊性概念的事件，若采用经典集合的二值逻辑来描述，有可能导致悖论。例如，秃头悖论认为，若有 n 根头发的人被称为秃头，则有$(n+1)$根头发的人也是秃头。基于此可以得出所有人都是秃头的结论。

定义 3-1　论域 X 上的模糊集合 $\tilde{A}$ 是指，对于论域 X 中的任一元素 x，都指定了$[0,1]$上的一个数 $\mu_{\tilde{A}}(x)$ 与之对应，它称为 x 对 $\tilde{A}$ 的隶属度。这意味着定义了一个映射

$$\mu_{\tilde{A}}:X\to[0,1] \tag{3-3}$$

$$x\mapsto\mu_{\tilde{A}}(x) \tag{3-4}$$

这个映射被称为模糊集合 $\tilde{A}$ 的隶属函数。

定义 3-2　模糊集合 $\tilde{A}$ 的支撑集是论域 X 中使 $\mu_{\tilde{A}}(x)>0$ 的点的全体，表示为

$$\text{支撑集}(\tilde{A})=\{x\in X\mid\mu_{\tilde{A}}(x)>0\} \tag{3-5}$$

模糊集合 $\tilde{A}$ 的核是论域 X 中使 $\mu_{\tilde{A}}(x)=1$ 的点的全体，表示为

$$\text{核}(\tilde{A})=\{x\in X\mid\mu_{\tilde{A}}(x)=1\} \tag{3-6}$$

模糊集合 $\tilde{A}$ 的交叉点是论域 X 中使 $\mu_{\tilde{A}}(x)=0.5$ 的点的全体，表示为

$$\text{交叉点}(\tilde{A})=\{x\in X\mid\mu_{\tilde{A}}(x)=0.5\} \tag{3-7}$$

定义 3-3　若存在 $x\in X$ 使 $\mu_{\tilde{A}}(x)=1$，则称模糊集合 $\tilde{A}$ 是正态模糊集合。

若

$$\mu_{\tilde{A}}(\lambda x_1+(1-\lambda)x_2)\geqslant\min(\mu_{\tilde{A}}(x_1),\mu_{\tilde{A}}(x_2)),x_1,x_2\in X,\quad\lambda\in[0,1] \tag{3-8}$$

则称模糊集合 $\tilde{A}$ 是凸模糊集合。

若模糊集合 $\tilde{A}$ 的支撑集仅包含论域中一个单独的点，且该点隶属度为 1，则称模糊集合 $\tilde{A}$ 为单模糊集合。

模糊集合的表示方法有很多种，特别地，在有限离散论域和连续论域上差异明显。

（1）在有限离散论域上　当论域 X 为有限离散点集，即 $X=\{x_1,x_2,\cdots,x_n\}$ 时，模糊集合通常有以下三种表示方法。

1）Zadeh 表示法。模糊集合 $\tilde{A}$ 可表示为

$$\tilde{A}=\frac{\mu_{\tilde{A}}(x_1)}{x_1}+\frac{\mu_{\tilde{A}}(x_2)}{x_2}+\cdots+\frac{\mu_{\tilde{A}}(x_n)}{x_n} \tag{3-9}$$

式中，$\dfrac{\mu_{\tilde{A}}(x_i)}{x_i}$并不表示分数，而是表示论域中的元素 x_i 与 $\mu_{\tilde{A}}(x_i)$ 之间的对应关系。符号“+”也不表示求和，而是表示将各项汇总。

例 3-1　若 $X=\{$北京,上海,天津,重庆,西宁$\}$为人们可能选择居住的城市集合，$\tilde{A}$为“理想的居住城市”，试用 Zadeh 表示法写出在论域 X 上模糊集合 $\tilde{A}$ 的表达式。

用 Zadeh 表示法 $\tilde{A}$ 可以描述为

$$\tilde{A}=\frac{0.9}{\text{北京}}+\frac{0.85}{\text{上海}}+\frac{0.7}{\text{天津}}+\frac{0.6}{\text{重庆}}+\frac{0}{\text{西宁}} \tag{3-10}$$

需要注意的是，在 Zadeh 表示法中，隶属度为 0 的项可以不写。

2）序偶表示法。通过将论域中的元素 x_i 与其隶属度 $\mu_{\tilde{A}}(x_i)$ 构成序偶来表示模糊集合 $\tilde{A}$，即

$$\tilde{A}=\{(x_1,\mu_{\tilde{A}}(x_1)),(x_2,\mu_{\tilde{A}}(x_2)),\cdots,(x_n,\mu_{\tilde{A}}(x_n))\} \tag{3-11}$$

采用序偶表示法，例 3-1 中的 $\tilde{A}$ 可以表示为

$$\tilde{A}=\{(\text{北京},0.9),(\text{上海},0.85),(\text{天津},0.7),(\text{重庆},0.6)\} \tag{3-12}$$

在序偶表示法中，隶属度为 0 的项也可以不写。

3）向量表示法。该方法是以向量的形式将模糊集合表示出来，表达式为

$$\tilde{A}=\{\mu_{\tilde{A}}(x_1),\mu_{\tilde{A}}(x_2),\cdots,\mu_{\tilde{A}}(x_n)\} \tag{3-13}$$

采用向量表示法，例 3-1 中的 $\tilde{A}$ 可以表示为

$$\tilde{A}=\{0.9,0.85,0.7,0.6,0\} \tag{3-14}$$

不同于前两种表示法，在向量表示法中，隶属度为 0 的项不能省略。

（2）在连续论域上　当论域 X 为连续论域时，Zadeh 认为模糊集可以表示为

$$\tilde{A}=\int_X\frac{\mu_{\tilde{A}}(x)}{x} \tag{3-15}$$

式中，$\frac{\mu_{\tilde{A}}(x)}{x}$只是表示 x 与 $\mu_{\tilde{A}}(x)$ 之间的对应关系；$\int_X$ 既不表示积分，也不表示求和，而是表示论域 X 中的元素 x 与隶属度 $\mu_{\tilde{A}}(x)$ 对应关系的一个总概括。

例 3-2　以年龄为论域，取 $X=[0,200]$。试写出此论域上模糊集合“年老”$\tilde{O}$ 和“年轻”$\tilde{Y}$ 的表达式。Zadeh 给出的关于 $\tilde{O}$ 和 $\tilde{Y}$ 的隶属函数如下：

$$\mu_{\tilde{O}}(x)=\begin{cases}0, 0\leqslant x\leqslant 50\\ \left[1+\left(\frac{x-50}{5}\right)^{-2}\right]^{-1}, 50<x\leqslant 200\end{cases} \tag{3-16}$$

$$\mu_{\tilde{Y}}(x)=\begin{cases}1, 0\leqslant x\leqslant 25\\ \left[1+\left(\frac{x-25}{5}\right)^{-2}\right]^{-1}, 25<x\leqslant 200\end{cases} \tag{3-17}$$

采用 Zadeh 表示法，$\tilde{O}$ 和 $\tilde{Y}$ 两个模糊集合可写成

$$\tilde{O}=\int_{0\leqslant x\leqslant 50}\frac{0}{x}+\int_{50<x\leqslant 200}\frac{\left[1+\left(\frac{x-50}{5}\right)^{-2}\right]^{-1}}{x}=\int_{50<x\leqslant 200}\frac{\left[1+\left(\frac{x-50}{5}\right)^{-2}\right]^{-1}}{x} \tag{3-18}$$

$$\widetilde{Y}=\int_{0\leqslant x\leqslant 25}\frac{1}{x}+\int_{25<x\leqslant 200}\frac{\left[1+\left(\frac{x-25}{5}\right)^{-2}\right]^{-1}}{x} \tag{3-19}$$

Zadeh 定义的两个模糊集合的隶属函数曲线如图 3-1 所示。

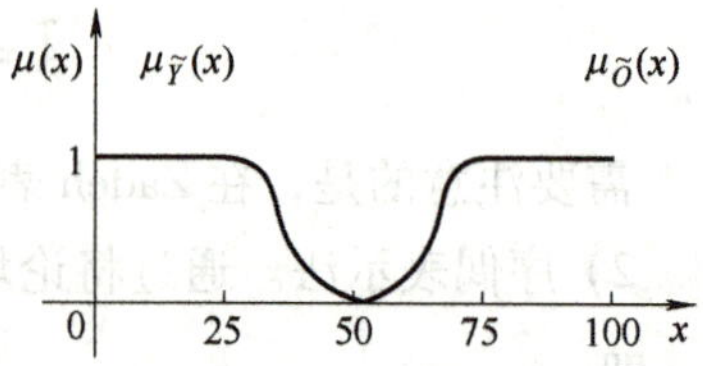

图 3-1　Zadeh 定义的两个模糊集合的隶属函数曲线

通过有限离散论域与连续论域上不同的集合表示方法，可以得出相应的隶属函数表示也不尽相同。对于有限离散论域上的模糊集合，可以通过列举法描述。对于连续论域上的模糊集合，可以通过数学表达式描述，常用的有以下三种。

1）三角形隶属函数。三角形隶属函数如图 3-2 所示，它由三个参数$\{a,b,c\}$$(a<b<c)$描述，表示为

$$\mu_{\widetilde{A}}(x)=\begin{cases}0, & x\leqslant a\\ \dfrac{x-a}{b-a}, & a<x\leqslant b\\ \dfrac{c-x}{c-b}, & b<x<c\\ 0, & c\leqslant x\end{cases} \tag{3-20}$$

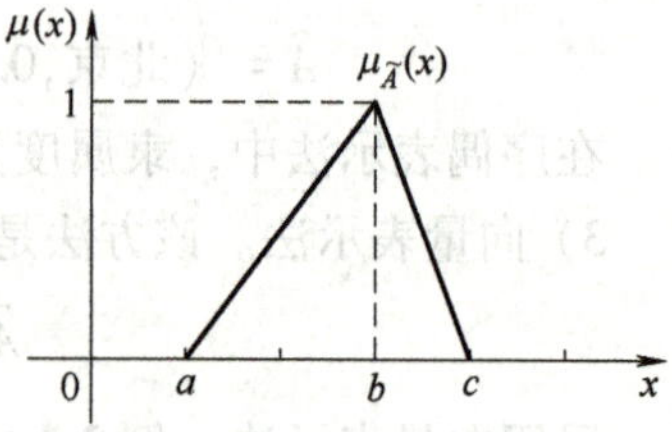

图 3-2　三角形隶属函数

参数$\{a,b,c\}$决定了三角形隶属函数三个顶点的 x 坐标。

2）梯形隶属函数。梯形隶属函数如图 3-3 所示，它由四个参数$\{a,b,c,d\}$$(a<b<c<d)$描述，表示为

$$\mu_{\widetilde{B}}(x)=\begin{cases}0, & x\leqslant a\\ \dfrac{x-a}{b-a}, & a<x<b\\ 1, & b\leqslant x\leqslant c\\ \dfrac{d-x}{d-c}, & c<x<d\\ 0, & d\leqslant x\end{cases} \tag{3-21}$$

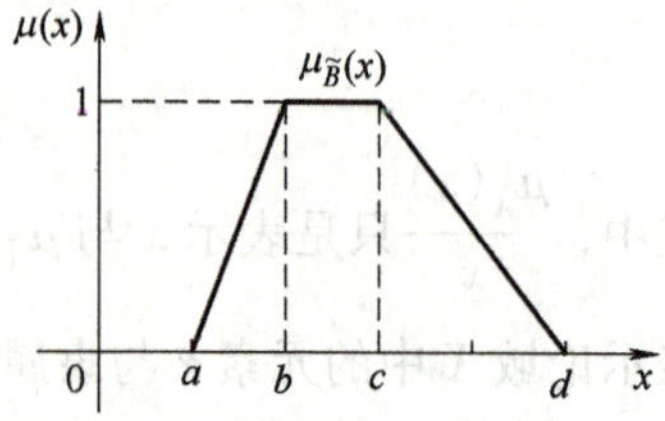

图 3-3　梯形隶属函数

参数$\{a,b,c,d\}$决定了梯形隶属函数四个顶点的 x 坐标。

3）高斯隶属函数。高斯隶属函数如图 3-4 所示，它由两个参数$\{c,\sigma\}$描述，表示为

$$\mu_{\widetilde{C}}(x;c,\sigma)=\mathrm{e}^{-\frac{1}{2}\left(\frac{x-c}{\sigma}\right)^2} \tag{3-22}$$

式中，c 表示隶属函数的中心，σ 决定隶属函数的宽度。

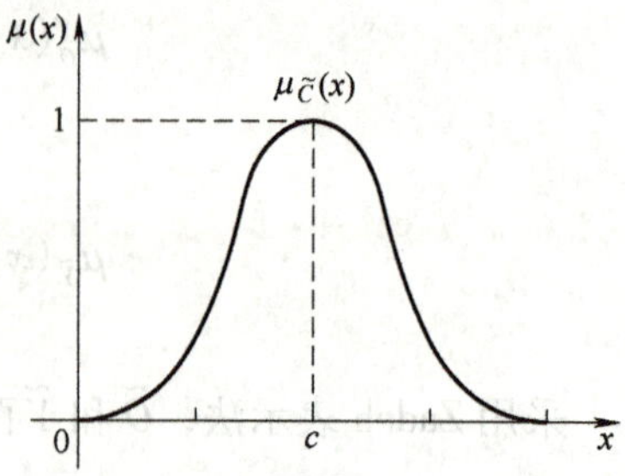

图 3-4　高斯隶属函数

由图 3-4 可以看出，高斯隶属函数具有平滑性和简洁的优点，使得其日益成为定义模糊集合最流行的形式。

隶属函数是对模糊概念的定量描述，正确地确定模糊集合的隶属函数，是运用模糊集合理论解决实际问题的基础工作。现实工作中，模糊概念不胜枚举，但是准确反映模糊概念的隶属函数却没有统一的模式。对于同一个模糊概念，不同的人会给出不完全相同的隶属函数。但当解决和处理实际模糊问题

时，不同形式的隶属函数仍然可以达到“殊途同归”的效果。下面介绍三种常用的隶属函数确定方法。

1）专家确定法。由于模糊集合描述的客观事物具有模糊性，这种模糊性的把握与准确表达需要丰富的知识、经验等，因此通常由问题涉及的领域专家或权威人士直接给出隶属函数。

2）模糊统计法。让 n 个人参与隶属函数 $\mu_{\tilde{A}}(x)$ 的确定，首先让这些人判断 x 是否属于 $\tilde{A}$，然后统计判断结果，最后将隶属的频率作为 $\mu_{\tilde{A}}(x)$，即

$$\mu_{\tilde{A}}(x)=\frac{x\in\tilde{A}\text{的次数}}{n} \tag{3-23}$$

3）加权平均法。加权平均法实质上是让更多的人共同参与隶属函数的确定。首先每一个参与人给出一个确定的结果，然后将求得的结果赋予一定的权值，最后求其平均值，即可得到该模糊集合的隶属函数。

选取 n 个人来共同确定模糊集合 $\tilde{A}$ 的隶属函数 $\mu_{\tilde{A}}(x)$，假设第 i 个人给出的隶属函数为 $\mu_{\tilde{A}}^{i}(x)$，则有

$$\mu_{\tilde{A}}(x)=\frac{1}{n}\sum_{i=1}^{n}\omega_i\,\mu_{\tilde{A}}^{i}(x) \tag{3-24}$$

式中，$0\leqslant\omega_i\leqslant1$。

模糊集合的基本运算与经典集合一样，在模糊集合中也具有交、并、补等基本运算。

定义 3-4 设 $\tilde{A}$、$\tilde{B}$ 为论域 X 的两个模糊集合，对于 X 中的每一个元素 x，都有 $\mu_{\tilde{A}}(x)\geqslant\mu_{\tilde{B}}(x)$，则称 $\tilde{A}$ 包含 $\tilde{B}$，记作 $\tilde{A}\supseteq\tilde{B}$。

若 $\tilde{A}\supseteq\tilde{B}$，且 $\tilde{B}\supseteq\tilde{A}$，则称 $\tilde{A}$ 与 $\tilde{B}$ 相等，记作 $\tilde{A}=\tilde{B}$。

设 $\tilde{A}$ 为论域 X 的模糊集合，对于 X 中的每一个元素 x，都有 $\mu_{\tilde{A}}(x)=0$，则称 $\tilde{A}$ 为模糊空集，记作 $\tilde{A}=\varnothing$。

设 $\tilde{A}$、$\tilde{B}$ 和 $\tilde{C}$ 为论域 X 的三个模糊集合，对于 X 中的每一个元素 x，均有

$$\mu_{\tilde{C}}(x)=\mu_{\tilde{A}}(x)\vee\mu_{\tilde{B}}(x)=\max(\mu_{\tilde{A}}(x),\mu_{\tilde{B}}(x)) \tag{3-25}$$

则称 $\tilde{C}$ 为 $\tilde{A}$ 与 $\tilde{B}$ 的并集，记作 $\tilde{C}=\tilde{A}\cup\tilde{B}$。

设 $\tilde{A}$、$\tilde{B}$ 和 $\tilde{C}$ 为论域 X 的三个模糊集合，对于 X 中的每一个元素 x，均有

$$\mu_{\tilde{C}}(x)=\mu_{\tilde{A}}(x)\wedge\mu_{\tilde{B}}(x)=\min(\mu_{\tilde{A}}(x),\mu_{\tilde{B}}(x)) \tag{3-26}$$

则称 $\tilde{C}$ 为 $\tilde{A}$ 与 $\tilde{B}$ 的交集，记作 $\tilde{C}=\tilde{A}\cap\tilde{B}$。

设 $\tilde{A}$、$\tilde{B}$ 为论域 X 的两个模糊集合，对于 X 中的每一个元素 x，均有

$$\mu_{\tilde{B}}(x)=1-\mu_{\tilde{A}}(x) \tag{3-27}$$

则称 $\tilde{A}$ 为 $\tilde{B}$ 的补集，记作 $\tilde{B}=\tilde{A}^{C}$。

例 3-3 设论域 $X=\{x_1,x_2,x_3,x_4,x_5\}$ 上有两个模糊集合分别为

$$\tilde{A}=\frac{0.2}{x_1}+\frac{0.7}{x_2}+\frac{1}{x_3}+\frac{0.5}{x_5} \tag{3-28}$$

$$\tilde{B}=\frac{0.5}{x_1}+\frac{0.3}{x_2}+\frac{0.1}{x_4}+\frac{0.7}{x_5} \tag{3-29}$$

试求$\tilde{A}\cup\tilde{B}$、$\tilde{A}\cap\tilde{B}$、$\tilde{A}^{\mathrm{C}}$。

解 利用模糊集合运算规则可得

$$\begin{aligned}\tilde{A}\cup\tilde{B}&=\frac{0.2\vee0.5}{x_1}+\frac{0.7\vee0.3}{x_2}+\frac{1\vee0}{x_3}+\frac{0\vee0.1}{x_4}+\frac{0.5\vee0.7}{x_5}\\&=\frac{0.5}{x_1}+\frac{0.7}{x_2}+\frac{1}{x_3}+\frac{0.1}{x_4}+\frac{0.7}{x_5}\end{aligned} \tag{3-30}$$

$$\begin{aligned}\tilde{A}\cap\tilde{B}&=\frac{0.2\wedge0.5}{x_1}+\frac{0.7\wedge0.3}{x_2}+\frac{1\wedge0}{x_3}+\frac{0\wedge0.1}{x_4}+\frac{0.5\wedge0.7}{x_5}\\&=\frac{0.2}{x_1}+\frac{0.3}{x_2}+\frac{0}{x_3}+\frac{0}{x_4}+\frac{0.5}{x_5}\\&=\frac{0.2}{x_1}+\frac{0.3}{x_2}+\frac{0.5}{x_5}\end{aligned} \tag{3-31}$$

$$\tilde{A}^{\mathrm{C}}=\frac{0.8}{x_1}+\frac{0.3}{x_2}+\frac{1}{x_4}+\frac{0.5}{x_5} \tag{3-32}$$

模糊集合运算有以下基本性质：

1）幂等律，表示为

$$\tilde{A}\cap\tilde{A}=\tilde{A},\quad \tilde{A}\cup\tilde{A}=\tilde{A} \tag{3-33}$$

2）交换律，表示为

$$\tilde{A}\cap\tilde{B}=\tilde{B}\cap\tilde{A},\quad \tilde{A}\cup\tilde{B}=\tilde{B}\cup\tilde{A} \tag{3-34}$$

3）结合律，表示为

$$(\tilde{A}\cap\tilde{B})\cap\tilde{C}=\tilde{A}\cap(\tilde{B}\cap\tilde{C}),\quad (\tilde{A}\cup\tilde{B})\cup\tilde{C}=\tilde{A}\cup(\tilde{B}\cup\tilde{C}) \tag{3-35}$$

4）分配律，表示为

$$(\tilde{A}\cap\tilde{B})\cup\tilde{C}=(\tilde{A}\cup\tilde{C})\cap(\tilde{B}\cup\tilde{C}),\quad (\tilde{A}\cup\tilde{B})\cap\tilde{C}=(\tilde{A}\cap\tilde{C})\cup(\tilde{B}\cap\tilde{C}) \tag{3-36}$$

5）吸收律，表示为

$$(\tilde{A}\cap\tilde{B})\cup\tilde{A}=\tilde{A},\quad (\tilde{A}\cup\tilde{B})\cap\tilde{A}=\tilde{A} \tag{3-37}$$

6）同一律，表示为

$$\tilde{A}\cup\varnothing=\tilde{A},\quad \tilde{A}\cap\varnothing=\varnothing,\quad \tilde{A}\cup X=X,\quad \tilde{A}\cap X=\tilde{A} \tag{3-38}$$

7）复原律，表示为

$$(\tilde{A}^{\mathrm{C}})^{\mathrm{C}}=\tilde{A} \tag{3-39}$$

8）对偶律，表示为

$$(\tilde{A}\cap\tilde{B})^{\mathrm{C}}=\tilde{A}^{\mathrm{C}}\cup\tilde{B}^{\mathrm{C}},\quad (\tilde{A}\cup\tilde{B})^{\mathrm{C}}=\tilde{A}^{\mathrm{C}}\cap\tilde{B}^{\mathrm{C}} \tag{3-40}$$

2. 模糊关系及其运算

模糊关系反映的是事物之间的相互关系，既可以反映元素从属模糊集合的程度（一元模糊关系），也可以反映两个集合元素之间的关联程度（二元模糊关系），还可以表示多个集合中的元素之间的关联程度（多元模糊关系）。模糊关系的表达、合成是模糊推理、模糊决策与模糊控制的基础。

定义 3-5 设 X 和 Y 是两个论域，则模糊关系 $\tilde{R}(X,Y)$ 是 $X\times Y$ 空间中的模糊集合，可以表示为

$$\tilde{R}(X,Y)=\{[(x,y),\mu_{\tilde{R}}(x,y)]\mid(x,y)\in X\times Y\} \tag{3-41}$$

式中，$\tilde{R}(X,Y)$ 称作 $X\times Y$ 中的二元模糊关系；$\mu_{\tilde{R}}(x,y)$ 为 (x,y) 的隶属度，它的大小反映了 (x,y) 具有关系 $\tilde{R}(X,Y)$ 的程度，它的取值范围是 $[0,1]$。

设 X 是由 m 个元素构成的有限论域，Y 是由 n 个元素构成的有限论域。对于 X 到 Y 的一个模糊关系 $\tilde{R}(X,Y)$，可以用一个 $m\times n$ 阶模糊矩阵表示为

$$\tilde{R}(X,Y)=X\overset{Y}{\begin{bmatrix}0.7 & 0.5 & 0.3 & 0.1 & 0\\ 1.0 & 0.8 & 0.6 & 0.4 & 0.1\\ 1.0 & 1.0 & 1.0 & 0.8 & 0.5\end{bmatrix}} \tag{3-42}$$

或

$$\tilde{R}(X,Y)=[r_{ij}],\quad r_{ij}=\mu_{\tilde{R}}(x_i,y_j) \tag{3-43}$$

例 3-4 给定集合 $X=\{8,11,15\}$ 和 $Y=\{1,3,5,7,10\}$，试确定模糊关系 $\tilde{R}$，$\tilde{R}$ 表示“x 比 y 大得多”。

解 用模糊矩阵表示该模糊关系为

$$\tilde{R}(X,Y)=X\overset{Y}{\begin{bmatrix}0.7 & 0.5 & 0.3 & 0.1 & 0\\ 1.0 & 0.8 & 0.6 & 0.4 & 0.1\\ 1.0 & 1.0 & 1.0 & 0.8 & 0.5\end{bmatrix}} \tag{3-44}$$

定义 3-6 若给定 $X\times Y$ 上的模糊关系 $\tilde{E}$ 满足

$$\mu_{\tilde{E}}(x,y)=\begin{cases}1, & x=y\\ 0, & x\neq y\end{cases} \tag{3-45}$$

则称 $\tilde{E}$ 为 $X\times Y$ 上的恒等关系。

若给定 $X\times Y$ 上的模糊关系 $\tilde{Z}$ 满足 $\mu_{\tilde{Z}}(x,y)=0$，则称 $\tilde{Z}$ 为 $X\times Y$ 上的零关系。

若给定 $X\times Y$ 上的模糊关系 $\tilde{T}$ 满足 $\mu_{\tilde{T}}(x,y)=1$，则称 $\tilde{T}$ 为 $X\times Y$ 上的全称关系。

定义 3-7 设 $\tilde{R}$ 和 $\tilde{S}$ 是 $X\times Y$ 上的模糊关系，对于 $\forall(x,y)\in X\times Y$，若有 $\mu_{\tilde{R}}(x,y)\geqslant\mu_{\tilde{S}}(x,y)$，则称模糊关系 $\tilde{R}$ 与 $\tilde{S}$ 相等，记作 $\tilde{R}=\tilde{S}$。

模糊关系 $\tilde{R}$ 的转置为 $\tilde{R}^{\mathrm{T}}$，其隶属函数为 $\mu_{\tilde{R}^{\mathrm{T}}}(y,x)=\mu_{\tilde{R}}(x,y)$。

模糊关系的并运算为

$$\mu_{\tilde{R}\cup\tilde{S}}=\vee[\mu_{\tilde{R}}(x,y),\mu_{\tilde{S}}(x,y)] \tag{3-46}$$

模糊关系的交运算为

$$\mu_{\tilde{R}\cap\tilde{S}}=\wedge[\mu_{\tilde{R}}(x,y),\mu_{\tilde{S}}(x,y)] \tag{3-47}$$

模糊关系的补运算为

$$\mu_{\tilde{R}^{\mathrm{C}}}(x,y)=1-\mu_{\tilde{R}}(x,y) \tag{3-48}$$

下面给出了模糊关系的八个基本性质：

① 幂等律，表示为

$$\tilde{R} \cup \tilde{R} = \tilde{R}, \quad \tilde{R} \cap \tilde{R} = \tilde{R} \tag{3-49}$$

② 交换律，表示为

$$\tilde{R} \cap \tilde{Q} = \tilde{Q} \cap \tilde{R}, \quad \tilde{R} \cup \tilde{Q} = \tilde{Q} \cup \tilde{R} \tag{3-50}$$

③ 结合律，表示为

$$(\tilde{R} \cap \tilde{Q}) \cap \tilde{P} = \tilde{R} \cap (\tilde{Q} \cap \tilde{P}), \quad (\tilde{R} \cup \tilde{Q}) \cup \tilde{P} = \tilde{R} \cup (\tilde{Q} \cup \tilde{P}) \tag{3-51}$$

④ 分配律，表示为

$$(\tilde{R} \cap \tilde{Q}) \cup \tilde{P} = (\tilde{R} \cup \tilde{P}) \cap (\tilde{Q} \cup \tilde{P}), \quad (\tilde{R} \cup \tilde{Q}) \cap \tilde{P} = (\tilde{R} \cap \tilde{P}) \cup (\tilde{Q} \cap \tilde{P}) \tag{3-52}$$

⑤ 吸收律，表示为

$$(\tilde{R} \cap \tilde{Q}) \cup \tilde{Q} = \tilde{Q}, \quad (\tilde{R} \cup \tilde{Q}) \cap \tilde{Q} = \tilde{Q} \tag{3-53}$$

⑥ 同一律，表示为

$$\tilde{R} \cup \tilde{T} = \tilde{T}, \quad \tilde{R} \cap \tilde{T} = \tilde{R}, \quad \tilde{R} \cup \tilde{Z} = \tilde{Z}, \quad \tilde{R} \cap \tilde{Z} = \tilde{Z} \tag{3-54}$$

⑦ 还原律，表示为

$$(\tilde{R}^{C})^{C} = \tilde{R} \tag{3-55}$$

⑧ 对偶律，表示为

$$(\tilde{R} \cap \tilde{Q})^{C} = \tilde{R}^{C} \cup \tilde{Q}^{C}, \quad (\tilde{R} \cup \tilde{Q})^{C} = \tilde{R}^{C} \cap \tilde{Q}^{C} \tag{3-56}$$

例 3-5 已知模糊关系及其补如下

$$\tilde{R} = \begin{bmatrix} 0.7 & 0.5 \\ 0.9 & 0.2 \end{bmatrix}, \quad \tilde{R}^{C} = \begin{bmatrix} 0.3 & 0.5 \\ 0.1 & 0.8 \end{bmatrix} \tag{3-57}$$

试求两模糊关系的并与交。

解 根据上面的定义，可以求出两个模糊集的并、交为

$$\tilde{R} \cup \tilde{R}^{C} = \begin{bmatrix} 0.7 \vee 0.3 & 0.5 \vee 0.5 \\ 0.9 \vee 0.1 & 0.2 \vee 0.8 \end{bmatrix} = \begin{bmatrix} 0.7 & 0.5 \\ 0.9 & 0.8 \end{bmatrix} \tag{3-58}$$

$$\tilde{R} \cap \tilde{R}^{C} = \begin{bmatrix} 0.7 \wedge 0.3 & 0.5 \wedge 0.5 \\ 0.9 \wedge 0.1 & 0.2 \wedge 0.8 \end{bmatrix} = \begin{bmatrix} 0.3 & 0.5 \\ 0.1 & 0.2 \end{bmatrix} \tag{3-59}$$

以上述定义的模糊关系的基本运算为基础，对于不同论域空间上的模糊关系，可通过合成运算结合在一起。常用的模糊关系合成运算方法有极大-极小合成运算和极大-乘积合成运算。

(1)极大-极小合成运算 设 X、Y、Z 是论域，$\tilde{R}$ 是 X 到 Y 的一个模糊关系，$\tilde{S}$ 是 Y 到 Z 的一个模糊关系，$\tilde{R}$ 对 $\tilde{S}$ 的合成 $\tilde{R} \circ \tilde{S}$ 是指从 X 到 Z 的一个模糊关系，其隶属函数满足

$$\mu_{\tilde{R} \circ \tilde{S}}(x,z) = \bigvee_{y \in Y} (\mu_{\tilde{R}}(x,y) \wedge \mu_{\tilde{S}}(y,z)) \tag{3-60}$$

当论域 X、Y、Z 为有限离散点集，即

$$X = \{x_1, x_2, \cdots, x_n\}, \quad Y = \{y_1, y_2, \cdots, y_n\}, \quad Z = \{z_1, z_2, \cdots, z_n\} \tag{3-61}$$

时，设 $\tilde{R} = (r_{ij})_{n\times m}$，$\tilde{S} = (s_{jk})_{m\times l}$，$\tilde{Q} = (q_{ik})_{n\times l}$，则 $q_{ik} = \bigvee_{j=1}^{m} (r_{ij} \wedge s_{jk})$。

二元模糊关系和极大-极小合成运算有如下基本性质：

① 结合律，表示为

$$\tilde{R} \circ (\tilde{S} \circ \tilde{Q}) = (\tilde{R} \circ \tilde{S}) \circ \tilde{Q} \tag{3-62}$$

② 并运算的分配律，表示为

$$\tilde{R}\circ(\tilde{S}\cup\tilde{Q})=(\tilde{R}\circ\tilde{S})\cup(\tilde{R}\circ\tilde{Q}) \tag{3-63}$$

③ 交运算的分配律，表示为

$$\tilde{R}\circ(\tilde{S}\cap\tilde{Q})\subseteq(\tilde{R}\circ\tilde{S})\cap(\tilde{R}\circ\tilde{Q}) \tag{3-64}$$

④ 单调性，表示为

$$\tilde{S}\subseteq\tilde{Q}\Rightarrow(\tilde{R}\circ\tilde{S})\subseteq(\tilde{R}\circ\tilde{Q}) \tag{3-65}$$

(2) 极大-乘积合成运算　设 X、Y、Z 是论域，$\tilde{R}$ 是 X 到 Y 的一个模糊关系，$\tilde{S}$ 是 Y 到 Z 的一个模糊关系，$\tilde{R}$ 对 $\tilde{S}$ 的合成 $\tilde{R}\circ\tilde{S}$ 是指从 X 到 Z 的一个模糊关系，其隶属函数满足

$$\mu_{\tilde{R}\circ\tilde{S}}(x,z)=\bigvee_{y\in Y}(\mu_{\tilde{R}}(x,y)\mu_{\tilde{S}}(y,z)) \tag{3-66}$$

当论域 X、Y、Z 为有限离散点集，即

$$X=\{x_1,x_2,\cdots,x_n\},\quad Y=\{y_1,y_2,\cdots,y_n\},\quad Z=\{z_1,z_2,\cdots,z_n\} \tag{3-67}$$

时，设 $\tilde{R}=(r_{ij})_{n\times m}$，$\tilde{S}=(s_{jk})_{m\times l}$，$\tilde{Q}=(q_{ik})_{n\times l}$，则 $q_{ik}=\bigvee_{j=1}^{m}(r_{ij}s_{jk})$。

例 3-6　设 $\tilde{R}$、$\tilde{S}$、$\tilde{Q}$ 分别为从 X 到 Y、从 Y 到 Z 和从 X 到 Z 的模糊关系，其论域 X、Y、Z 为 $X=\{x_1,x_2,x_3,x_4\}$、$Y=\{y_1,y_2\}$、$Z=\{z_1,z_2,z_3\}$。当 $\tilde{R}$、$\tilde{S}$ 分别如下时，按极大-极小合成运算和极大-乘积合成运算分别求 $\tilde{Q}=\tilde{R}\circ\tilde{S}$

$$\tilde{R}=\begin{bmatrix}1 & 0.8\\ 0.7 & 0\\ 0.5 & 0.5\\ 0.4 & 0.2\end{bmatrix},\tilde{S}=\begin{bmatrix}1 & 0.6 & 0\\ 0.4 & 0.7 & 1\end{bmatrix} \tag{3-68}$$

解　由模糊关系极大-极小合成运算可得

$$\tilde{Q}=\tilde{R}\circ\tilde{S}$$

$$=\begin{bmatrix}(1\wedge1)\vee(0.8\wedge0.4) & (1\wedge0.6)\vee(0.8\wedge0.7) & (1\wedge0)\vee(0.8\wedge1)\\ (0.7\wedge1)\vee(0\wedge0.4) & (0.7\wedge0.6)\vee(0\wedge0.7) & (0.7\wedge0)\vee(0\wedge1)\\ (0.5\wedge1)\vee(0.5\wedge0.4) & (0.5\wedge0.6)\vee(0.5\wedge0.7) & (0.5\wedge0)\vee(0.5\wedge1)\\ (0.4\wedge1)\vee(0.2\wedge0.4) & (0.4\wedge0.6)\vee(0.2\wedge0.7) & (0.4\wedge0)\vee(0.2\wedge1)\end{bmatrix}$$

$$=\begin{bmatrix}1 & 0.7 & 0.8\\ 0.7 & 0.6 & 0\\ 0.5 & 0.5 & 0.5\\ 0.4 & 0.4 & 0.2\end{bmatrix} \tag{3-69}$$

由极大-乘积合成运算可得

$$\tilde{Q}=\tilde{R}\circ\tilde{S}$$

$$=\begin{bmatrix}(1\times1)\vee(0.8\times0.4) & (1\times0.6)\vee(0.8\times0.7) & (1\times0)\vee(0.8\times1)\\ (0.7\times1)\vee(0\times0.4) & (0.7\times0.6)\vee(0\times0.7) & (0.7\times0)\vee(0\times1)\\ (0.5\times1)\vee(0.5\times0.4) & (0.5\times0.6)\vee(0.5\times0.7) & (0.5\times0)\vee(0.5\times1)\\ (0.4\times1)\vee(0.2\times0.4) & (0.4\times0.6)\vee(0.2\times0.7) & (0.4\times0)\vee(0.2\times1)\end{bmatrix}$$

$$=\begin{bmatrix}1 & 0.6 & 0.8\\0.7 & 0.42 & 0\\0.5 & 0.35 & 0.5\\0.4 & 0.24 & 0.2\end{bmatrix} \tag{3-70}$$

3.1.2 语言变量、模糊规则与模糊推理

1. 语言变量

在生产实践中，部分控制规律可以用自然语言来描述。例如，在炉温控制中，按照“如果温度高了，就减少送煤量；如果温度低了，就增加送煤量”这样的语言规则进行操作。语言变量的取值不是精确的数值，而是以自然语言中的词、词组或句子等模糊语言作为变量，如“温度”“误差”“年龄”等。

语言变量的值称为语言值，一般也由自然语言中的词、词组或句子构成。例如，语言变量“误差”“误差变化率”的语言值可以由“大”“中”“小”等词描述。

一个完整的语言变量可定义为一个五元体

$$(X,T(X),U,G,M) \tag{3-71}$$

式中，X 是语言变量的名称；$T(X)$ 是语言值的集合；U 是 X 的论域；G 是语法规则，用于产生语言变量的名称；M 是语义规则，用于产生模糊集合的隶属度。

模糊命题是指带有模糊性的陈述句，如“金属物体的导电性能好”“100 比 1 大得多”。从构成上划分，其可以分为简单模糊命题和复杂模糊命题两种。

简单模糊命题的一般形式为

$$\tilde{P}:\text{“}x\text{ 是 }\tilde{A}\text{”}(x\text{ is }\tilde{A}) \tag{3-72}$$

式中，x 是语言变量，$\tilde{A}$ 是模糊集合。

复杂模糊命题由简单模糊命题通过连接词“且”“或”“非”等连接起来构成，其一般形式为

$$\tilde{Q}_1:\text{“}x\text{ 是 }\tilde{A}\text{”且“}y\text{ 是 }\tilde{B}\text{”}(x\text{ is }\tilde{A}\text{ and }y\text{ is }\tilde{B})$$

$$\tilde{Q}_2:\text{“}x\text{ 是 }\tilde{A}\text{”或“}y\text{ 是 }\tilde{B}\text{”}(x\text{ is }\tilde{A}\text{ or }y\text{ is }\tilde{B})$$

式中，x 和 y 是语言变量，$\tilde{A}$ 和 $\tilde{B}$ 是模糊集合。

2. 模糊规则

模糊规则是模糊推理的基础，由若干个模糊命题组成，也称为模糊条件语句，其表示形式为

$$\text{若 }x\text{ 是 }\tilde{A}\text{，则 }y\text{ 是 }\tilde{B} \tag{3-73}$$

式中，x 和 y 是语言变量，$\tilde{A}$ 和 $\tilde{B}$ 是模糊集合。“x 是 $\tilde{A}$”称为前件或前提，“y 是 $\tilde{B}$”称作后件或结论。

模糊规则广泛地存在于实际生活中，例如“如果你的朋友很多，那么你是个值得信赖的人”“如果天气暖和，那么少穿些衣服”。

如果前提条件由若干个模糊命题组成，那么就称为多维模糊规则，其表示形式为

$$\text{若 }x_1\text{ 是 }\tilde{A}_1\text{ 且 }x_2\text{ 是 }\tilde{A}_2\text{ 且}\cdots\text{且 }x_n\text{ 是 }\tilde{A}_n\text{，则 }y\text{ 是 }\tilde{B}$$

若 x_1 是 $\tilde{A}_1$ 或 x_2 是 $\tilde{A}_2$ 或…或 x_n 是 $\tilde{A}_n$，则 y 是 $\tilde{B}$

现实生活中，多维模糊规则也较常见，例如“如果款式新颖且面料优良且价格便宜，那么这是一件好衣服”“如果跳远超过 8m 或跳高超过 2.3m 或百米进 10s，那么这是一名优秀的运动员”。

3. 模糊推理

模糊推理又称为模糊逻辑推理，是指在确定的模糊规则下，由已知的模糊命题推出新的模糊命题作为结论的过程。模糊推理是一种近似推理，主要有以下两种形式。

1）已知模糊蕴涵关系“若 x 是 $\tilde{A}$，则 y 是 $\tilde{B}$”，其中 $\tilde{A}$ 是 X 上的模糊集合，$\tilde{B}$ 是 Y 上的模糊集合，又知 X 上的一个模糊集合 $\tilde{A}^*$，它可能与 $\tilde{A}$ 相近，也可能与 $\tilde{A}$ 相去甚远，那么从模糊蕴涵关系能推断出什么结论 $\tilde{B}^*$？

2）已知模糊蕴涵关系“若 x 是 $\tilde{A}$，则 y 是 $\tilde{B}$”，其中 $\tilde{A}$ 是 X 上的模糊集合，$\tilde{B}$ 是 Y 上的模糊集合，又知 Y 上的一个模糊集合 $\tilde{B}^*$，它可能与 $\tilde{B}$ 相近，也可能与 $\tilde{B}$ 相去甚远，那么从模糊蕴涵关系能推断出什么前提 $\tilde{A}^*$？

常见的模糊推理方法有 Mamdani 推理法、Larsen 推理法、Zadeh 推理法和 Takagi-Sugeno 模糊推理。

1）Mamdani 推理法。模糊蕴涵关系 $\tilde{R}_{\mathrm{M}}(X,Y)$ 定义为模糊集合 $\tilde{A}$ 和 $\tilde{B}$ 的笛卡儿积，表示为

$$\tilde{R}_{\mathrm{M}}(X,Y)=\tilde{A}\times\tilde{B} \tag{3-74}$$

$$\mu_{\tilde{R}_{\mathrm{M}}}(x,y)=\mu_{\tilde{A}}(x)\wedge\mu_{\tilde{B}}(y) \tag{3-75}$$

合成运算法则为极大-极小合成运算。

例 3-7　已知模糊集合

$$\tilde{A}=\frac{1}{x_1}+\frac{0.4}{x_2}+\frac{0.1}{x_3},\tilde{B}=\frac{0.8}{y_1}+\frac{0.5}{y_2}+\frac{0.3}{y_3}+\frac{0.1}{y_4} \tag{3-76}$$

求其模糊蕴涵关系 $\tilde{R}_{\mathrm{M}}(X,Y)$。

解　根据 Mamdani 推理法对模糊蕴涵关系的定义可得

$$\begin{aligned}\tilde{R}_{\mathrm{M}}(X,Y)&=\tilde{A}\times\tilde{B}=[1\quad 0.4\quad 0.1]\times[0.8\quad 0.5\quad 0.3\quad 0.1]\\&=\begin{bmatrix}0.8&0.5&0.3&0.1\\0.4&0.4&0.3&0.1\\0.1&0.1&0.1&0.1\end{bmatrix}\end{aligned} \tag{3-77}$$

设 $\tilde{A}$ 和 $\tilde{A}^*$ 是论域 X 上的模糊集合，$\tilde{B}$ 是论域 Y 上的模糊集合，$\tilde{A}$ 和 $\tilde{B}$ 之间的模糊蕴涵关系是 $\tilde{R}_{\mathrm{M}}(X,Y)$，则论域上的模糊集合 $\tilde{B}^*=\tilde{A}^*\circ\tilde{R}_{\mathrm{M}}(X,Y)$ 的隶属函数为

$$\begin{aligned}\mu_{\tilde{B}^*}(y)&=\bigvee_{x\in X}\{\mu_{\tilde{A}^*}(x)\wedge[\mu_{\tilde{A}}(x)\wedge\mu_{\tilde{B}}(y)]\}\\&=\bigvee_{x\in X}\{[\mu_{\tilde{A}^*}(x)\wedge\mu_{\tilde{A}}(x)]\wedge\mu_{\tilde{B}}(y)\}\\&=\omega\wedge\mu_{\tilde{B}}(y)\end{aligned} \tag{3-78}$$

式中，$\omega=\bigvee_{x\in X}[\mu_{\tilde{A}^*}(x)\wedge\mu_{\tilde{A}}(x)]$ 称为 $\tilde{A}$ 和 $\tilde{A}^*$ 的匹配度。

例 3-8　根据模糊规则“若温度高，则压力大”，给定温度论域和压力论域分别为

$$X=\{0,20,40,60,80,100\},Y=\{1,2,3,4,5,6,7\} \quad (3\text{-}79)$$

温度高 $\tilde{A}$、压力大 $\tilde{B}$、温度较高 $\tilde{A}^*$ 的模糊集合分别为

$$\tilde{A}=\frac{0}{0}+\frac{0.1}{20}+\frac{0.3}{40}+\frac{0.6}{60}+\frac{0.85}{80}+\frac{1}{100} \quad (3\text{-}80)$$

$$\tilde{B}=\frac{0}{1}+\frac{0.1}{2}+\frac{0.3}{3}+\frac{0.5}{4}+\frac{0.7}{5}+\frac{0.85}{6}+\frac{1}{7} \quad (3\text{-}81)$$

$$\tilde{A}^*=\frac{0.1}{0}+\frac{0.15}{20}+\frac{0.4}{40}+\frac{0.75}{60}+\frac{1}{80}+\frac{0.8}{100} \quad (3\text{-}82)$$

求温度较高时对应的压力情况。

解 求 $\tilde{A}^*$ 和 $\tilde{A}$ 的匹配度为

$$\begin{aligned}\omega &=\max(0\wedge 0.1,0.1\wedge 0.15,0.3\wedge 0.4,0.6\wedge 0.75,0.85\wedge 1,1\wedge 0.8)\\ &=\max(0,0.1,0.3,0.6,0.85,0.8)=0.85\end{aligned} \quad (3\text{-}83)$$

用匹配度 ω 切割 $\tilde{B}$ 的隶属函数，即可获得 $\tilde{B}^*$，表达式为

$$\mu_{\tilde{B}^*}(y)=\omega\wedge\mu_{\tilde{B}}(y) \quad (3\text{-}84)$$

$$\tilde{B}^*=\frac{0}{1}+\frac{0.1}{2}+\frac{0.3}{3}+\frac{0.5}{4}+\frac{0.7}{5}+\frac{0.85}{6}+\frac{0.85}{7} \quad (3\text{-}85)$$

2）Larsen 推理法。Larsen 推理法又称为乘积推理法。模糊蕴涵关系 $\tilde{R}_L(X,Y)$ 的隶属函数定义为

$$\mu_{\tilde{R}_L}(x,y)=\mu_{\tilde{A}}(x)\mu_{\tilde{B}}(y) \quad (3\text{-}86)$$

合成运算法则为极大-极小合成运算。

3）Zadeh 推理法。模糊蕴涵关系 $\tilde{R}_Z(X,Y)$ 的隶属函数定义为

$$\mu_{\tilde{R}_Z}(x,y)=[\mu_{\tilde{A}}(x)\wedge\mu_{\tilde{B}}(y)]\vee[1-\mu_{\tilde{A}}(x)] \quad (3\text{-}87)$$

合成运算法则为极大-极小合成运算。

相比于前两种推理法，Zadeh 推理法中模糊关系的定义较为烦琐，导致合成运算较为复杂，实际意义的表达也不直观，因此目前很少采用该方法。

4）Takagi-Sugeno 模糊推理。该方法由高木(Takagi)和杉野(Sugeno)提出，其模糊规则形式为

$$\text{若 } x \text{ 是 } \tilde{A} \text{ 且 } y \text{ 是 } \tilde{B}，\text{ 则 } z=f(x,y) \quad (3\text{-}88)$$

式中，$\tilde{A}$ 和 $\tilde{B}$ 是前件中的模糊集合，$z=f(x,y)$ 是后件中的精确函数。激励强度的求取可以采用取小运算或乘积运算。

激励函数为 $\omega=\omega_{\tilde{A}}(x)\wedge\omega_{\tilde{B}}(y)$ 或 $\omega=\omega_{\tilde{A}}(x)\omega_{\tilde{B}}(y)$

输出为 $z=\omega f(x,y)=[\omega_{\tilde{A}}(x)\wedge\omega_{\tilde{B}}(y)]f(x,y)$

3.2 模糊控制系统的原理与结构

3.2.1 模糊控制的基本原理

模糊控制是以模糊集理论、模糊语言变量和模糊逻辑推理为基础的一种智能控制方法，

它是从行为上模仿人的模糊推理和决策过程的一种智能控制方法。该方法首先将操作人员或专家经验编成模糊规则，然后将来自传感器的实时信号模糊化，将模糊化后的信号作为模糊规则的输入，完成模糊推理，将推理后得到的输出量加到执行器上。模糊控制器结构如图 3-5 所示。

图 3-5　模糊控制器结构

模糊控制器由模糊化、模糊规则库、模糊推理和去模糊化四部分构成，接下来对它们进行简单介绍。

1. 模糊化

模糊化的作用是将输入的清晰值转变成模糊量，然后以它为输入进行模糊推理。模糊化的实质是将清晰输入转换成给定论域上的模糊集合。

在进行模糊化运算之前，需要对输入量进行尺度变换，使其变换到相应的论域范围。常用的两种模糊化方法有模糊单值法和三角隶属函数法。

（1）模糊单值法　将清晰值转化为模糊单值，这种模糊化方法只是形式上将清晰值转化成模糊量，实质上仍然是精确量。设 x^* 为实测的精确值，$\tilde{A}^*$ 为转换后的模糊集合，则有

$$\mu_{\tilde{A}^*}(x)=\begin{cases}1, & x=x^*\\0, & x\neq x^*\end{cases} \tag{3-89}$$

（2）三角隶属函数法　如果输入数据存在随机噪声，模糊化运算相当于将随机量变换为模糊量。此时，取模糊量的隶属函数为等腰三角形，设 x^* 为随机数的均值，$\sigma>0$ 为该随机数的标准差，则有

$$\mu_{\tilde{A}^*}(x)=\begin{cases}1-\dfrac{|x-x^*|}{\sigma}, & |x-x^*|\leqslant\sigma\\0, & |x-x^*|>\sigma\end{cases} \tag{3-90}$$

或

$$\mu_{\tilde{A}^*}(x)=\mathrm{e}^{-\frac{(x-x^*)^2}{2\sigma^2}} \tag{3-91}$$

2. 模糊规则库

模糊规则库由模糊推理系统中的全部模糊规则组成，是模糊推理系统的核心部分。模糊规则的形式有一维模糊规则和多维模糊规则两种。模糊规则的性能要求有完备性、交叉性和一致性。

（1）完备性　规则完备性是指对于给定论域上的任意元素，在模糊规则库中至少存在一

条模糊规则与之对应。也就是说，输入空间中的任意值都至少存在一条可利用的模糊规则。这是模糊推理系统能正常工作的必要条件。

（2）交叉性　为了保证模糊推理系统的输入输出行为连续、平滑，一般要求相邻的模糊规则之间有一定的交叉性。模糊规则的交叉性也反映出概念类属的不明确性。

（3）一致性　推理系统的规则库中不存在相互矛盾的模糊规则。规则相互矛盾是指模糊规则的条件部分相同，但结论部分相差很大。

3. 模糊推理

模糊推理是指使用某种模糊推理方法，在确定的模糊规则下，由模糊化输入得到模糊控制器的模糊化输出。

4. 去模糊化

去模糊化又称清晰化，是将模糊量转换成清晰量。由于模糊性的存在，获得的代表模糊集合的清晰值可能有所不同，所以去模糊化方法并不唯一。确定去模糊化方法时，一定要考虑到以下准则：所得到的精确值能够直观地表达该模糊集合；去模糊化运算要足够简单，保证模糊推理系统实时使用；模糊集合的微小变化不会使精确值发生大幅变化。

常用的去模糊化方法有以下三种。

（1）最大隶属度法　最大隶属度法是指选取论域中具有最大隶属度的元素为清晰值。给定模糊集合 $\widetilde{B}^*$，清晰值 y^* 应满足

$$U=f(E,K,I) \tag{3-92}$$

（2）加权平均法　加权平均法是指取隶属函数的加权平均值作为清晰值，即

$$K=(k_1,k_2,\cdots,k_p) \tag{3-93}$$

对于离散论域，则有

$$y^*=\frac{\sum_{i=1}^{N}(y_i\mu(y_i))}{\sum_{i=1}^{N}\mu(y_i)}\mu_{\max}^i(y) \tag{3-94}$$

（3）中心平均法　若模糊推理结果为 N 个模糊集合的并，令 y_i^* 为第 i 个模糊集合支集的中心，为该模糊集合对应的最大隶属度，则中心平均法得到的清晰值 y^* 为

$$y^*=\frac{\sum_{i=1}^{N}(y_i^*\mu_{\max}^i(y))}{\sum_{i=1}^{N}\mu_{\max}^i(y)} \tag{3-95}$$

对于离散论域，中心 y_i^* 实质上就是 y_i，$\mu_{\max}^i(y)$ 实质上就是隶属度 $\mu(y_i)$，则清晰值 y^* 为

$$y^*=\frac{\sum_{i=1}^{N}(y_i\mu(y_i))}{\sum_{i=1}^{N}\mu(y_i)} \tag{3-96}$$

根据输入变量数目的不同，模糊控制器可以分为单变量模糊控制器和多变量模糊控制器

两类。接下来我们重点讨论单变量模糊控制器。

在控制过程中，被控对象的输出与目标设定值之间的误差 $e(t)$、误差变化率 $\dot{e}(t)$ 和误差变化的变化率 $\ddot{e}(t)$ 是描述控制系统性能最重要的参数，通常将其选为模糊控制器的输入。

一维模糊控制器如图 3-6 所示，输入是系统输出与目标设定值之间的误差 $e(t)$，输出是控制系统的控制量 $u(t)$。一维模糊控制器只能实现误差控制，所以系统的动态控制性能不佳，一般较少采用。

二维模糊控制器如图 3-7 所示，输入是系统输出与目标设定值之间的误差 $e(t)$ 和误差变化率 $\dot{e}(t)$，输出是控制系统的控制量 $u(t)$。二维模糊控制器相当于 PD(比例微分)控制，其控制效果好，且易于通过计算机实现，是目前广泛采用的一类模糊控制器。

图 3-6　一维模糊控制器

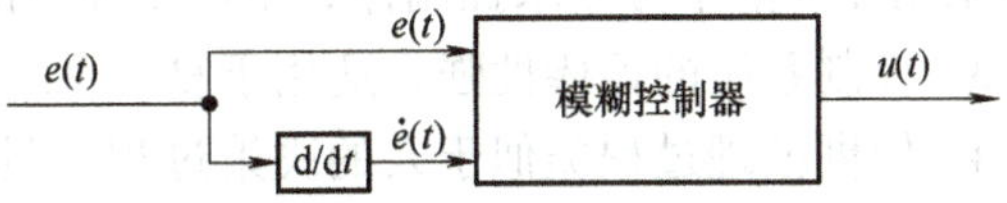

图 3-7　二维模糊控制器

多维模糊控制器如图 3-8 所示，输入是系统输出与目标设定值之间的误差 $e(t)$、误差变化率 $\dot{e}(t)$ 和偏差变化的变化率 $\ddot{e}(t)$，输出是控制系统的控制量 $u(t)$。此模糊控制器结构复杂，推理运算时间长，一般较少采用。

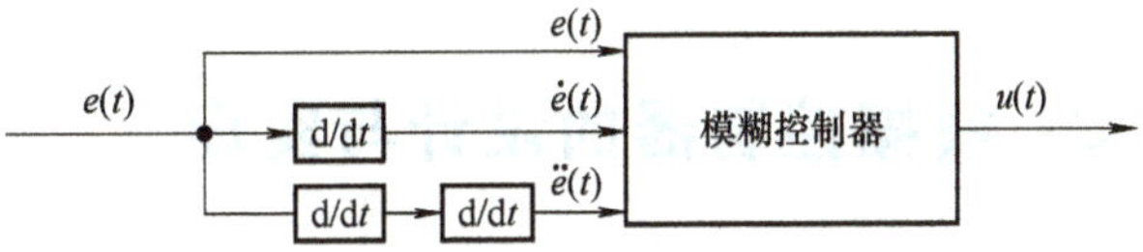

图 3-8　多维模糊控制器

3.2.2　模糊控制系统的工作原理

以模糊控制器代替传统控制器的控制系统，称为模糊控制系统。显而易见，它的核心部分就是模糊控制器。模糊控制系统结构如图 3-9 所示。

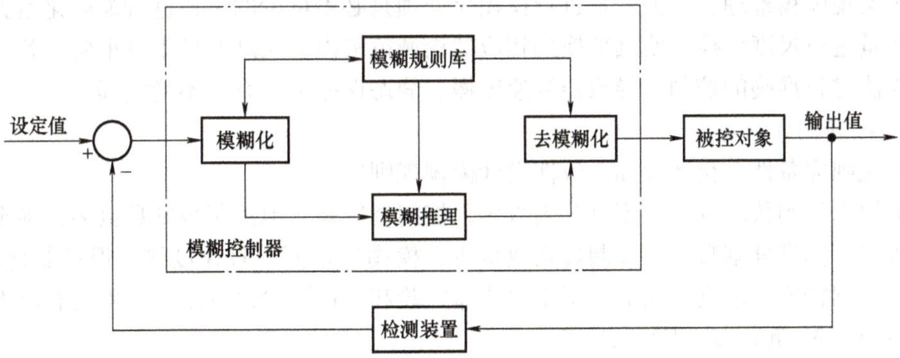

图 3-9　模糊控制系统结构

其基本工作原理如下：首先计算设定值与检测装置测量的输出值的误差，以该误差作为模糊控制器的输入变量，模糊化模块将输入变量的精确值转变成模糊量，然后根据模糊规则库中的模糊规则，按模糊推理合成规则得到控制量，再由去模糊化模块将前面模糊控制量精确化，最后将精确的控制量作用到被控对象中。

根据系统的指令信号(设定值)是常值还是随时间变化的值，可以将模糊控制系统分为恒定模糊控制系统和随动模糊控制系统两类。

1）恒定模糊控制系统：系统的指令信号为恒定值，通过模糊控制器消除外界对系统的扰动作用，使系统的输出跟踪输入的恒定值。

2）随动模糊控制系统：系统的指令信号为时间函数，要求系统的输出高精度、快速地跟踪系统输入。

从上述模糊控制系统的工作原理中，可以概括出模糊控制方法的优点：

1）适用于建模困难的被控对象，控制系统设计不需要精确数学模型，只要提供操作人员经验、知识或操作数据即可。

2）模糊控制用语言变量描述的控制规则易于表达专家的知识和操作者的经验。而传统控制采用经典数学方法求控制律，不便于知识的表达。

3）控制系统的鲁棒性强，适用于复杂系统的控制。

4）模糊推理过程类似于人的决策过程，具有非常强的不确定性处理能力。与传统控制方法相比，模糊控制大大降低系统设计的复杂性。

鉴于上述优点，模糊控制系统已经在智能机器人、四旋翼无人机、污水处理等许多领域得到了广泛应用。

3.3 模糊控制器的设计与实现

根据3.2节介绍的模糊控制器的基本原理，可以总结出模糊控制器的设计主要涉及模糊化模块、模糊规则库、模糊推理方法和去模糊化模块四部分。

3.3.1 模糊控制系统的设计原则

1. 模糊化模块的设计

为了实现模糊推理，对输入量进行模糊化处理是必不可少的。在进行模糊化运算前，需要对输入量进行尺度变换，使其变换到相应的论域范围内。尺度变换十分重要，若选择不适当，则无法进行准确的控制，导致控制速度慢、静态误差大、系统不稳定等。

2. 模糊规则库的建立

基于规则完备性、交叉性和一致性设计模糊规则库。

（1）模糊规则数的选取　模糊分割数多，控制精度高，但控制规则数也多，确定模糊规则时有难度。模糊分割数少，控制规则数也少，模糊推理简单且速度快，但控制比较粗略，难以保证控制精度。模糊空间的分割主要依靠经验和通过实验来试凑。常用的有以下三类。

1）3级：N(负)、Z(零)、P(正)。

2）5级：NB(负大)、NS(负小)、ZE(零)、PS(正小)、PB(正大)。

3）7级：NB、NM(负中)、NS、ZE、PS、PM(正中)、PB。

（2）隶属函数选取　隶属函数的形状对模糊控制器的性能有很大的影响。当隶属函数比较“窄瘦”时，控制较灵敏；反之，控制较粗略和平稳。通常当误差较小时，隶属函数可以选取为“窄瘦”；当误差较大时，隶属函数可以选取为“宽胖”。

模糊规则库的建立主要有四种方法：基于专家的经验和控制工程知识；基于操作人员的控制过程数据；基于过程的模糊模型；基于学习。

接下来介绍针对典型的二阶系统的阶跃响应，基于专家的经验和控制工程知识生成模糊规则库的过程。二阶系统的阶跃响应控制规则如图 3-10 所示。

输出相应的起始点 y_1：为了减少上升时间，必须加大被控对象的控制量。“若 e 为 PB 且 Δe 为 ZE，则 u 为 PB”。

点 y_2：为了减小超调量，必须最大地减小操作量。“若 e 为 ZE 且 Δe 为 NB，则 u 为 NB”。

点 y_3：“若 e 为 NB 且 Δe 为 ZE，则 u 为 NB”。

点 y_4：“若 e 为 ZE 且 Δe 为 PB，则 u 为 PB”。

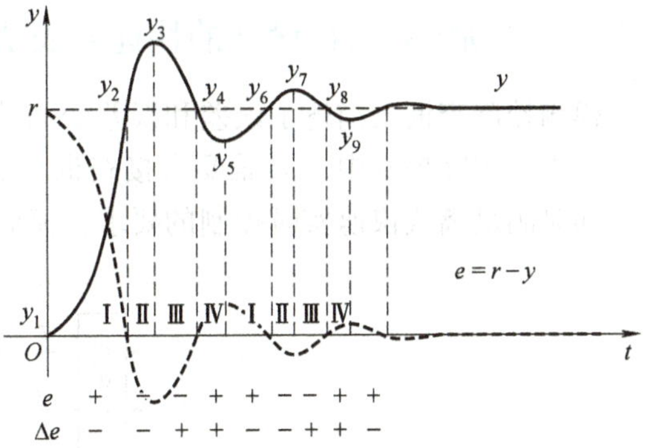

图 3-10　二阶系统的阶跃响应控制规则

类似地，根据控制者的经验，可以写出 13 条规则，模糊规则库见表 3-1。

表 3-1　模糊规则库

u		e						
		NB	NM	NS	ZE	PS	PM	PB
de	NB				NB 2			
	NM		Ⅱ		NM 6		Ⅰ	
	NS				NS 10			
	ZE	NB 3	NM 7	NS 11	ZE ∞ ∞	PS 9	PM 5	PB 1
	PS				PS 12			
	PM		Ⅲ		PM 8		Ⅳ	
	PB				PB 4			

扩充后的模糊规则库见表 3-2。

表 3-2　模糊规则库（扩充）

u		e						
		NB	NM	NS	ZE	PS	PM	PB
de	NB	NB	Ⅱ NB	NB	NB	ZE	Ⅰ ZE	PS
	NM	NB	NB	NB	NM	ZE	ZE	PM
	NS	NB	NB	NM	NS	ZE	PS	PB
	ZE	NB	NM	NS	ZE	PS	PM	PB
	PS	NM	Ⅲ NS	ZE	PS	PM	Ⅳ PB	PB
	PM	NM	ZE	ZE	PM	PB	PB	PB
	PB	NS	ZE	ZE	PB	PB	PB	PB

3. 模糊推理方法的确定

通常采用的模糊推理方法有 Mamdani 法和 Larsen 法，详见 3. 1. 2 节。

4. 去模糊化模块的设计

通常采用 3.2.1 节介绍的最大隶属度法、加权平均法、中心平均法进行去模糊化设计。

3.3.2 模糊控制系统设计的快速查表法

模糊控制查询表描述了误差和误差变化模糊值与控制量模糊值之间的对应关系，存放在计算机中。实际控制中，只需要直接查询该表就可以找出对应的控制量，减少了在线运算量，同时满足离线快速实时控制的要求。模糊控制系统设计如图 3-11 所示。

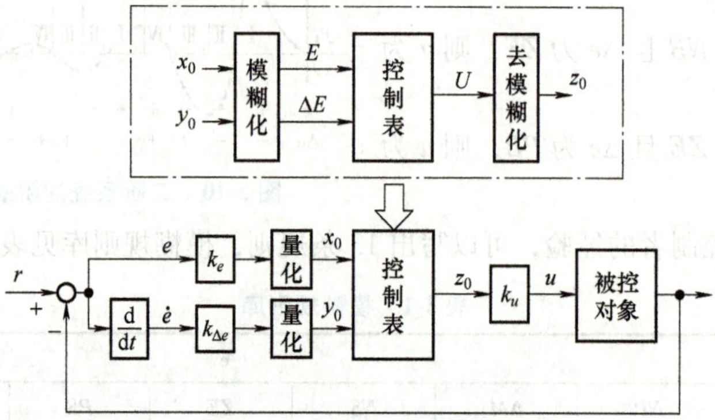

图 3-11 模糊控制系统设计

例 3-9 利用电加热器的电压控制加热速度，实现对被控对象的温度控制。温度误差 e 的论域范围为[-5,5]，误差变化 Δe 的论域范围为[-10,10]，控制输出 u 的论域范围为[0,220]。试设计模糊控制表。

解 模糊控制表设计步骤如下。

1）确定模糊控制器的输入、输出变量及其比例因子。模糊控制器以实际温度 T 与温度给定值 T_d 的误差 $e=T_d-T$ 及其变化 Δe 为输入变量，以控制加热装置的供电电压 u 为输出变量。

尺度变换与量化后的论域为{-4,-3,-2,-1,0,1,2,3,4}，量化值见表 3-3。

$$k_1=\frac{2n}{e_{\max}-e_{\min}}=\frac{2\times4}{5-(-5)}=0.8 \tag{3-97}$$

$$k_2=\frac{2n}{de_{\max}-de_{\min}}=\frac{2\times4}{10-(-10)}=0.4 \tag{3-98}$$

$$k_3=\frac{2n}{u_{\max}-u_{\min}}=\frac{2\times4}{220-0}=0.036 \tag{3-99}$$

表 3-3 量化值表

量化值	-4	-3	-2	-1	0	1	2	3	4
e 范围	[-5,-3.9)	[-3.9,-2.8)	[-2.8,-1.7)	[-1.7,-0.6)	[-0.6,0.6)	[0.6,1.7)	[1.7,2.8)	[2.8,3.9)	[3.9,5]
de 范围	[-10,-7.8)	[-7.8,-5.6)	[-5.6,-3.3)	[-3.3,-1.1)	[-1.1,1.1)	[1.1,3.3)	[3.3,5.6)	[5.6,7.8)	[7.8,10]
u 的值	[0,25)	[25,50)	[50,74)	[74,98)	[98,122)	[122,146)	[146,170)	[170,195)	[195,220]

2）分割模糊空间。在各输入和输出变量的量化域内定义模糊子集。本例都取 5 个模糊子集，即 *NB*、*NS*、*ZE*、*PS*、*PB*。模糊空间分割见表 3-4。

表 3-4　模糊空间分割

模糊子集	-4	-3	-2	-1	0	1	2	3	4
NB	1.0	0.35							
NS		0.4	1.0	0.4					
ZE				0.2	1.0	0.2			
PS						0.4	1.0	0.4	
PB								0.35	1.0

其中，空白格的隶属度值为 0。

3）确定模糊规则库。将操作员的控制经验加以总结得出模糊规则库，见表 3-5。

表 3-5　模糊规则库

u		*e*				
		NB	*NS*	*ZE*	*PS*	*PB*
de	*NB*	*NB*	*NB*	*NB*	*NS*	*PB*
	NS	*NB*	*NS*	*NS*	*ZE*	*PB*
	ZE	*NB*	*NS*	*ZE*	*PS*	*PB*
	PS	*NB*	*ZE*	*PS*	*PS*	*PB*

4）建立模糊控制查询表。设当前时刻 e 的量化值 x_0 为 1；Δe 的量化值 y_0 为−2，则误差 x_0 为

$$\mu_{ZE}(1)=0.2,\ \mu_{PS}(1)=0.4$$

误差变化 y_0 为

$$\mu_{NS}(-2)=1$$

根据此时的输入，由模糊规则库表 3-5 可知，有两条规则有效：

若 e 是 ZE 且 Δe 是 NS，则 u 为 NS。　　(3-100)

若 e 是 PS 且 Δe 是 NS，则 u 为 ZE。　　(3-101)

按 Mamdani 模糊推理可得

$$\omega_8=0.2\wedge 1=0.2,\omega_9=0.4\wedge 1=0.4 \tag{3-102}$$

$$C^*=C_8^*\cup C_9^*=\frac{0.2}{-3}+\frac{0.2}{-2}+\frac{0.2}{-1}\vee\frac{0.2}{-1}+\frac{0.4}{0}+\frac{0.2}{1}=\frac{0.2}{-3}+\frac{0.2}{-2}+\frac{0.2}{-1}+\frac{0.4}{0}+\frac{0.2}{1} \tag{3-103}$$

$$z_0=\frac{-3\times0.2-2\times0.2-1\times0.2+0\times0.4+1\times0.2}{0.2+0.2+0.2+0.4+0.2}=-0.833\approx-1 \tag{3-104}$$

模糊控制查询表见表 3-6。

表 3-6　模糊控制查询表

y_0	x_0								
	-4	-3	-2	-1	0	1	2	3	4
-4	-4	-3	-3	-3	-2	-2	-1	0	0
-3	-3	-3	-3	-2	-2	-1	-1	0	0
-2	-3	-3	-2	-2	-1	-1	0	0	0

（续）

y_0	x_0								
	-4	-3	-2	-1	0	1	2	3	4
-1	-2	-2	-2	-1	-1	0	1	2	3
0	-2	-2	-1	-1	0	1	1	2	2
1	-3	-2	-1	0	1	1	2	2	2
2	0	0	0	1	1	2	2	3	3
3	0	0	1	1	2	2	3	3	3
4	0	0	2	2	2	3	3	3	4

3.3.3 模糊控制系统设计的梯度下降法

不同于快速查表法中模糊控制系统的固定结构参数，当模糊控制系统结构中的一些参数自由变化时，可以根据输入-输出数据对确定这些设计参数。梯度下降法又称最速下降法，是指在迭代求某个函数极值的过程中，沿着梯度方向搜索的方法，是常用的一种参数寻优的方法。

根据给定的输入-输出数据对(x_p,y_p)，$p=1，2，\cdots，N$设计包含单值模糊控制器、高斯隶属函数、乘积推理机和中心平均解模糊控制器的模糊系统为

$$f(x)=\frac{\sum_{m=1}^{M}\bar{y}_m\left[\prod_{i=1}^{n}\exp\left(-\left(\frac{x_i-\bar{x}_{im}}{\sigma_{im}}\right)^2\right)\right]}{\sum_{m=1}^{M}\left[\prod_{i=1}^{n}\exp\left(-\left(\frac{x_i-\bar{x}_{im}}{\bar{\sigma}_{im}}\right)^2\right)\right]} \tag{3-105}$$

式中，M是固定不变的；$\bar{y}_m$、$\bar{x}_{im}$和$\bar{\sigma}_{im}$是自由变化（待确定）的参数。

接下来的主要目标是确定参数$\bar{y}_m$、$\bar{x}_{im}$和$\bar{\sigma}_{im}$，使得下面的拟合误差最小：

$$e^p=\frac{1}{2}[f(x^p)-y^p]^2 \tag{3-106}$$

用梯度下降法确定上述参数，也就是分别用下面公式确定$\bar{y}_m$、$\bar{x}_{im}$和$\bar{\sigma}_{im}$。

确定$\bar{y}_m$的算法为

$$\bar{y}_m(q+1)=\bar{y}_m(q)-\alpha\left.\frac{\partial e^p}{\partial\bar{y}_m}\right|_q=\bar{y}_m(q)-\alpha\frac{f(x^p)-y^p}{b}z_m \tag{3-107}$$

式中，$m=1，2，\cdots，M$；$q=1，2，\cdots$；α为定步长；

$$z_m=\prod_{i=1}^{n}\exp\left(-\left(\frac{x_i-\bar{x}_{im}}{\bar{\sigma}_{im}}\right)^2\right)$$

$$b=\sum_{m=1}^{M}\left[\prod_{i=1}^{n}\exp\left(-\left(\frac{x_i-\bar{x}_{im}}{\bar{\sigma}_{im}}\right)^2\right)\right]=\sum_{m=1}^{M}z_m$$

确定$\bar{x}_{im}$的算法为

$$\bar{x}_{im}(q+1)=\bar{x}_{im}(q)-\alpha\left.\frac{\partial e^p}{\partial\bar{x}_{im}}\right|_q \tag{3-108}$$

式中，$i=1，2，\cdots，n$；$m=1，2，\cdots，M$；$q=1，2，\cdots$；α为定步长。

确定 $\bar{\sigma}_{im}$ 的算法为

$$\bar{\sigma}_{im}(q+1)=\bar{\sigma}_{im}(q)-\alpha\left.\frac{\partial e^{p}}{\partial \bar{\sigma}_{im}}\right|_{q} \tag{3-109}$$

式中，$i=1, 2, \cdots, n$；$m=1, 2, \cdots, M$；$q=1, 2, \cdots$；α 为定步长。

3.3.4　模糊控制器的设计与应用

以水位的模糊控制为例，设有一个双阀水箱，通过调节阀可以向水箱内注水或向水箱外抽水，双阀水箱示意图如图 3-12 所示。试设计一个模糊控制器，通过调节阀将水位稳定在固定点附近。

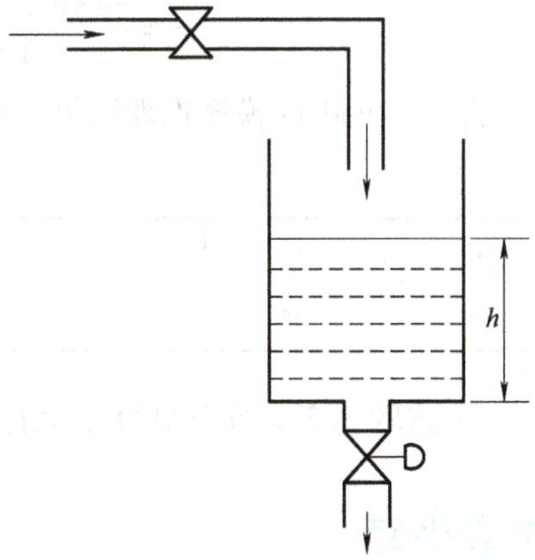

图 3-12　双阀水箱示意图

1）确定输入、输出量。理想水位高度为 h_0，实测水位高度为 h，液位差 $e=h_0-h$ 作为输入量，阀门开度 u 作为输出量。

2）分割模糊空间。模糊空间分割见表 3-7。

表 3-7　模糊空间分割

隶属度		量化值						
		−3	−2	−1	0	1	2	3
模糊集	*NB*	1	0.5	0	0	0	0	0
	NS	0	0.5	1	0	0	0	0
	O	0	0	0.5	1	0.5	0	0
	PS	0	0	0	0	1	0.5	0
	PB	0	0	0	0	0	0.5	1

3）设计模糊规则库，见表 3-8。

① 若 $e=NB$，则 $u=NB$。

② 若 $e=NS$，则 $u=NS$。

③ 若 $e=O$，则 $u=O$。

④ 若 $e=PS$，则 $u=PS$。

⑤ 若 $e=PB$，则 $u=PB$。

表 3-8　模糊规则库

e	*NB*	*NS*	*O*	*PS*	*PB*
u	*NB*	*NS*	*O*	*PS*	*PB*

4）建立模糊控制查询表。设当前时刻 e 的量化值 $x_0=-2$，则 $\mu_{NS}(-2)=0.5$，$\mu_{NB}(-2)=0.5$。根据此时的输入，由模糊规则库可知，有两条规则有效：

① 若 $e=NB$，则 $u=NB$。

② 若 $e=NS$，则 $u=NS$。

按 Mamdani 模糊推理可得

$$B^*=B_1^*\vee B_2^*=\frac{0.5}{-4}+\frac{0.5}{-3}\vee\frac{0.5}{-3}+\frac{0.5}{-2}+\frac{0.5}{-1}=\frac{0.5}{-4}+\frac{0.5}{-3}+\frac{0.5}{-2}+\frac{0.5}{-1} \tag{3-110}$$

$$y_0=\frac{-4\times0.5-3\times0.5-2\times0.5-1\times0.5}{0.5+0.5+0.5+0.5}=-2.5\approx-3 \tag{3-111}$$

得到 Mamdani 模糊推理结果，见表 3-9。

表 3-9　Mamdani 模糊推理结果

x_0	-3	-2	-1	0	1	2	3
y_0	-4	-3	-1	0	1	3	4

5）选取 3.2.1 节介绍的最大隶属度法去模糊化。

本章小结

本章主要介绍了模糊集合、模糊关系及其运算、语言变量、模糊规则、模糊推理及其合成运算等模糊数学基础，以及模糊控制系统的基本原理和模糊控制器的设计原则。针对水箱液位的控制调节问题，给出了其模糊控制器的设计步骤。

思考题与习题

3-1　为什么要用取大运算求并集，用取小运算求交集?

3-2　给定模糊集合

$$\tilde{B}=\frac{0.1}{2}+\frac{0.4}{3}+\frac{0.7}{4}+\frac{1.0}{5}+\frac{0.7}{6}+\frac{0.3}{7}$$

试用加权平均法求其清晰值。

3-3　倒立摆如图 3-13 所示，其数学模型为

$$\ddot{\theta}=\frac{mg\sin\theta-\cos\theta[f+m_pl(\dot{\theta}\pi/180)^2\sin\theta]}{(4/3)ml-m_pl\cos^2\theta}\times\frac{180}{\pi}$$

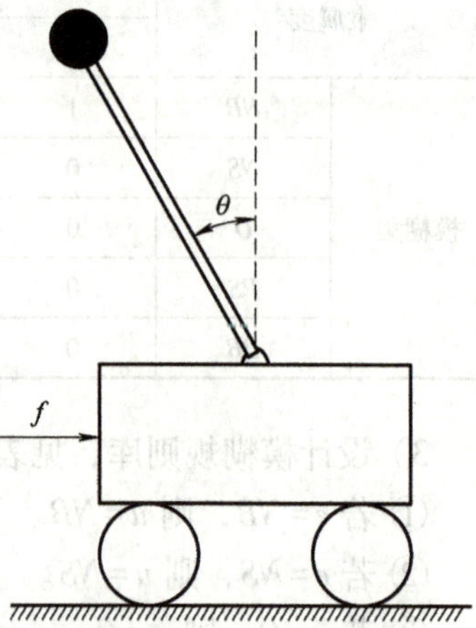

图 3-13　倒立摆

控制任务是产生合适的力 f，使倒立摆保持直立状态，即设计合理的模糊控制器，使得 $\theta=0$。

参考文献

[1]　李士勇，夏承光. 模糊控制和智能控制理论及应用[M]. 哈尔滨：哈尔滨工业大学出版社，1990.

[2]　孙增圻，邓志东，张再兴. 智能控制理论与技术[M]. 北京：清华大学出版社，2011.

[3]　黄从智，白焰. 智能控制算法及其应用[M]. 北京：科学出版社，2019.

[4]　ZEDEH L A. Fuzzy sets[J]. Information and control，1965，8(3)：338-353.

[5]　ZEDEH L A. Fuzzy algorithms[J]. Information and control，1968，12(2)：94-102.

[6]　TAKAGI T，SUGENO M. Fuzzy identification of systems and its applications to modeling and control[J].

IEEE Transactions on systems, man and cybernetics, 1985, 1: 116-132.

[7] SIM K B, BYUN K S, HARASHIMA F. Internet-based teleoperation of an intelligent robot with optimal two-layer fuzzy controller[J]. IEEE Transactions on industrial electronics, 2006, 53(4): 1362-1372.

[8] SANTOS M, LOPEZ V, MORATA F. Intelligent fuzzy controller of a quadrotor[C]//IEEE International conference on intelligent systems and knowledge engineering, 2011.

[9] BONGARDS M. Improving the efficiency of a wastewater treatment plant by fuzzy control and neural network [J]. Water Science and Technology, 2001, 43(11): 189.

[10] 程鹏. 自动控制原理[M]. 2 版. 北京: 高等教育出版社, 2010.

第4章　专家控制系统

导读

专家系统是人工智能应用研究的一个重要领域，通常情况下可被表示为一个计算机程序系统，其内部含有大量的某个领域专家的知识与经验，能够利用人类专家的知识和解决问题的方法来处理该领域问题。近些年来，专家控制技术发展迅猛，已经广泛应用到数学、物理、化学、医学、地质、气象等领域。

本章知识点

- 专家系统的主要类型
- 专家系统的基本结构
- 专家控制器
- 专家控制系统

4.1　专家系统的基本概念

专家系统的关键是专家，专家通常是具有某一特定领域的大量知识和该领域丰富经验的相关人士。人类专家通过积累的经验发展出有效且迅速解决问题的能力。专家系统是在产生式系统的基础上发展起来的，是一类模拟人类专家解决相关领域问题的计算机程序系统。

4.1.1　专家系统的研究领域及定义

专家系统是一类基于大量的领域专门知识与经验的计算机程序系统。该系统应用了人工智能技术和计算机技术，根据某领域内一个或多个领域专家提供的大量知识和经验，进行恰当的推理和判断，模拟人类专家的决策过程，从而解决大量需要人类专家处理的复杂问题。

在介绍专家系统的定义之前，本章首先介绍智能系统的定义。

定义 4-1　智能系统是一门通过计算机计算实现智能行为的系统。简而言之，智能系统是具有智能的人工系统。

任何计算都需要定义某个实体(如概念或数量)和进行相应的操作过程(运算步骤)。计算、操作和学习是智能系统的要素。

实际上从不同角度来说，智能系统还有其他定义。

定义 4-2　从工程角度，智能系统被定义为一门关于生成表示、推理过程和学习策略以自动(自主)解决人类此前解决过的问题的学科。

定义 4-3　从实现角度，能够驱动智能机器感知环境以实现其目标的系统称为智能系统。

实际上，专家系统是一种典型的智能系统。因此，专家系统也存在各种不同的定义。下面给出专家系统的一般定义。

定义 4-4　专家系统是一个计算机程序系统，其内部存有领域专家水平的大量知识与经验，能够利用人类专家的知识和解决问题的技术方法来处理该领域相关问题。即专家系统是一个存有大量的专门知识与经验的计算机程序系统，它应用人工智能技术和计算机技术，根据某领域一个或多个专家提供的知识和经验，进行推理和判断，模拟人类专家的决策过程，从而解决需要人类专家处理的复杂问题。专家系统是一种模拟人类专家解决领域问题的计算机程序系统。

1982 年，人工智能专家 Weiss 和 Kulikowski 对专家系统进行了如下定义。

定义 4-5　专家系统使用人类专家推理的计算机模型来解决现实世界中需要专家做出解释的复杂问题，并得出与专家相同的结论。

4.1.2　专家系统的特点与优点

1. 专家系统的特点

(1) 具有人类专家水平的知识　具有人类专家水平的知识是专家系统的最大特点。专家系统存储的知识量越大、越丰富、质量越高，解决问题的能力就越强，得到的结论准确度就越高。

(2) 能进行有效的推理　专家系统的核心是知识库和推理机。专家系统要利用专家知识来求解领域内的具体问题，必须有一个推理机，能根据用户提供的已知事实，运用知识库中的知识进行有效的推理，以实现问题的求解。

(3) 具有启发性　专家系统除能利用大量专业知识以外，还必须利用经验对求解的问题做出多个可能假设，依据某些条件选定某些假设，使推理继续进行。

(4) 具有灵活性　专家系统的知识库与推理机既相互联系又相互独立。相互联系保证了推理机利用知识库中的知识进行推理以实现对问题的求解；相互独立保证了当知识库作适当修改和更新时，只要推理方式不变，推理机部分就可以不变，使系统易于扩充，具有较大的灵活性。

(5) 具有透明性　使用专家系统求解问题时，不仅希望得到正确的答案，还希望知道得到该答案的依据。专家系统一般都有相应的解释机构，向用户解释整个专家系统的推理过程，回答用户“为什么”“结论是如何得出的”等相关问题。

(6) 具有交互性　专家系统一般都是交互式系统，具有较好的人机界面。一方面它需要与领域专家和知识工程师进行交互以获取知识，另一方面它也需要不断地从用户那里获得所需的已知事实，并回答用户关于“为什么”等的询问。

2. 专家系统的优点

近 30 年来，专家系统获得了迅速发展，应用领域越来越广，解决实际问题的能力越来越强。一般来说，专家系统的优点包括下列六个方面。

1）专家系统能够高效、准确、周到、迅速和不知疲倦地工作。例如，医疗领域的诊断专家系统，可以在短时间内对患者的症状和检查结果进行分析，给出初步诊断建议，节省诊断时间。

2）专家系统在解决实际问题时不受周围环境的影响，也不可能遗漏忘记。以法律咨询专家系统为例，对于相同的法律问题描述，专家系统始终会依据预设的法律知识和规则给出一致的解答。

3）不受时间和空间的限制，专家知识与经验便于推广。在工业生产中，专家系统可以将资深工程师的工艺知识传授给新员工，保证生产质量的稳定性。

4）专家系统能促进各领域的发展，它使各领域专家的专业知识和经验得到总结和精炼，能够广泛有力地传播专家的知识、经验和能力。例如，金融领域的风险评估专家系统，能够依据复杂的金融数据和模型，准确评估投资风险。

5）专家系统能汇集多领域专家的知识和经验，以及他们协作解决重大问题的能力，它拥有更渊博的知识、更丰富的经验和更强的工作能力。

6）研究专家系统具有巨大的社会效益和经济效益，能够促进科学技术的发展。例如，一些中小企业可以使用简单的财务专家系统进行基本的财务分析，而无须聘请专业的财务顾问。

4.2 专家系统的主要类型与基本结构

本节分别介绍不同类型专家系统的定义与基本结构，主要包括基于规则的专家系统、基于框架的专家系统、基于模型的专家系统和基于 Web 的专家系统。

4.2.1 专家系统的主要类型

1. 基于规则的专家系统

（1）基于规则的专家系统的工作模式　基于规则的专家系统是一个计算机程序系统，即通过使用包含在知识库内的规则对存储器内的具体问题信息（事实）进行处理，并利用推理机推理出新的信息，其工作模式如图 4-1 所示。

基于规则的专家系统的工作模式主要包括以下三个模块。

1）知识库：利用规则建立的长期存储器。

2）存储器（事实）：短期存储器，用来存放事实和由规则激发而推导出的新事实。

3）推理机：把事实与规则的前序条件进行比较，看哪条规则能够被激活。通过这些激活的规则，推理机把结论加进存储器，并进行处理，直到再没有其他规则的前序条件能与存储器内的事实相匹配为止。

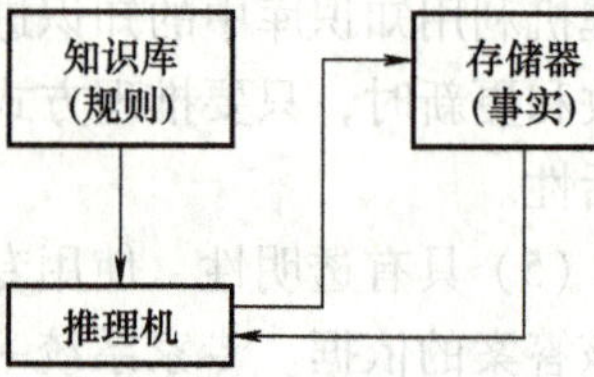

图 4-1　基于规则的专家系统的工作模式

（2）基于规则的专家系统的特点　任何专家系统都有其优点和缺点。其优点是开发此类专家系统的理由，其缺点是改进或者创建新的专家系统来替换此专家系统的原因。

基于规则的专家系统具有以下优点。

1）自然表达：对于许多问题，人类用 IF-THEN 类型的语句自然地表达他们求解问题的知识。这种易于以规则形式捕获知识的优点让基于规则的方法对专家系统设计更具吸引力。

2）控制与知识分离：基于规则的专家系统将知识库中包含的知识与推理机的控制相分离。这个特点是所有专家系统的标志。这个特点允许分别改变专家系统的知识库或者控制方法。

3）知识模块化：规则是独立的知识块，它从 IF 部分中已建立的事实有逻辑地提取 THEN 部分中问题有关的事实。由于它是独立的知识块，因此易于检查和纠错。

4）易于扩展：由于专家系统的知识库与控制方法可分离，因此可适当添加利用知识能合理解释的相关规则。只要所选软件的语法规定可以确保规则间的逻辑关系，就可在知识库的任何地方添加新的规则。

5）智能级别会呈比例增加：规则可以是有价值的知识块，它能从已建立的证据中告诉专家系统一些有关问题的新信息。当规则数目增大时，对于此问题专家系统的智能级别也同等增加。

6）相关知识的使用：专家系统只使用与问题相关的规则。基于规则的专家系统可能具有提出大量问题的大量规则。专家系统能在已发现的知识信息的基础上决定哪些规则是用来解决当前问题的。

7）从严格语法获取解释：由于具有问题求解模型与工作存储器中的各种事实相匹配这一规则，因此专家系统会经常提供决定是否将信息放入工作存储器的机会。当使用依赖于其他事实的规则时，存储器中可能已经放置了信息，因此可以根据新增规则得出新的信息。

8）一致性检查：规则的严格结构允许专家系统可以进行一致性检查，从而确保在相同的情况下专家系统不会做出不同的行为。许多专家系统均能够利用规则的严格结构自动检查规则的一致性，并警告开发者可能存在冲突。

9）启发性知识的使用：人类专家的典型优点就是他们使用启发信息特别熟练，这可以帮助他们高效解决各种问题。这些启发信息实际上是经验提炼的窍门，比课堂上学到的基本原理更重要。

10）不确定知识的使用：对于许多问题而言，可用信息经常并不是完全确定的断言。规则易写成具有不确定关系的形式。规则可以使用各种变量改进专家系统的效率。

基于规则的专家系统具有以下缺点。

1）必须精确匹配：基于规则的专家系统会不断尝试将可用规则的前部与存储器中的事实相匹配，只有这个匹配精确，这个过程才有效。换言之，专家系统必须严格坚持一致的编码逻辑。

2）有不清楚的规则关系：尽管单个规则易于解释，但通过推理链常常很难判定这些规则是怎样逻辑相关的，因为这些规则能放在知识库中的任何地方，而规则的数目可能很大，所以很难找到并跟踪这些相关规则。

3）可能比较慢：因为当推理机决定要用哪个规则时，必须扫描整个规则集，所以具有大量规则的专家系统可能会比较慢。这就导致了专家系统可能需要非常长的处理时间，这对专家系统的实时应用有害。

4）对一些问题不适用：当规则无法高效或自然地捕获领域知识的表示时，基于规则的专家系统对这些领域可能不适用。

2. 基于框架的专家系统

框架是一种结构化表示方法，它由若干个描述相关事物各方面及其概念的槽构成，每个槽拥有若干侧面，每个侧面又可拥有若干个属性值。

基于框架的专家系统就建立在框架理论的基础之上，即采用框架而不采用规则来表示知识。框架表示方法提供一种比规则更丰富的获取问题知识的方法，不仅提供某些目标的描述，而且还规定实现该目标究竟如何工作。

(1) 基于框架的专家系统的一般设计方法　基于框架的专家系统的主要设计步骤与基于规则的专家系统很相似。为了能够提供对问题的洞察，采用最好的系统结构，两者都需要找到对相关设计问题的理解。基于规则的专家系统需要得到组织规则和结构以求解问题，而基于框架的专家系统需要了解各种物体是如何相互关联并用于求解问题的。

综上所述，对于任何类型的专家系统，其设计都是一个高度交互的过程。首先，开发一个小的有代表性的原型，以证明设计的可行性。然后，对这个原型进行试验，获得设计思路，其中涉及系统的扩展、存在知识的深化和对系统的改进，以及如何使系统变得更聪明等方面的设计。

设计上述两种专家系统的主要差别在于如何看待和使用知识。

设计基于规则的专家系统时，如何简练地表示整个问题，并将知识表示为规则，每条规则如何获得问题的一些启发信息等，均需要详细考虑。这些规则的集合概括，体现了专家对问题的全面理解。如何编写每条规则，并使它们从逻辑上抓住专家的理解和推理，是基于规则的专家系统设计者的核心工作。

设计基于框架的专家系统时，就要考虑如何把整个问题和每件事想象为编织起来的事物。在第一次会见专家之后，要采用一些非正式方法(如黑板、记事本等)，列出与问题有关的事物。这些事物可能是有形的实物(如汽车、风扇和电视机等)，也可能是抽象的东西(如观点、故事和印象等)，它们代表了专家所描述的主要问题及其相关设计内容。

(2) 基于框架的专家系统的继承与槽　在基于框架的专家系统中，继承和槽是两个重要的概念。继承是指框架之间的一种关系，后辈框架可以继承父辈框架的属性和值。这意味着后辈框架无须重新定义父辈框架已有的信息，从而减少了重复描述和信息冗余，提高了知识表示的效率和一致性。“槽”用于描述框架所代表的对象的各种属性。每个槽都有一个名称和对应的槽值。槽值可以是具体的数据、对其他框架的引用、计算表达式，甚至是过程或函数。通过定义和填充槽，能够详细地描述框架所代表的对象的特征和相关信息。

定义 4-6　继承：后辈框架呈现其父辈框架的特征的过程。

后辈框架通过这个特征继承其父辈框架的所有特征。这包括父辈的所有描述性和过程性知识。使用这个特征，可以创建包含一些对象类的全部一般特征的类框架，然后不用对类级特征具体编码就可以创建许多实例。

继承的价值特征与人的认知效率相关。人将这个概念所有实例共有的某些特征归结为给定的概念。人不会在实例级别上对这些特征具体归结，但假定实例就是一些概念，这就意味着这个概念的特定实例就有那些相同的特征。

与人有效利用知识组织类似，框架允许实例通过类具体继承特征。当使用框架这种知识表示方法设计专家系统时，这种功能就使得系统编码更加容易。通过指定框架为一些类的实例，实例自动继承类的所有信息，不需要对这些信息具体编码。

实例继承其父辈的所有属性、属性值和槽。一般来说，它也从其祖父辈、曾祖父辈等继承信息。实例也可能归结为其属性、值或它独占的槽。

定义 4-7　槽：框架属性相关的扩展知识。

槽提供对属性值和系统操作的附加控制。例如，槽可以用来建立初始的属性值、定义属性类型或者限制可能值，也能用来定义值获取或者值改变时该做什么的方法。按照下面的方式，槽扩展有关给定系统属性的信息。

① 类型：定义和属性相关值的类型。

② 默认：定义默认值。

③ 文档：提供属性文档。

④ 约束：定义允许值。

⑤ 最小界限：建立属性的下限。

⑥ 最大界限：建立属性的上限。

⑦ 如果需要：指定如果需要属性值时采取的行为。

⑧ 如果改变：指定如果属性值改变时采取的行为。

以下是一个简单的例子。假设要表示“汽车”这个对象，我们可能会定义一些槽，例如以下四个。

① 品牌：“丰田”“宝马”等。

② 型号：“凯美瑞”“X5”等。

③ 颜色：“红色”“黑色”等。

④ 价格：具体的数值。

以具体的汽车“丰田凯美瑞，黑色，价格 20 万人民币”为例，“丰田”填入“品牌”槽，“凯美瑞”填入“型号”槽，“黑色”填入“颜色”槽，“20 万人民币”填入“价格”槽。

3. 基于模型的专家系统

对人工智能的研究内容有着各种不同的看法。有一种观点认为：人工智能是对各种定性模型(物理的、感知的、认识的和社会的系统模型)的获得、表达及使用的计算方法进行研究的学问。根据这一观点，一个知识系统中的知识库由各种模型综合而成，而这些模型又往往是定性的模型。由于模型的建立与知识密切相关，因此有关模型的获取、表达及使用自然地包括了知识获取、知识表达和知识使用。这里所说的模型概括了定性的物理模型和心理模型等。以这样的观点来看待专家系统的设计，可以认为一个专家系统由一些原理与运行方式不同的模型综合而成。

前面讨论过的基于规则的专家系统和基于框架的专家系统都以逻辑心理模型为基础，是采用规则逻辑或框架逻辑，并以逻辑作为描述启发式知识的工具而建立的计算机程序系统。综合各种模型的专家系统无论在知识表示、知识获取还是知识应用上，都比那些基于逻辑心理模型的系统具有更强的功能，从而有可能显著改进专家系统的设计。

在基于模型的专家系统中，基于神经网络的专家系统是其中一类典型的基于模型的专家系统。

神经网络模型从知识表示、推理机制到控制方式，都与目前专家系统中基于逻辑的心理模型有本质的区别。知识从显式表示转变为隐式表示，这种知识不是通过人的加工转换成规则，而是通过学习算法自动获取。推理机制从检索和验证过程变为网络上隐含模式对输入的竞争。这种竞争是并行的和针对特定特征的，把特定论域输入模式中的各个抽象概念转化为神经网络的输入数据，还可以根据论域特点适当地解释神经网络的输出数据。

如何将神经网络模型与基于逻辑的心理模型相结合，是值得进一步研究的课题。从人类求解问题的角度来看，知识存储与低层信息处理并行分布，而高层信息处理则是顺序的。演绎与归纳是不可少的逻辑推理，两者结合起来能够更好地表现人类的智能行为。从综合两种模型的专家系统设计来看，知识库由一些知识元构成，知识元可以是一个神经网络模块，也可以是一组规则或框架的逻辑模块。只要对神经网络的输入转换规则和输出解释规则给予形式化表达，使之与外界接口及系统所用的知识表达结构相似，传统的推理机制和调度机制就都可以直接应用到专家系统中。神经网络与传统专家系统集成，协同工作，优势互补。根据侧重点不同，其集成有三种模式。

（1）神经网络支持专家系统　以传统的专家系统为主，以神经网络的有关技术为辅。例如，对于专家提供的知识和样例，通过神经网络自动获取知识；运用神经网络的并行推理技术提高推理效率。

（2）专家系统支持神经网络　以神经网络的有关技术为核心，建立相应领域的专家系统，采用专家系统的相关技术完成解释等方面的工作。

（3）协同式的神经网络专家系统　将大的复杂问题分解为若干子问题，针对每个子问题的特点，选择用神经网络或专家系统加以实现，神经网络与专家系统之间具有耦合关系。

4. 基于 Web 的专家系统

随着互联网技术的发展，Web 逐步成为大多数软件与用户的交互接口，软件逐步走向网络化。基于这个趋势，专家系统的用户界面已逐步向 Web 靠拢，专家系统的知识库和推理机也都逐步和 Web 接口交互起来。Web 已成为专家系统一个新的重要特征。

基于 Web 的专家系统具有以下优点。

（1）便捷性与普及性　用户只需通过浏览器就能轻松访问，无须安装专门软件，大大提高了使用的便利性。例如，用户可以通过任何连接到互联网的设备，如计算机、平板计算机和手机，随时随地访问农业种植专家系统，获取关于农作物种植的建议，无须专门前往特定地点或使用特定设备。

（2）集中管理与维护　所有更新和改进可以在服务器端统一进行，确保整个系统的一致性和稳定性。例如，当相关法律发生变化时，法律条文解释的专家系统可以迅速在服务器端更新知识库，所有用户立即能够使用最新的准确信息。

（3）跨平台支持　可在各种操作系统和设备上运行，如计算机、平板计算机和手机等，具有广泛的适用性。例如，一个在线医疗诊断专家系统能够服务全球各地的患者，为他们提供初步的诊断和治疗建议。

（4）信息共享与协作　能方便地与其他 Web 系统进行信息共享和交互，便于多领域专家共同参与系统的完善和扩展。在工程项目管理的专家系统中，多个团队成员可以同时访问和使用系统，共同制定和优化项目计划。

（5）用户友好的界面　借助 Web 设计的灵活性，可以打造出极具吸引力和易用性的交互界面，提升用户体验。例如，在线教育专家系统能够支持用户与系统之间的实时交互，包括提问、讨论和反馈。

另外，基于 Web 的专家系统具有以下基本属性。

(1) 知识表示　利用合适的形式(如规则、框架、语义网络等)表示专家知识，以便在Web环境中对知识进行存储和处理。

(2) 推理机制　具备有效的推理算法和逻辑，能够根据用户输入和知识库中的知识进行推理和演绎，得出结论或建议。

(3) 用户界面　设计友好、直观、易于操作的Web界面，方便用户输入问题、查看结果和与系统交互。

(4) 知识库管理　包括知识的获取、更新、验证和维护，以确保知识库的准确性和时效性。

(5) 分布式特性　利用Web的分布式架构，可以实现多个专家系统之间的协作和资源共享。

(6) 可扩展性　易于扩展和添加新的知识领域、功能模块，以适应不断变化的需求和应用场景。

(7) 安全性　保障用户数据的安全和知识库的保密性，防止未经授权的访问和篡改。

(8) 实时性　能够在合理的时间内响应用户请求，提供实时的分析和建议。

(9) 解释能力　能够向用户解释推理过程和结论的依据，增加系统的透明度和可信度。

(10) 跨平台性　可在不同的Web浏览器和操作系统上稳定运行，具有广泛的适用性。

因此，基于Web的专家系统利用互联网技术的优势，为用户提供了随时随地获取专家级建议和支持的途径，在各个领域都有广阔的应用前景和重要价值。但同时也面临着一些技术挑战，如数据安全、网络延迟等，这些问题需要在开发和应用过程中加以妥善解决。

4.2.2　专家系统的基本结构

专家系统的结构是指专家系统各组成部分的构造方法和组织形式。系统结构选择适合与否，与专家系统的适用性和有效性密切相关。专家系统的简化结构如图4-2所示。

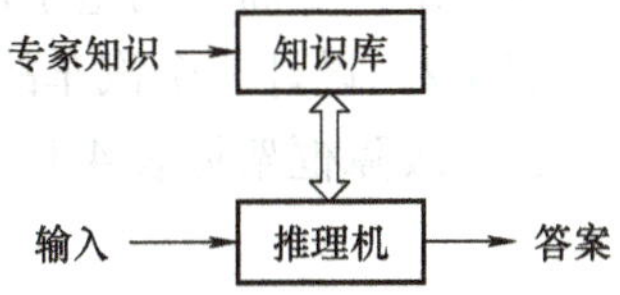

图 4-2　专家系统的简化结构

1. 基于规则的专家系统

基于规则的专家系统的结构如图4-3所示。

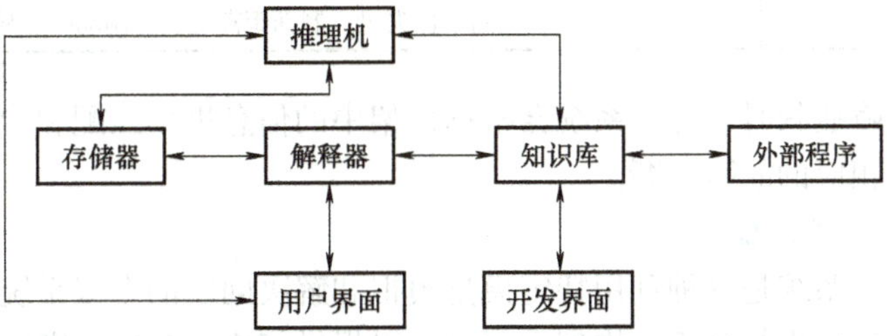

图 4-3　基于规则的专家系统的结构

其主要包括以下四部分：

(1) 用户界面　用户通过该界面观察系统，并与系统进行交互。

(2) 开发界面　工程师对专家系统进行程序开发。

(3) 解释器　对推理进行进一步详细解释。

(4) 外部程序　如数据库、算法等，对专家系统的工作起到支持作用，并应用于专家系统。

以下是一个简单的基于规则的专家系统的例子。

例 4-1　设计一个疾病诊断专家系统，该系统的目标是根据患者的症状诊断可能的疾病。

解　它包含以下部分：

(1) 知识库　存储各种疾病的症状、特征以及相关的诊断规则。

(2) 推理机　根据输入的患者症状，运用知识库中的规则进行推理和判断。

(3) 用户界面　供患者或医生输入症状信息，并显示诊断结果。

例如，患者出现发热、咳嗽和头痛等症状，系统通过推理机分析这些症状与知识库中疾病的关联，给出可能的疾病诊断建议。

2. 基于框架的专家系统

基于框架的专家系统是一个采用框架知识表示方法的专家系统，其结构如图 4-4 所示。

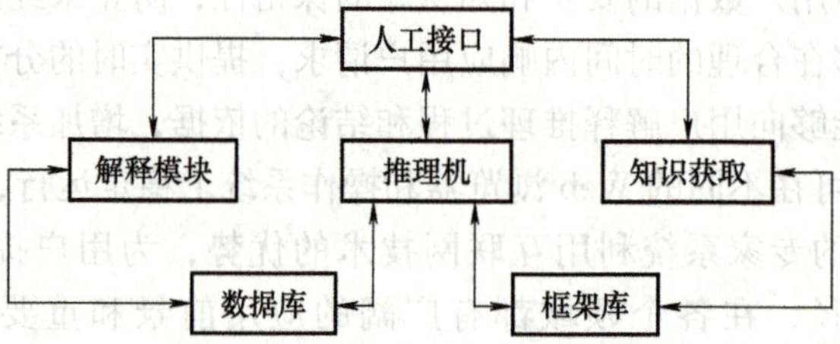

图 4-4　基于框架的专家系统的结构

以下是一个简单的基于框架的专家系统的例子。

例 4-2　设计一个汽车故障诊断专家系统。

解　故障框架见表 4-1。

表 4-1　故障框架

故障名称	可能症状
发动机故障	发动机抖动、动力不足、起动困难
电气系统故障	车灯不亮、仪表盘故障显示、电池没电
制动系统故障	制动器失灵、制动距离变长、制动时有异响

当用户输入故障症状时，专家系统会根据框架中的信息进行匹配和诊断，给出可能的故障类型，从而得到相应的故障诊断。

3. 基于模型的专家系统

基于模型的专家系统是一种利用特定模型模拟和解决问题的专家系统。它通过构建和使用模型，对输入的信息进行分析、推理和预测，以提供相应的解决方案或结论。这些模型可以基于各种理论和方法构建，旨在模拟人类专家的思维和决策过程。

基于神经网络的专家系统是一类具有建模特色的基于模型的专家系统。基于神经网络的专家系统的结构如图 4-5 所示。其自动获取模块输入，组织并存储专家提供的学习实例，选定神经网络结构，调用神经网络的学习算法，为知识库实现知识获取。当新的学习实例输入后，知识获取模块通过对新实例的学习，自动获得新的网络权值分布，从而更新知识库。

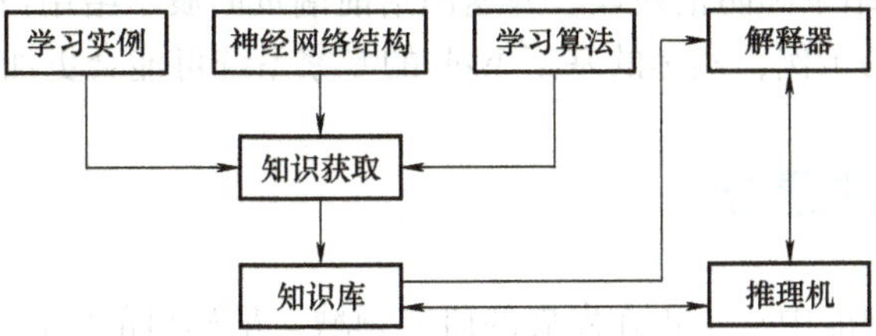

图 4-5　基于神经网络的专家系统的结构

4. 基于 Web 的专家系统

基于 Web 的专家系统是集成传统专家系统和 Web 数据交互的新型技术。这种组合技术可简化复杂决策分析方法的应用，通过内部 Web 将解决方案递送到工作人员手中，或通过 Web 将解决方案递送到客户和供应商手中。

传统专家系统主要面向人与单机进行交互，最多通过客户端/服务器网络结构在局域网内进行交互。基于 Web 的专家系统将人机交互定位在互联网层次，专家、知识工程师和普通用户通过浏览器可访问专家系统应用服务器，将问题传递给 Web 推理机，然后 Web 推理机通过后台数据库服务器对数据库和知识库进行存取，推导出一些结论，然后将这些结论告诉用户。基于 Web 的专家系统的结构如图 4-6 所示，主要分为三个层次：浏览器、应用逻辑层和数据库层，这种结构符合三层网络结构。

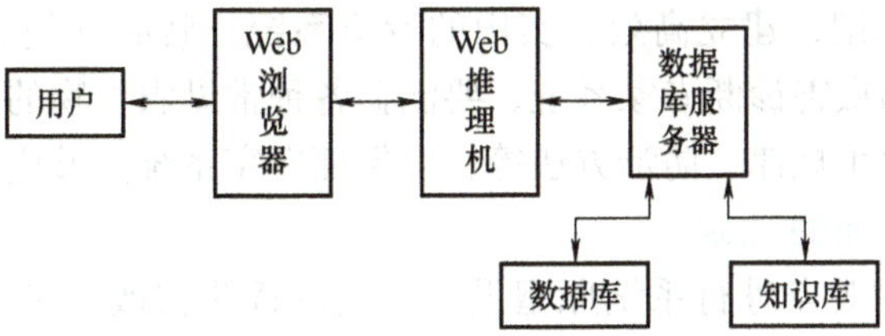

图 4-6　基于 Web 的专家系统的结构

以下是一个简单的基于 Web 的专家系统的例子。

例 4-3　设计一个植物病害诊断专家系统。

解　下面给出详细介绍。

（1）系统功能　用户上传植物病害的图片或输入症状描述，系统根据这些信息进行分析和诊断，并给出可能的病害名称和防治建议。

（2）系统架构

1）Web 浏览器：用户通过浏览器与系统交互，上传图片或输入症状描述。

2）Web 推理机：包含推理机核心逻辑，处理请求和执行推理。

3）数据库：存储植物病害的相关信息、图片等数据。

4）知识库：包括各种植物病害的特征、症状表现、发病原因、防治方法等知识。

（3）诊断流程

1）用户在 Web 浏览器中提交症状描述或图片。

2）系统将这些信息发送到 Web 推理机。

3）数据库服务器利用知识库中的规则和模式匹配算法，对症状进行分析和诊断。

4）系统生成诊断结果和防治建议，并返回给前端页面展示给用户。

这只是一个简单的示例，实际的基于 Web 的专家系统可能会更加复杂和完善。

4.3 专家系统的建立

专家系统是人工智能中一个正在发展的研究领域，虽然目前已建立了许多专家系统，但是尚未形成建立专家系统的一般方法。下面简单介绍专家系统的一般建立原则与建立步骤。

4.3.1 专家系统的建立原则

考虑到专家系统的特点，在专家系统建立过程中应注意以下原则。

1. 知识的准确性与可靠性原则

专家系统适用于专家知识和经验行之有效的场合，所以设计专家系统时，应恰当地划定求解问题的领域。问题领域一般不能太窄，否则系统求解问题的能力较弱；但也不能太宽，否则运行时间过长。知识库过于庞大不仅不能保证知识的质量，而且将会影响系统的运行效率，并且难以维护和管理。例如，建立医疗诊断专家系统时，确保所纳入的疾病症状、诊断标准和治疗建议都来自权威的医学研究和临床实践，且经过多位资深医生的审核和验证。

2. 知识的完整性原则

领域专家与知识工程师合作是知识获取成功的关键，也是专家系统开发成功的关键。因为知识是专家系统的基础，建立高效、实用的专家系统，就必须使它具有完备的知识。例如，构建一个农作物病虫害诊断专家系统，要涵盖各种常见农作物的各类病虫害信息，包括不同病虫害的特征、发生规律、防治方法等，以保证专家系统能够应对各种可能的情况。

3. 可维护性与可扩展性原则

采用“最小系统”的观点进行系统原型设计，然后逐步修改、扩充和完善，即采用所谓的“扩充式”开发策略。专家系统是一个比较复杂的程序系统，希望一下子就开发得很完善是不现实的。因为系统本身比较复杂，需要设计并建立知识库、综合数据库，编写知识获取、推理机、解释等模块的程序，工作量较大，所以当知识工程师获得足够的知识去建立一个非常简单的系统时，可以首先建立一个所谓的“最小系统”，然后根据运行该模型得到的反馈来指导修改、扩充和完善系统。例如，设计一个股市分析专家系统时，采用模块化的架构，当新的金融政策出台或市场出现新的交易模式时，能够方便地添加新的规则和算法，更新知识库，而不影响系统的整体结构。

4. 人机交互友好原则

专家系统建成后是给用户使用的，因此设计和建立专家系统时，要让用户尽可能地参与，要充分了解未来用户的实际情况和知识水平，建立起适于用户操作的友好的人机界面。例如，在一个家庭理财规划专家系统中，提供简洁明了的界面，让用户能够轻松输入自己的财务状况和目标，系统给出的建议也要以直观的图表和易懂的文字展示。

5. 高效性原则

在适当的条件下，可考虑采用专家系统开发工具进行辅助设计，借鉴已有系统的经验，提高设计效率。例如，建立一个天气预报专家系统，要优化算法和数据结构，使其能够在短时间内处理大量的气象数据，并快速给出准确的预报结果。

6. 验证与测试原则

为了确保专家系统的准确性、可靠性、有效性，使性能满足预期的要求，需要检查专家系统的设计和实现是否符合最初的规格和要求。例如，完成一个工业生产流程优化专家系统后，在实际生产环境中进行一段时间的试运行，对比使用专家系统前后的生产效率、质量等指标，以此验证系统的有效性和准确性。

4.3.2　专家系统的建立步骤

专家系统是一个计算机软件系统，但与传统程序又有区别，因为知识工程与软件工程在许多方面有较大的差别，所以专家系统的开发过程在某些方面与软件工程类似，但在某些方面又有区别。例如，软件工程的设计目标是建立一个用于处理事物的信息处理系统，处理的对象是数据，主要功能是查询、统计、排序等，其运行机制是确定的；而知识工程的设计目标是建立一个辅助人类专家的知识处理系统，处理的对象是知识和数据，主要的功能是推理、评估、规划、解释、决策等，其运行机制难以确定。另外从系统的实现过程来看，知识工程比软件工程更强调渐进性、扩充性。因此，设计专家系统时软件工程的设计思想及过程虽可以借鉴，但不能完全照搬。

专家系统的建立步骤一般分为系统总体分析与设计阶段、知识获取阶段、知识表示与语言设计阶段、设计推理机制阶段、编程与调试阶段、测试与评价阶段和运行与维护阶段，如图 4-7 所示。

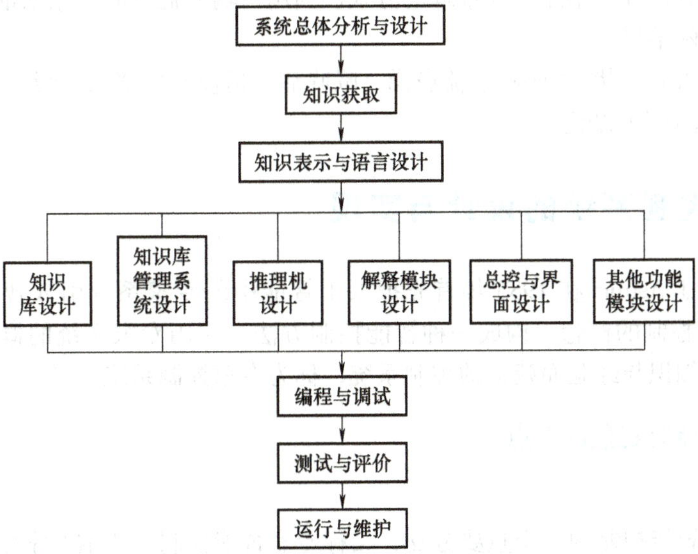

图 4-7　专家系统的建立步骤

（1）系统总体分析与设计阶段　这一阶段的主要任务是确定参加人员并明确各自任务，明确要解决的问题领域，确定问题求解的目标。

（2）知识获取阶段　这一阶段的主要任务是收集和整理领域专家的知识、经验和规则，这是系统的核心。

（3）知识表示与语言设计阶段　这一阶段的主要任务是将获取的知识进行整理和编码，

形成系统的知识库。

（4）设计推理机制阶段　这一阶段的主要任务是确定系统如何根据输入的信息进行推理和决策。

（5）编程与调试阶段　这一阶段的主要任务是创建便于用户与系统交互的界面。

（6）测试与评价阶段　这一阶段的主要任务是通过运行实例评价原型系统和用于实现它的表达形式，从而发现知识库和推理机的缺陷。专家系统必须先在实验室环境下进行精化和测试，然后才能够进行实地领域测试。在测试过程中，实例的选择应照顾到各个方面，要有较宽的覆盖面，既要涉及典型的情况，也要涉及边缘的情况。

（7）运行与维护阶段　这一阶段需要参加人员随着领域知识的不断更新变化，及时维护和更新专家系统。

下面给出一个建立医疗诊断专家系统的简单示例。

（1）确定领域和问题范围　建立一个针对常见感冒症状诊断的专家系统。

（2）知识获取　与多位医生进行交流和访谈，收集他们对于感冒诊断的知识和经验。例如，如果患者咳嗽、流鼻涕、喉咙痛，但没有发烧，那么可能是普通感冒；如果患者咳嗽、发烧、身体酸痛，且持续多天，那么可能是流行性感冒。

（3）知识表示　使用产生式规则来表示知识。

1）规则 1：如果咳嗽且流鼻涕且喉咙痛且没有发烧，那么诊断为普通感冒。

2）规则 2：如果咳嗽且发烧且身体酸痛且持续多天，那么诊断为流行性感冒。

（4）推理机制设计　采用正向推理的方式。当用户输入症状时，系统依次检查规则，匹配条件，得出诊断结果。

假设用户输入的症状是“咳嗽、流鼻涕、喉咙痛，但没有发烧”，系统会匹配规则 1，得出“诊断为普通感冒”的结论。

4.4　专家控制系统的设计与实现

瑞典学者 K. J. Astrom 在 1983 年首先把人工智能中的专家系统引入智能控制领域，于 1986 年提出专家控制的概念，构成一种智能控制方法。应用专家系统的概念和技术，模拟人类专家的控制知识与经验而建造的控制系统，称为专家控制系统。

4.4.1　专家控制系统的特点

1. 专家控制

专家控制是智能控制的一个重要分支，又称专家智能控制。所谓专家控制，是将专家系统的理论和技术同控制理论、方法与技术相结合，在未知环境下，仿效专家的经验，实现对系统的控制。专家控制试图在传统控制的基础上引入一个富有经验的控制工程师，实现控制的功能，它由知识库和推理机构构成主体框架，通过对控制领域知识（如先验经验、动态信息、目标等）的获取与组织，按某种策略及时地选用恰当的规则进行推理输出，实现对实际对象的控制。

基于专家控制的原理所设计的系统和控制器，分别称为专家控制系统和专家控制器。

专家控制不仅可以提高常规控制系统的控制品质，拓宽系统的作用范围，增加系统功能，而且可以对传统控制方法难以奏效的复杂过程实现闭环控制。以下是专家控制的目标。

1）能够满足任意动态过程的控制需要，包括时变的、非线性的、受到各种干扰的控制对象或生产过程。

2）控制系统的运行可以利用对象或过程的一些先验知识，而且只需要最少量的先验知识。

3）有关对象或过程的知识可以不断地增加、积累，据以改进控制性能。

4）有关控制的潜在知识以透明的方式存放，能够容易地修改和扩充。

5）用户可以对控制系统的性能进行定性的说明。

6）控制性能方面的问题能够得到诊断，控制闭环中的单元，包括传感器和执行机构等的故障可以得到检测。

7）用户可以访问系统内部的信息，并进行交互，例如对象或过程的动态特性，控制性能的统计分析，限制控制性能的因素，以及对当前采用的控制作用的解释等。

专家控制的上述目标不仅涵盖了传统控制在一定程度上可以达到的功能，而且超过了传统控制技术能实现的功能。以下是一些专家控制的例子。

1）PID 专家控制：PID 专家控制的实质是基于受控对象和控制规律的各种知识，无须知道被控对象的精确模型，利用专家经验设计 PID 参数。它是一种直接型专家控制器，适用于各种工业过程控制，如温度控制、压力控制、流量控制等。

2）专家 PID 控制器：这是一种结合了专家控制和 PID 控制的方法。它利用专家系统的知识和推理能力，根据系统的运行状态和误差情况，实时调整 PID 控制器的参数，以提高控制性能。例如，在一个温度控制系统中，专家 PID 控制器可以根据温度的变化趋势和误差大小，自动调整 PID 控制器的比例、积分和微分参数，以实现更精确的温度控制。

3）智能控制：智能控制是一种基于人工智能技术的控制方法，它包括模糊控制、神经网络控制、遗传算法控制等。这些方法都可以利用专家知识和经验提高控制性能。例如，模糊控制可以利用模糊逻辑描述专家的控制策略，神经网络控制可以利用神经网络学习专家的控制经验，遗传算法控制可以利用遗传算法优化控制器的参数。

2. 专家系统与专家控制系统的差别

专家系统通常以离线方式工作，只对专门领域的问题完成咨询作用，协助用户进行工作。专家系统的推理以知识为基础，其推理结果为知识项、新知识项或对原知识项的变更知识项。然而，专家控制系统需要获取在线动态信息，并对系统进行实时控制，需要独立和自动地对控制作用做出决策，其推理结果可为变更知识项，或为启动(执行)某些解析算法。

专家系统和专家控制系统有一些明显的差别，以下通过举例来说明。

假设一个汽车故障诊断的场景。

(1) 专家系统　当汽车出现故障时，用户向专家系统输入一系列关于汽车症状的描述，如发动机噪声、冒烟、仪表盘故障灯等。专家系统根据其知识库中的规则和知识，进行推理和判断，最终给出可能的故障原因和维修建议。

例如，如果输入的症状是发动机起动困难且伴有回火声，专家系统可能会推断出是点火系统故障，并建议检查火花塞和点火线圈。

(2) 专家控制系统　在汽车运行过程中，专家控制系统实时监测汽车的各种参数，如车速、发动机转速、油温、油压等。它根据预设的控制策略和专家知识，自动调整汽车的某些部件，以实现优化的性能或确保安全。

例如，当监测到车速过快且路况不佳时，专家控制系统会自动调整制动力度；当发动机转速过高时，专家控制系统自动调整节气门开度以降低转速。

4.4.2 专家控制系统的基本结构

专家控制系统有知识基系统、数值算法库和人机接口三个并发运行的子过程。三个子过程之间的通信通过五个信箱进行，这五个信箱即出口信箱、入口信箱、应答信箱、解释信箱和定时器信箱。

图 4-8 所示为专家控制系统的基本结构。

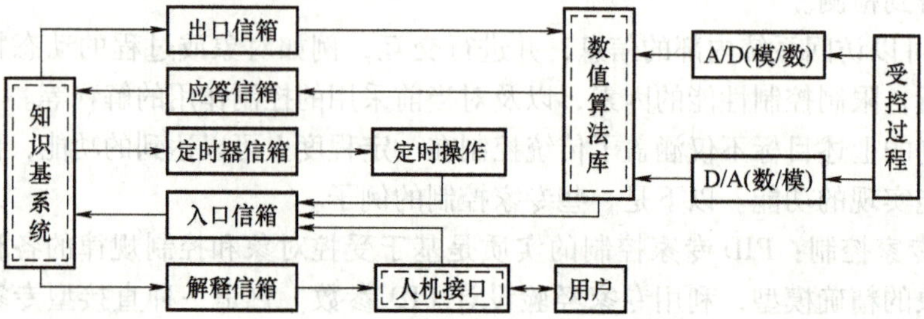

图 4-8 专家控制系统的基本结构

系统的控制器由位于下层的数值算法库和位于上层的知识基系统两大部分组成。数值算法库包含的是定量的解析知识，由控制、辨识和监控三类算法组成，按常规编程直接作用于受控过程，拥有最高的优先权。

控制算法根据来自知识基系统的配置命令和测量信号计算控制信号，例如 PID 算法、极点配置算法、最小方差算法、离散滤波器算法等，每次运行一种控制算法。辨识算法和监控算法在某种意义上是从数值信号流中抽取特征信息，可以看作是滤波器或特征抽取器，仅当系统运行状况发生某种变化时，才向知识基系统中发送信息。在稳态运行期间，知识基系统是闲置的，整个系统按传统控制方式运行。

1. 通信

知识基系统位于系统上层，对数值算法进行决策、协调和组织，包含定性的启发式知识，进行符号推理，按专家系统的设计规范编码，通过数值算法库与受控过程间接相连，连接的信箱中有读或写信息的队列。内部过程的通信功能如下。

(1) 出口信箱　将控制配量命令、控制算法的参数变更值和信息发送请求从知识基系统送往数值算法库。在一个工业自动化生产线上，专家控制系统需要根据生产线上的传感器数据和生产计划，实时调整生产设备的运行参数，以确保产品质量和生产效率。出口信箱可以将专家系统生成的控制命令和参数变更值发送给生产设备的控制系统，从而实现对生产过程的实时控制。例如，当专家系统检测到生产线上的某个设备出现故障时，它可以通过出口信箱向设备控制系统发送停机命令，以避免故障进一步扩大。同时，专家系统还可以通过出口信箱向维修人员发送维修请求，以便及时修复设备故障。

(2) 入口信箱　将算法执行结果、检测预报信号、对于信息发送请求的答案、用户命令和定时中断信号分别从数值算法库、人机接口和定时操作送往知识基系统。这些信息具有优先级说明，并形成先入先出的队列。在知识基系统内部另有一个信箱，进入的信息按照优先级排序插入待处理信息，以便尽快处理最主要的问题。

(3) 应答信箱　传送数值算法对知识基系统信息发送请求的通信应答信号。

以下是一个关于专家控制系统中应答信箱的例子。

假设一个智能交通信号专家控制系统，这个系统的目的是根据道路上的交通流量实时调整信号灯的时长，以优化交通流量并减少拥堵。入口信箱接收来自道路传感器的车辆流量、速度等数据；专家系统根据这些输入数据进行分析和决策，计算出合适的信号灯时长；然后通过应答信箱向交通信号灯控制器发送控制指令。

例如，如果当前道路的车流量很大，专家系统决定延长绿灯时间，相应的指令就会通过应答信箱传递给信号灯控制器，控制器接收到指令后执行操作，延长绿灯时长。

同时，信号灯控制器也可以通过应答信箱向专家系统反馈执行结果，例如，是否成功调整了信号灯时长，或者是否出现了执行故障等信息，以便专家系统进行进一步的决策和调整。

(4) 解释信箱　传送知识基系统发出的人机通信结果，包括用户对知识库的编辑、查询、算法执行原因、推理结果、推理过程跟踪等系统运行情况的解释。

以下是一个专家控制系统中解释信箱的例子。

存在一个电力系统的专家控制系统，用于优化电力分配和管理。当系统做出一个决策，如决定在某个时间段内对某个区域进行限电操作时，系统会通过解释信箱向相关的电力部门工作人员或用户发送解释信息。解释信息可能会包括：限电的原因是当前电力供应紧张，该区域的用电需求超过了供应能力，且根据预测在接下来的几个小时内电力供应无法满足全部需求，为了避免整个电网出现故障，保障重要设施的电力供应，所以对该区域进行暂时限电。

在一个工业生产的专家控制系统中，如果系统决定暂停某条生产线，通过解释信箱向生产管理人员说明原因，可能是因为该生产线的关键设备出现故障，维修所需时间较长，为了避免不必要的资源浪费，所以暂时停止生产，等待设备修复后再恢复。

(5) 定时器信箱　用于发送知识基系统内部推理过程需要的定时等待信号，供定时操作部分处理。

以下是一个关于专家控制系统中定时器信箱的例子。

假设有一个智能灌溉专家控制系统，用于管理农田的灌溉。

定时器信箱被设置为每隔一定时间(如 1h)触发一次。当触发定时器信箱时，系统会通过入口信箱获取当前的土壤湿度传感器数据、天气数据(如降雨量、气温、风速等)。

专家控制系统根据这些数据进行分析和决策，如果土壤湿度低于设定的阈值，且天气预报显示未来一段时间没有足够的降雨，系统会通过应答信箱向灌溉设备发送开启指令进行灌溉。

2. 命令传播

人机接口子过程传播两类命令：一类是面向数值算法库的命令，如改变参数或改变操作方式；另一类是指挥知识基系统去做什么的命令，如跟踪、添加、清除或在线编辑规则等。

专家控制器通常由知识库、控制规则集、推理机和特征识别与信息处理四部分组成。

1) 知识库用于存放工业过程控制的领域知识，由经验数据库(DB)和学习与适应(LA)装置组成。经验数据库主要存储事实集和经验数据。事实集主要包括控制对象的有关知识，如结构、类型、特征等，还包括控制规则的自适应和参数自调整方面的规则。经验数据包括控制对象的参数变化范围，控制参数的调整范围及其限幅值，传感器的静态、动态特性参数及阈值，控制系统的性能指标或有关的经验公式等。学习与适应装置的功能是根据在线获取的信息，补充或修改知识库内容，改进系统性能，以提高问题求解能力。建立知识库的主要问题是如何表达已获得的知识。专家控制器的知识库用产生式规则建立，这种表达方式有较高的灵活性，每条产生式规则都可独立地增删、修改，使知识库的内容便于更新。

2）控制规则集是对被控对象各种控制模式、经验的归纳和总结。

3）由于规则条数不多，搜索空间很小，推理机就十分简单，采用正向推理方法逐次判别各种规则的条件，满足则执行，否则继续搜索。

4）特征识别与信息处理的作用是实现对信息的提取与加工，为控制决策和学习适应提供依据。它主要抽取动态过程的特征信息，识别系统的特征状态，并对特征信息做必要的进一步加工。

4.4.3 专家控制器的设计与应用

专家控制器可以表示为如下模型：

$$U=f(E,K,I)$$

式中，$U=(u_1,u_2,\cdots,u_m)$为控制器的输出作用集；$E=(e_1,e_2,\cdots,e_n)$为控制器的输入集；$K=(k_1,k_2,\cdots,k_p)$为系统的数据项集；$I=(i_1,i_2,\cdots,i_n)$为具体推理机的输出集；f为一种智能算子，可以表示为

$$若\ E\ 且\ K，则（若\ I，则\ U）$$

即首先根据输入信息E和系统中的知识信息K进行推理，然后根据推理结果I确定相应的控制行为U。

1. 专家控制系统的控制要求

（1）运行可靠性高　对于某些特别的装置或系统，如果不采用专家控制器来取代常规控制器，那么整个控制系统将变得非常复杂，尤其是其硬件结构，其结果使系统的可靠性大为下降。因此，对专家控制器提出较高的运行可靠性要求。例如，化工生产过程的专家控制系统，必须保证生产过程的安全可靠，防止事故发生。

（2）决策能力强　决策是基于知识的控制系统的关键能力之一。大多数专家控制系统要求具有不同水平的决策能力。专家控制系统能够处理不确定性、不完全性和不精确性之类的问题，这些问题难以用常规控制方法解决。以智能建筑的能源管理专家控制系统为例，要在满足用户舒适度的前提下，实现能源的高效利用，降低能耗。

（3）应用通用性好　应用的通用性包括易于开发、示例多样性、便于混合知识表示、全局数据库的活动维数、基本硬件的机动性、多种推理机制（如假想推理、非单调推理和近似推理）和开放式的可扩充结构等。

（4）控制与处理的灵活性　控制与处理的灵活性包括控制策略的灵活性、数据管理的灵活性、经验表示的灵活性、解释说明的灵活性、模式匹配的灵活性和过程连接的灵活性等。例如，电力系统的电压调节专家控制系统需要能够迅速响应电网负载的变化，确保电压稳定在规定范围内。

（5）自学习和优化能力　专家控制系统必须具有自学习和优化能力。例如，物流配送的路径规划专家控制系统能够根据历史数据和实时信息不断学习和优化配送路线，提高效率。

2. 专家控制器的设计原则

（1）模型描述的多样性　模型描述的多样性是指在设计过程中，被控对象和控制器的模型应采用多样化的描述形式，不应拘泥于单纯的解析模型。

（2）在线处理的灵巧性　智能控制系统的重要特征之一就是能够以有用的方式来划分和构造信息。在设计专家控制器时应十分注意对过程在线信息的处理与利用。

（3）控制策略的灵活性　控制策略的灵活性是设计专家控制器所应遵循的一条重要原则。工业对象本身的时变性、不确定性和现场干扰的随机性，要求控制器采用不同形式的开环与闭环控制策略，并能通过在线获取的信息灵活地修改控制策略或控制参数，以保证获得优良的控制品质。此外，专家控制器中还应设计异常情况处理的适应性策略，以增强系统的应变能力。

（4）决策机构的递进性　人的神经系统是由大脑、小脑、脑干、背髓组成的一个分层递进决策系统。以模仿人类智能为核心的智能控制，其控制器的设计必然要体现递进性原则，即根据智能水平的不同层次构成分级递阶的决策机构。

（5）推理与决策的实时性　对于设计用于工业过程的专家控制器，这一原则必不可少。这就要求知识库的规模不宜过大，推理机应尽可能简单，以满足工业过程的实时性要求。

3. 专家控制器的应用

（1）直接型专家控制器　直接型专家控制器用于取代常规控制器，直接控制生产过程或被控对象，具有模拟（或延伸、扩展）实际操作工人的智能的功能。该控制器的任务和功能相对比较简单，但需要在线、实时控制。因此，其知识表达和知识库也较为简单，通常由多条产生式规则构成，以便增删和修改。

直接型专家控制器的基本结构如图 4-9 所示。

直接型专家控制器的基础是知识库，用来存放控制需要的领域知识；控制规则集是对受控过程的归纳和总结；推理结构中包含各类向前推理方法；信息获取与处理部分用来提取与加工相关信息。

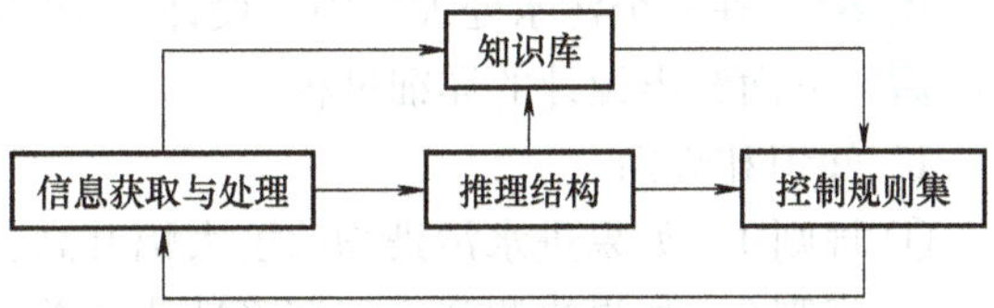

图 4-9　直接型专家控制器的基本结构

以下是一个直接型专家控制器在电动机转速控制中的应用实例。

例 4-4　假设有一个电动机转速控制系统，设计一个直接型专家控制器负责调控电动机的转速。

解　下面给出设计的详细过程

1）知识和规则。

① 规则 1：如果当前转速远低于目标转速且持续一段时间，就大幅提高输入电压。

② 规则 2：如果转速接近目标转速但还有一点差距，就稍微提高输入电压。

③ 规则 3：如果转速超过目标转速少许，就适当降低输入电压。

④ 规则 4：如果转速严重超过目标转速，就快速降低输入电压。

2）运行过程。电动机开始运行后，专家控制器不断接收当前转速反馈。如果发现转速明显低于目标，例如相差 20%以上且持续了几秒钟，就根据规则 1，迅速将输入电压提高一个较大幅度，以促使转速快速上升；如果转速逐渐接近目标，例如只差 5%左右，就根据规则 2 微调电压；如果转速稍微超了一点，例如超出 3%，就根据规则 3 适当降低电压；如果转速超出较多，例如超出 10%，就根据规则 4 快速降低电压，防止转速失控。

在整个过程中，专家控制器凭借这些明确的规则直接对输入电压进行决策和调整，以实现对电动机转速的精确控制，确保其稳定运行在期望的转速范围内。

（2）间接型专家控制器　间接型专家控制器用于和常规控制器相结合，组成对生产过程或被控对象进行间接控制的智能控制系统，具有模拟（或延伸、扩展）操作控制工程师智能的功能。该控制器能够实现优化适应、协调、组织等高层决策的智能控制。

间接型专家控制器的基本结构如图 4-10 所示。

按照高层决策功能的性质，间接型专家控制器可分为以下四种类型。

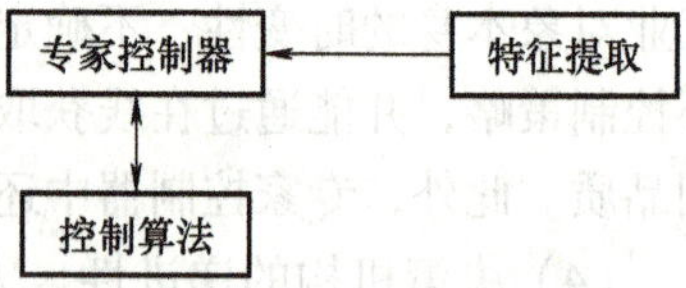

图 4-10　间接型专家控制器的基本结构

1）优化型专家控制器：基于最优控制专家的知识、经验的总结和运用，通过设置整定值、优化控制参数或控制器，实现控制器的静态或动态优化。

2）适应型专家控制器：基于自适应控制专家的知识、经验的总结和运用，根据现场运行状态和测试数据，相应地调整控制规律，校正控制参数，修改整定值或控制器，适应生产过程、对象特性或环境条件的漂移和变化。

3）协调型专家控制器：基于协调控制专家和调度工程师的知识、经验的总结和运用，协调局部控制器或各子控制系统的运行，实现大系统的全局稳定和优化。

4）组织型专家控制器：基于控制工程的组织管理专家或总设计师的知识、经验的总结和运用，组织各种常规控制器，根据控制任务的目标和要求，构成所需要的控制系统。

间接型专家控制器可以在线或离线运行，通常优化型、适应型专家控制器需要在线、实时、联机运行；协调型、组织型专家控制器可以离线、非实时运行，作为相应的计算机辅助系统。

以下是一个间接型专家控制器在污水处理过程中的应用实例。

例 4-5　在一个污水处理厂中，设计一个间接型专家控制器用于控制污水的处理效果。

解　下面给出设计的详细过程

1）知识和规则。

① 规则 1：如果进水污染物浓度大幅升高，就增加曝气量以促进微生物代谢。

② 规则 2：如果检测到污泥沉降性能变差，就调整污泥回流比。

③ 规则 3：根据溶解氧浓度，适当调整曝气机的运行状态。

2）运行过程。污水不断进入处理系统，传感器实时监测进水污染物浓度等参数。当发现进水污染物浓度突然升高时，专家控制器根据规则 1 发出指令，增加曝气机的功率，增加曝气量，为微生物提供更多氧气以加快对污染物的分解。如果通过对污泥的检测发现沉降性能出现问题，如污泥膨胀等，就根据规则 2 调整污泥回流比，改善污泥状态。同时，根据规则 3 一直持续监测溶解氧浓度，当溶解氧过高或过低时，专家控制器按照相应策略调整曝气机的工作模式，间接实现对污水处理效果的优化控制。通过这种间接的方式，利用专家知识和规则操控相关的设备和参数，以达到理想的污水处理质量和效率。

本章小结

专家控制系统是一种将专家知识和经验与控制技术相结合的先进控制系统，主要包含知识库与推理机。其中知识库用来存储大量的专家知识、经验、规则和模型等，是系统进行决策的基础；推理机依据知识库中的内容进行逻辑推理和判断，以生成控制策略。在应用方面，专家控制系统广泛应用于众多领域，如工业过程控制、智能交通、智能家居等，能显著提升系统的性能、效率和可靠性。

与传统控制系统相比，专家控制系统在处理复杂问题和特殊情况时具有明显优势，但也需要不断完善和更新知识库以适应新的需求和挑战。其发展与人工智能技术紧密相关，通过与机器学习、深度学习等技术相融合，不断拓展功能和提升智能化水平，为实现更智能、高效的控制提供有力支持。总之，专家控制系统是控制领域的重要组成部分，对推动各行业的智能化发展起到了关键作用。

思考题与习题

4-1　什么是专家系统？什么是专家控制系统？两者有何关系与相似之处？

4-2　专家系统由哪些部分组成？各部分作用如何？

4-3　专家系统有哪些类型？各个专家系统有什么任务和特点？

4-4　什么是直接型专家控制器和间接型专家控制器？它们的区别是什么？

4-5　在一个温度控制系统中，如何运用专家控制系统实现精确的温度调节？请简述其原理和可能的规则。

4-6　分析专家控制系统与传统控制系统的优势和劣势。

4-7　当专家控制系统用于机器人的路径规划时，写出一些可能的专家知识和规则。

4-8　解释专家控制系统中知识库和推理机的作用。

4-9　说明专家控制系统是如何处理不确定性和模糊性的。

4-10　设想一个复杂的化工过程，论述专家控制系统在其中的重要性和应用方式。

4-11　给出一个具体场景，说明如何构建专家控制系统以解决该场景中的问题，并简述其工作原理。

参考文献

[1]　王万良. 人工智能及其应用[M]. 4 版. 北京：高等教育出版社，2020.

[2]　马少平，朱小燕. 人工智能[M]. 北京：清华大学出版社，2004.

[3]　廉师友. 人工智能导论[M]. 北京：清华大学出版社，2020.

[4]　王万良. 人工智能导论[M]. 5 版. 北京：高等教育出版社，2020.

[5]　蔡自兴，刘丽珏，陈白帆，等. 人工智能及其应用[M]. 7 版. 北京：清华大学出版社，2024.

[6]　孙增圻. 智能控制理论与技术[M]. 北京：清华大学出版社，2011.

[7]　蔡自兴. 智能控制[M]. 2 版. 北京：电子工业出版社，2004.

[8]　吴麒，高黛陵. 控制系统的智能设计[M]. 北京：机械工业出版社，2003.

第 5 章　智能 PID 控制

导读

作为一种经典的控制方法，PID 控制距 20 世纪提出已有近百年历史。基于系统输出值与理想值的误差，PID 控制方法通过将误差、误差的积分和误差的微分按比例-积分-微分三个环节线性组合产生控制律，对被控对象进行控制。PID 控制经久不衰，凭借其算法简单、易于实现、可靠性高等优势，仍广泛应用于现代工业各个领域。由于现代工业生产流程的不断复杂化，被控对象常常表现出显著的非线性特征、模型的不确定性和参数的动态变化性。在这些复杂环境下，传统的 PID 控制方法适应性较差，在实现精确控制方面难以应对挑战。随着智能控制理论的发展，由经典 PID 控制与智能控制相结合的方法得以产生，即智能 PID 控制。智能 PID 控制通过引入智能算法，如专家系统、模糊逻辑、神经网络等，对 PID 控制算法进行改进和优化，以获得更好的控制性能。本章主要介绍专家 PID 控制、模糊 PID 控制、神经网络 PID 控制的相关理论。

本章知识点

- 专家 PID 控制规则的制定
- 模糊-PID 混合控制的分类
- 基于模糊自整定参数的 PID 控制
- 神经网络 PID 控制

5.1　专家 PID 控制

5.1.1　专家 PID 控制原理

专家 PID 控制将专家控制与 PID 控制方法相结合，不依赖被控对象的精确数学模型，直接运用专家经验设计控制规则，优化调整 PID 算法。

PID 控制基于系统输出值与理想值的误差 $e(t)$ 实现，误差定义如下：

$$e(t)=y_{\mathrm{d}}(t)-y(t) \tag{5-1}$$

式中，$y_d(t)$为给定信号，$y(t)$为系统实时输出值。

传统 PID 控制由比例、积分和微分三个环节构成，控制算法数学表达式为

$$u(t)=K_p\left[e(t)+\frac{1}{T_i}\int_0^t e(\tau)\mathrm{d}\tau+T_d\frac{\mathrm{d}e(t)}{\mathrm{d}t}\right]$$

$$=K_pe(t)+K_i\int_0^t e(\tau)\mathrm{d}\tau+K_d\frac{\mathrm{d}e(t)}{\mathrm{d}t} \tag{5-2}$$

式中，$u(t)$为系统控制输入；K_p 为比例系数；T_i 为积分时间常数；T_d 为微分时间常数。$K_i=K_p/T_i$ 和 $K_d=K_p\times T_d$ 分别为积分系数和微分系数。

工业实践中多采用计算机控制，因此往往需要对 PID 算法进行离散化。离散化 PID 控制算法为

$$u(k)=K_pe(k)+\frac{K_p}{T_i}T\sum_{m=0}^{k}e(m)+\frac{K_pT_d}{T}[e(k)-e(k-1)]$$

$$=K_pe(k)+K_i\sum_{m=0}^{k}e(m)+K_d[e(k)-e(k-1)] \tag{5-3}$$

式中，T 为采样周期；$k=0$，1，2，…，为采样序号；K_p 为比例系数；$K_i=K_pT/T_i$ 和 $K_d=K_pT_d/T$ 分别为积分系数和微分系数。该算法也叫位置式 PID 算法。

观察式(5-3)发现位置式 PID 算法中，计算每一采样时刻的控制输入 $u(k)$都需要计算前面所有采样时刻误差之和，导致计算量变大且需要更多的存储空间。为克服上述不足，可由位置式 PID 算法导出增量式 PID 算法。首先，按求增量的方式定义

$$u(k)=u(k-1)+\Delta u(k) \tag{5-4}$$

由式(5-3)可得

$$u(k-1)=K_pe(k-1)+K_i\sum_{m=0}^{k-1}e(m)+K_d[e(k-1)-e(k-2)] \tag{5-5}$$

则结合式(5-3)~式(5-5)可得增量式 PID 算法为

$$\Delta u(k)=K_p[e(k)-e(k-1)]+K_ie(k)+K_d[e(k)-2e(k-1)+e(k-2)] \tag{5-6}$$

专家 PID 控制可以基于增量式 PID 算法，根据被控对象的特点及实际工况，总结专家经验，设计不同的控制规则，实现控制目标。除了响应的误差，误差的变化情况也是系统控制效果的反映，因此专家 PID 控制通常会在设计控制规则时同时考虑误差 $e(k)$和误差的变化量 $\Delta e(k)=e(k)-e(k-1)$，具体如下。

1）当误差足够大，即设定一常值 A 满足 $|e(k)|\geqslant A$ 时，可采用数值较大的定值输入来使响应迅速收敛。

2）当误差较大，即满足 $B\leqslant|e(k)|<A$ 时，结合误差的变化情况考虑。

若误差绝对值逐渐变大或误差保持不变，即 $e(k)\Delta e(k)>0$ 或 $\Delta e(k)=0$，则施加较强的控制输入，控制规则为

$$u(k)=u(k-1)+K_1\{K_p[e(k)-e(k-1)]+K_ie(k)+K_d[e(k)-2e(k-1)+e(k-2)]\} \tag{5-7}$$

式中，K_1 为待设定常值。

若误差处于极值附近，即 $e(k)\Delta e(k)<0$ 且 $\Delta e(k)\Delta e(k-1)<0$，则仅采用较强的比例控制，控制规则为

$$u(k)=u(k-1)+K_1K_p[e(k)-e(k-1)] \tag{5-8}$$

3）当误差较小，即满足 $C\leqslant|e(k)|<B$ 时，同样结合误差的变化情况考虑。

若误差绝对值逐渐变大或误差保持不变，即 $e(k)\Delta e(k)>0$ 或 $\Delta e(k)=0$，则施加较弱的控制输入，控制规则为

$$u(k)=u(k-1)+K_2\{K_p[e(k)-e(k-1)]+K_ie(k)+K_d[e(k)-2e(k-1)+e(k-2)]\} \tag{5-9}$$

式中，K_2 为常值且满足 $K_2<K_1$。

若误差处于极值附近，即 $e(k)\Delta e(k)<0$ 且 $\Delta e(k)\Delta e(k-1)<0$，则仅采用较弱的比例控制，控制规则为

$$u(k)=u(k-1)+K_2K_p[e(k)-e(k-1)] \tag{5-10}$$

4）当误差满足 $C\leqslant|e(k)|<A$ 且绝对值逐渐变小，即 $e(k)\Delta e(k)<0$ 且 $\Delta e(k)\Delta e(k-1)>0$，或者误差为零即 $e(k)=0$ 时，只需要保持控制输入不变即可，控制规则为

$$u(k)=u(k-1) \tag{5-11}$$

5）当误差足够小，即 $|e(k)|<C$ 时，采用PI（比例积分）控制消除静态误差，控制规则为

$$u(k)=u(k-1)+K_3\{K_p[e(k)-e(k-1)]+K_ie(k)\} \tag{5-12}$$

式中，K_3 为常值。

根据上述规则调整控制算法，可以实现系统的专家PID控制。在实际运用中，可根据实际情况如电动机的最大功率限制等调整规则的制定。

5.1.2 专家PID控制系统仿真实例

本小节选用5.1.1小节制定的专家规则，运用专家PID控制器实现对二阶系统的控制，被控对象的传递函数为

$$G(s)=\frac{100}{s^2+18s} \tag{5-13}$$

给定阶跃函数为系统目标输出 $y_d(t)$，采样时间取0.001s，采用 z 变换对系统进行离散化。专家PID控制系统响应如图5-1所示。

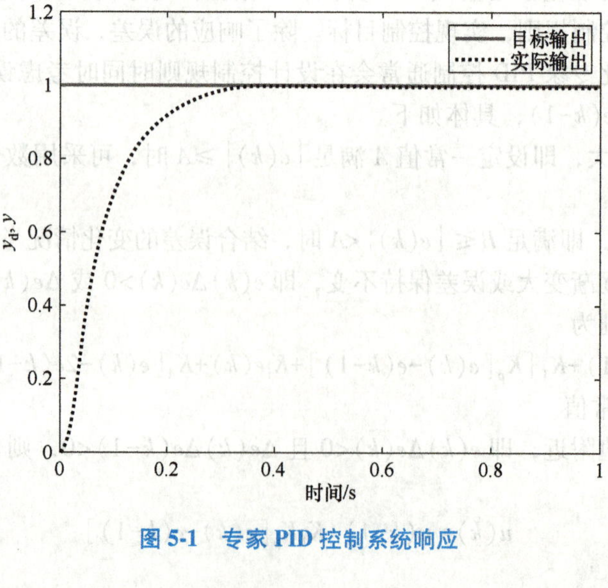

图5-1 专家PID控制系统响应

5.2　模糊 PID 控制

专家 PID 控制融合了专家经验和知识，基于这些知识定义特定的规则和条件，使得控制系统能够基于明确的规则进行决策和调整。专家 PID 控制的逻辑需基于明确的规则集，而制定规则的过程中经常难以精确描述操作者经验并定量表示各个评价指标，因此学者们将模糊数学的思想引入传统 PID 控制中，产生了模糊 PID 控制。当面对不精确模型或扰动时，模糊 PID 控制器具有较强的鲁棒性和自适应性。目前的模糊 PID 控制器主要有两种形式，即模糊-PID 混合控制和基于模糊自整定参数的 PID 控制。

5.2.1　模糊-PID 混合控制

模糊-PID 混合控制主要可以分为三大类，分别为模糊-PID 切换控制、含积分引入的模糊控制、基于模糊补偿的 PID 控制。

1. 模糊-PID 切换控制

常规模糊控制器通常以系统的误差 e 和误差变化率 ec 为输入语言变量，通过模糊推理得到控制输入。这样的二维模糊控制器符合传统 PID 控制中 PD 控制的思想，因此本质上可以看作非线性的 PD 控制器。根据经典控制理论中 PD 控制器的特性，该类二维模糊控制器可以使系统获得较好的动态性能，然而由于缺少积分环节作用，稳态误差不易消除。

为了解决上述局限，可以设计模糊-PID 切换控制器，也称多模控制器，其主要控制思路为：当系统响应误差的绝对值大于设定阈值时，采用模糊控制迅速调整系统响应；当系统响应误差的绝对值小于设定阈值时，切换为传统 PI/PID 控制进行精细调节，减小系统稳态误差。该方法的控制输入 $u(t)$ 可以表示为

$$u(t)=\begin{cases}u_{\mathrm{f}}(t),\|e(t)\|>a\\ K_{\mathrm{p}}\left[e(t)+\dfrac{1}{T_{\mathrm{i}}}\displaystyle\int_0^t e(\tau)\mathrm{d}\tau\right],\|e(t)\|\leqslant a\end{cases}\tag{5-14}$$

式中，$u_{\mathrm{f}}(t)$ 为模糊控制器的输出，a 为设定阈值。

该控制方案可以提升系统的静态性能和控制精度，但是控制器切换瞬间可能产生系统振荡，因此该方案的设计难点在于如何实现控制器的平稳切换，避免系统振荡带来的不良影响。

2. 含积分引入的模糊控制

除去切换控制方法外，为了改善模糊控制系统的稳态性能，也可以在常规模糊控制的基础上引入积分环节，构成模糊 PID 控制。

模糊控制器的积分引入方法主要有如下三种。

（1）对模糊控制输出进行积分构成模糊 PID 控制　该方法将积分环节加在模糊推理单元之后，模糊控制器的输出不再为直接的控制量，而是 Δu。图 5-2 所示为模糊 PID 控制系统的结构图。

模糊推理规则为

规则 m：若 e 是 E_i 且 ec 是 EC_j，则 Δu 是 ΔU_{ij}

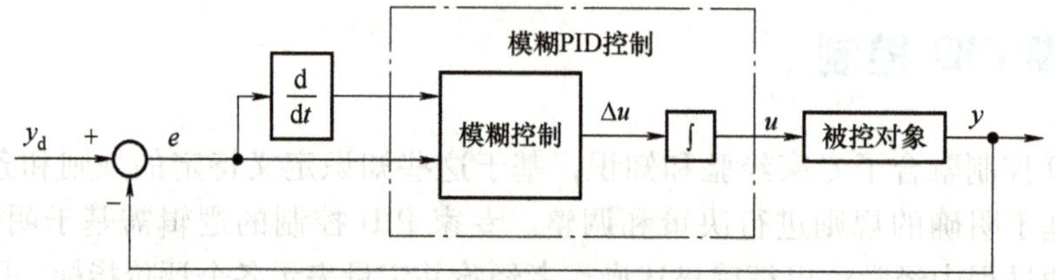

图 5-2 模糊 PID 控制系统的结构图

规则中误差 e 和误差变化率 ec 为输入语言变量；E_i、EC_j 和 ΔU_{ij} 分别为相对应语言变量的语言值；$i=1, 2, \cdots, p$，为误差 e 模糊子集中元素的序号；$j=1, 2, \cdots, q$，为误差变化率 ec 模糊子集中元素的序号；$m=1, 2, \cdots, p\times q$，为规则数。

根据分析可得，该类模糊控制为变参数的非线性 PI 控制器。

（2）模糊控制与积分控制并联　该类方法将常规模糊控制器与线性积分控制环节并联，两个控制环节的输出共同构成被控对象的控制输入。模糊控制与积分控制并联系统的结构图如图 5-3 所示。

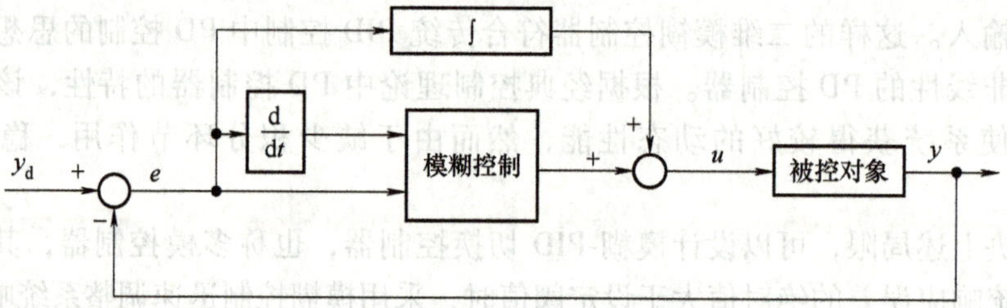

图 5-3 模糊控制与积分控制并联系统的结构图

由此类模糊 PID 控制器产生的控制输入可表示为

$$u(t)=u_f(t)+k_i\int_0^t e(\tau)\,d\tau \tag{5-15}$$

式中，$u_f(t)$ 为模糊控制器的输出，k_i 为积分系数。

此类模糊 PD+线性 I 结构的控制器中模糊控制器发挥 PD 控制的作用，保证系统良好的动态性能，线性积分控制环节用于消除系统的稳态误差，保证系统的稳态性能。

此外，可将上述控制方法进行拓展，主要思路如下：

1）常规模糊控制器与通过模糊系统整定积分系数的积分控制环节并联。该方法中，积分系数不再依靠经验人为设定，而是通过模糊系统进行模糊推理来整定。

2）常规模糊控制器与经典 PI 控制器并联，构成模糊 PD+线性 PI 结构的模糊 PID 控制器。

（3）模糊控制与模糊 PI 控制并联　该方法将常规模糊控制器与模糊 PI 控制器并联，两个控制环节的输出共同构成被控对象的控制输入。与第二种方法不同的是，该方法的模糊 PI 控制环节输出为控制增量 $\Delta u_{pi}(t)$。由此类模糊 PID 控制器产生的控制输入可表示为

$$u(t)=u_f(t)+\Delta u_{pi}(t) \tag{5-16}$$

式中，模糊 PI 控制器的输入语言变量为系统误差 e 和误差变化率 ec。

模糊控制与模糊 PI 控制并联系统的结构图如图 5-4 所示。

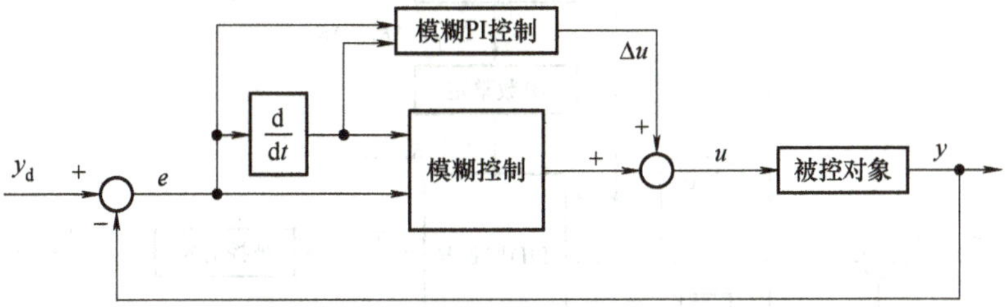

图 5-4　模糊控制与模糊 PI 控制并联系统的结构图

根据实际情况的不同，可以选择不同的性能指标作为模糊 PI 环节的输入。

除去上述积分引入方法，还有一些原理类似的积分引入方法，此处不再赘述。学者们已经证明模糊 PID、模糊 PI+D、模糊 PD+I、并行模糊 PI+PD、串行模糊 PI+PD 等控制器都是非线性 PID 控制器，并推导出了其非线性增益的表达式。

3. 基于模糊补偿的 PID 控制

当系统存在建模不确定性，模型中包含未知非线性函数时，用传统的 PID 控制可能无法消除非线性影响，给控制带来困难。根据万能逼近定理，模糊系统可以作为一种函数逼近器逼近任意连续非线性函数，即对于任意连续可微的未知函数和逼近精度，都存在一个模糊系统能够满足逼近精度要求。基于此，可以将传统 PID 控制与模糊系统相结合，利用模糊系统的万能逼近特性，实现对被控对象非线性部分的自适应模糊补偿，进而根据 PID 控制原理实现对系统的控制。

5.2.2　基于模糊自整定参数的 PID 控制

5.2.1 小节介绍的几类模糊-PID 混合控制器的输出均为控制量或控制增量，可以直接作为系统的控制输入。本小节介绍将模糊控制与传统 PID 控制结合的另一种方法，即基于模糊自整定参数的 PID 控制。该方法中模糊系统用来整定 PID 控制中的比例、积分、微分系数，进而通过 PID 算法公式计算出控制输入，具体做法如下。

首先选定对 K_p、K_i 和 K_d 的整定有影响的性能指标作为模糊系统的输入，例如误差、误差变化率等，并对性能指标的模糊语言变量进行定义，例如定义误差 e 和误差变化率 ec；然后将语言变量的论域划分为合理的模糊子集，同时选定合理的隶属函数；接着根据操作经验和已有知识，制定 K_p、K_i 和 K_d 的调整规则；在实际控制过程中，将系统实时输出的性能指标模糊化，依据设定好的模糊规则进行模糊推理，得出三个系数增量 ΔK_p、ΔK_i 和 ΔK_d 的模糊值，再进行去模糊化，可以得到 ΔK_p、ΔK_i 和 ΔK_d 的精确值；最终根据参数整定公式得到 PID 控制中三个参数的整定值，进而给被控对象施加 PID 控制输入。图 5-5 所示为基于模糊自整定参数的 PID 控制系统的结构图。

要想合理制定 K_p、K_i 和 K_d 的调整规则，首先要明确三个参数的作用和意义，具体如下。

K_p 为比例系数，与系统动态特性有关，决定系统的响应速度。当 K_p 增大时，系统对误差的敏感度增加，响应速度加快。然而，如果 K_p 过大，系统容易产生超调，可能会变得不稳定。反之，如果 K_p 过小，会降低响应速度，延长调节过程。

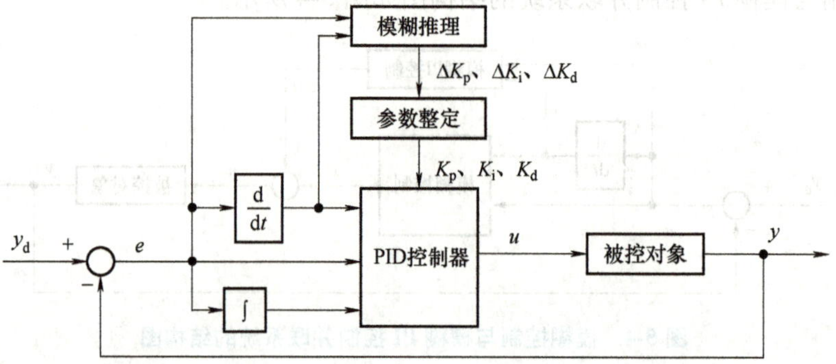

图 5-5 基于模糊自整定参数的 PID 控制系统的结构图

K_i 为积分系数，与系统静态特性有关。积分环节用于消除系统的稳态误差，提高系统的控制精度。积分环节会累积系统的误差，通过调整输出逐渐减小误差。增大 K_i，可以加快消除稳态误差的速度。然而，如果 K_i 过大，响应初期会产生积分饱和现象，进而产生较大超调。

K_d 为微分系数，反映了控制器对误差未来变化的预测能力。微分环节使控制器可以预测误差的变化趋势，并提前做出调整，从而减小超调和振荡。然而，过大的 K_d 会使系统对噪声过于灵敏，放大噪声的影响。

根据 PID 参数对系统动态、静态性能的影响，选定系统性能指标作为参数整定的依据，进而设计模糊整定规则。本小节选定系统误差 e 和误差变化率 ec 作为模糊控制器的输入语言变量，三个系数的增量 ΔK_p、ΔK_i 和 ΔK_d 为模糊控制器的输出，构成一个两输入-三输出的模糊控制器。

本小节中误差 e 定义如下：

$$e=y_d-y \tag{5-17}$$

式中，y_d 为目标输出值，y 为实际输出值。

设计模糊规则需要根据经验找出在不同的 e 和 ec 下，PID 控制系统参数的整定原则，总结如下。

1）比例系数 K_p 的整定原则。当误差 e 为正时，未达到输出目标，应增大 K_p，故 ΔK_p 取正。当误差 e 为负时，说明出现超调，应减小 K_p，故 ΔK_p 取负。当误差在零附近时，结合 ec 考虑，ec 为正时正向误差增大，应增大 K_p，故 ΔK_p 取正；ec 为负时超调变大，应减小 K_p，故 ΔK_p 取负；ec 在零附近时误差基本固定不变，应增大 K_p 来减小误差，故 ΔK_p 取正。

2）积分系数 K_i 的整定原则。为消除稳态误差且避免积分饱和，采取积分分离策略，即只有误差在零附近时，增大 K_i，取 ΔK_i 为正。

3）微分系数 K_d 的整定原则。微分系数反映误差变化趋势，因此结合 e 和 ec 设定原则。当 e 和 ec 同号时，说明响应在向误差绝对值变大的方向发展，此时需要增大 K_d 实施制动，取 ΔK_d 为正；当 e 和 ec 异号时，说明误差绝对值已经在变小，为保持误差变小的趋势，防止反向校正，此时需要减小 K_d，取 ΔK_d 为负；当 e 减小至零附近时，为防止系统出现振荡，应保持一个较小的 K_d 值，取 ΔK_d 为零。

根据上述整定原则，将 e、ec、ΔK_p、ΔK_i 和 ΔK_d 的模糊论域均划分为三个模糊子集 $\{N,Z,P\}$，分别为负、零、正，进而可以给出 ΔK_p、ΔK_i 和 ΔK_d 的模糊规则表，见表 5-1~表 5-3。

表 5-1　ΔK_p 的模糊规则表

ec	e		
	N	Z	P
N	N	N	P
Z	N	P	P
P	N	P	P

表 5-2　ΔK_i 的模糊规则表

ec	e		
	N	Z	P
N	Z	P	Z
Z	Z	P	Z
P	Z	P	Z

表 5-3　ΔK_d 的模糊规则表

ec	e		
	N	Z	P
N	P	Z	N
Z	P	Z	P
P	N	Z	P

选定合理的隶属函数，根据输入变量的模糊值和给定的模糊规则表进行模糊推理，得出 ΔK_p、ΔK_i 和 ΔK_d 的模糊值，再经过去模糊化得出 ΔK_p、ΔK_i 和 ΔK_d 的精确值，最后完成参数的整定。PID 控制器参数整定公式为

$$K_p(k)=K_p(k-1)+\Delta K_p \tag{5-18}$$

$$K_i(k)=K_i(k-1)+\Delta K_i \tag{5-19}$$

$$K_d(k)=K_d(k-1)+\Delta K_d \tag{5-20}$$

式中，k 为参数整定次数。

将整定后的参数用于传统 PID 控制器中，使系统获得比传统 PID 控制更优的控制性能。

本小节给出了基于模糊自整定参数的 PID 控制算法思路，在实际应用中，模糊子集的划分、论域的确定、隶属函数的选择、模糊规则的制定等都需要根据实际系统、工况具体完成。此外，模糊系统输入也不局限于误差 e 和误差变化率 ec，可以根据控制需求选择合适的性能指标作为模糊系统的输入。

5.2.3　模糊 PID 控制实例

采用基于模糊自整定参数的 PID 控制方法实现二阶系统的控制，系统的传递函数为

$$G(s)=\frac{860}{s^2+200s} \tag{5-21}$$

系统的目标输出为阶跃函数，采样时间取 0.001s，采用 z 变换进行离散化。

首先运用 MATLAB 中的 newfis 函数创建一个模糊系统对象，然后定义模糊系统的输入和输出，进而根据 5.2.2 小节给出的 ΔK_p、ΔK_i 和 ΔK_d 的模糊规则表设定模糊推理规则，完成用于整定 PID 参数的模糊系统的构建。模糊系统中选择的 e、ec、ΔK_p、ΔK_i 和 ΔK_d 的隶属函数如图 5-6~图 5-10 所示。

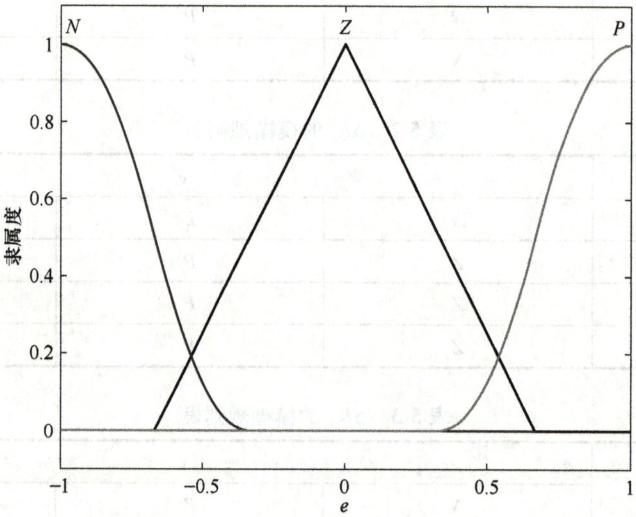

图 5-6　*e* 的隶属函数

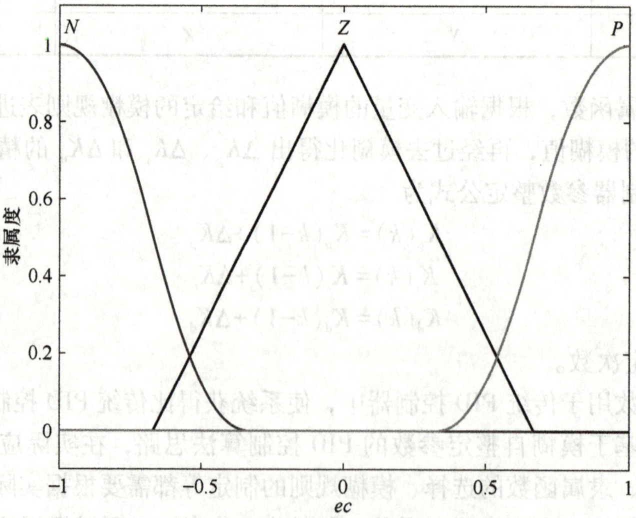

图 5-7　*ec* 的隶属函数

建立的模糊整定 PID 参数推理系统结构图如图 5-11 所示。

运用模糊推理系统对 PID 参数进行整定，取 K_p、K_i 和 K_d 的初始值为零，基于模糊自整定参数的 PID 控制系统响应如图 5-12 所示。

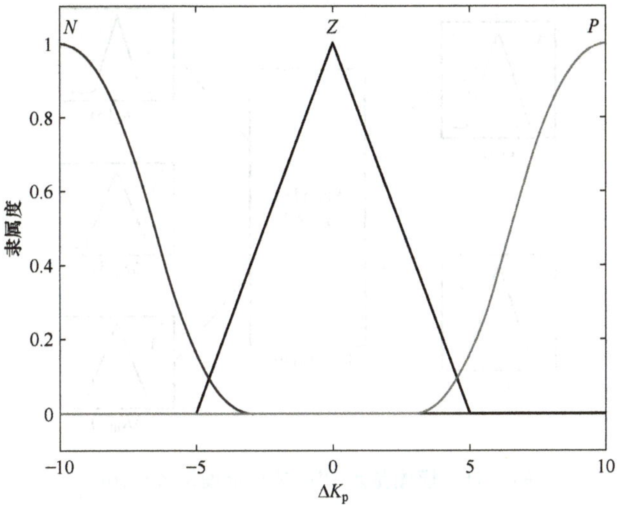

图 5-8　ΔK_p 的隶属函数

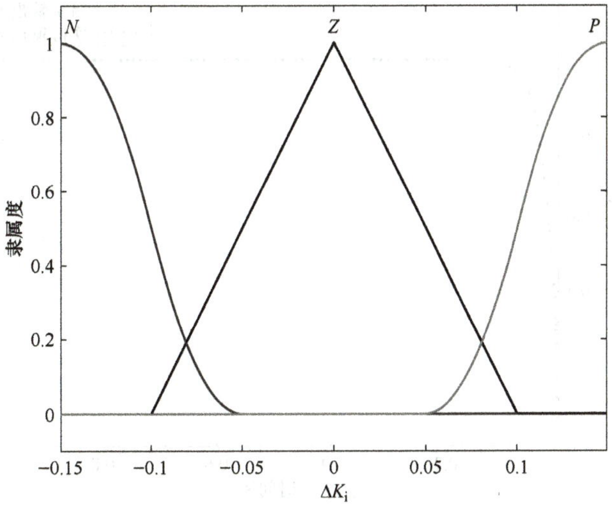

图 5-9　ΔK_i 的隶属函数

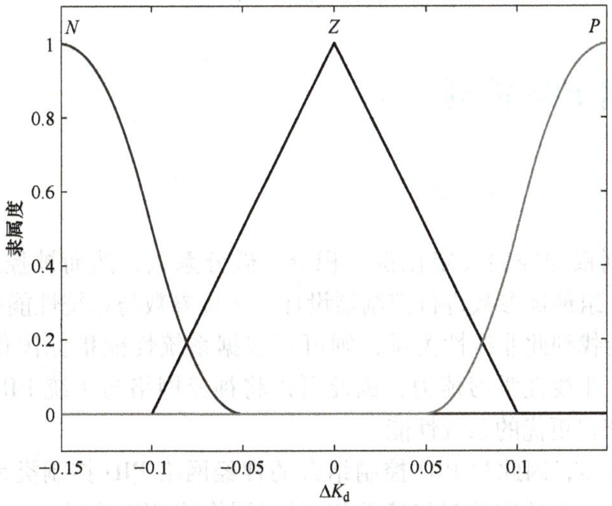

图 5-10　ΔK_d 的隶属函数

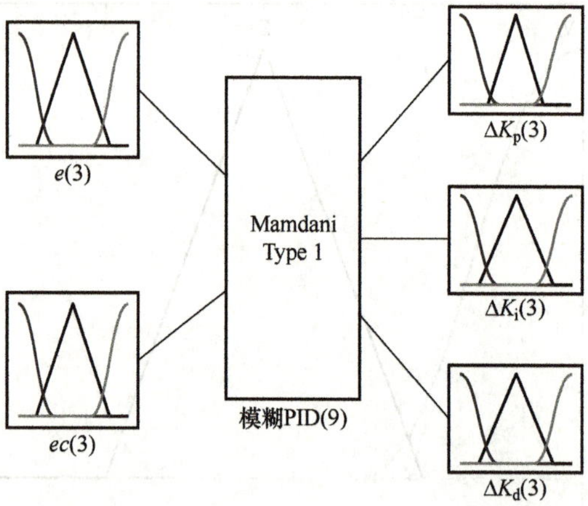

图 5-11 模糊整定 PID 参数推理系统结构图

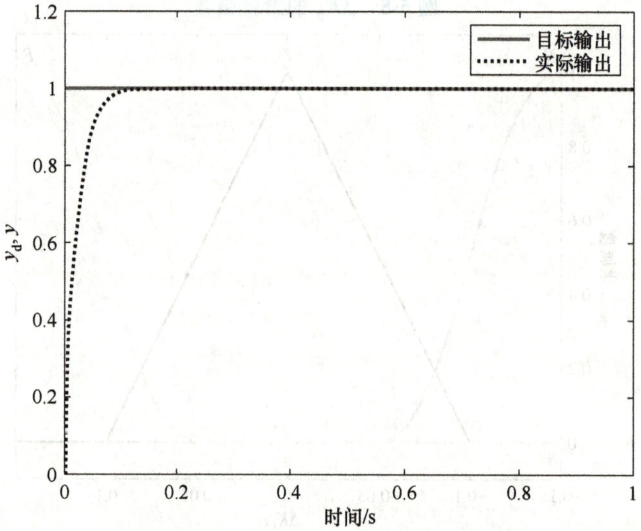

图 5-12 基于模糊自整定参数的 PID 控制系统响应

5.3 神经网络 PID 控制

5.3.1 神经网络 PID 控制原理

传统的 PID 控制根据经验设定比例、积分、微分系数，然而被控对象往往复杂多变，难以根据经验选定一组最优参数进行控制器设计。最优参数与系统性能指标之间存在着复杂的非线性关系，若能找到此非线性关系，则可以根据系统性能指标优化 PID 控制参数。由于神经网络有很强的非线性学习能力，因此可以将神经网络与传统 PID 控制结合，不断优化调整 PID 参数，获得更优的系统性能。

神经网络种类众多，因此与 PID 控制结合的神经网络 PID 控制类型十分多样。本小节主要介绍单神经元 PID 自适应控制和基于 BP 神经网络的 PID 控制。

1. 单神经元 PID 自适应控制

单神经元 PID 自适应控制凭借单个神经元的自学习能力，不断调整控制参数，实现自适应 PID 控制。图 5-13 所示为单神经元 PID 自适应控制系统的结构图。

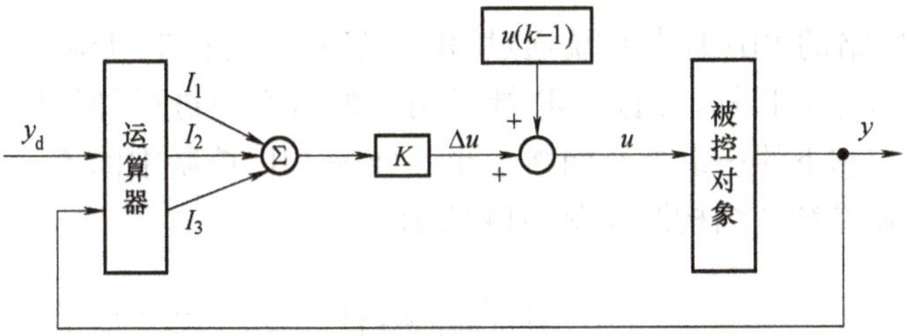

图 5-13　单神经元 PID 自适应控制系统的结构图

定义系统误差为

$$e(k)=y_d(k)-y(k) \tag{5-22}$$

式中，$y_d(k)$为目标输出值，$y(k)$为实际输出值。

控制系统中包含一个神经元，神经元的三个输入信号分别为 I_1、I_2 和 I_3，其中 $I_1(k)=e(k)-e(k-1)$，$I_2(k)=e(k)$，$I_3(k)=e(k)-2e(k-1)+e(k-2)$。该算法采用了增量式 PID 算法的思想，增量式 PID 算法的表达式为

$$\begin{aligned}u(k)&=u(k-1)+\Delta u(k)\\&=u(k-1)+K_p[e(k)-e(k-1)]+K_ie(k)+K_d[e(k)-2e(k-1)+e(k-2)]\end{aligned} \tag{5-23}$$

定义 $w_n(k)(n=1,2,3)$为第 n 个神经元输入 I_n 的权值，相当于增量式 PID 算法中的比例、积分、微分系数。单神经元通过不断学习调整输入的权值 $w_n(k)$，进而实现参数可调的 PID 自适应控制功能。可选用有监督 Hebb 学习规则进行权值调整。有监督 Hebb 学习规则为无监督 Hebb 学习规则和有监督 Delta 学习规则的结合，可表示为

$$\Delta w_{ij}=\lambda[d_j(k)-O_j(k)]O_j(k)O_i(k) \tag{5-24}$$

式中，Δw_{ij}为神经元 i 和 j 的连接权值调整量；λ 为学习率，满足 $\lambda>0$；$d_j(k)$为期望输出；$O_i(k)$和 $O_j(k)$分别代表神经元 i 和 j 的输出。

根据有监督 Hebb 学习规则可知，单神经元权值 $w_n(k)$的调整与神经元的输入、输出及输出偏差有关，因此可将单神经元 PID 算法中参数的具体学习规则写为

$$w_1(k)=w_1(k-1)+\lambda_pe(k)u(k)I_1(k) \tag{5-25}$$

$$w_2(k)=w_2(k-1)+\lambda_ie(k)u(k)I_2(k) \tag{5-26}$$

$$w_3(k)=w_3(k-1)+\lambda_de(k)u(k)I_3(k) \tag{5-27}$$

式中，λ_p、λ_i 和 λ_d 分别为比例、积分和微分环节系数的学习率。

将调节后的权值规范化，可得到最终的单神经元 PID 自适应控制器的输出为

$$u(k)=u(k-1)+K\sum_{n=1}^{3}\eta_n(k)I_n(k) \tag{5-28}$$

$$\eta_n(k)=w_n(k)/\sum_{n=1}^{3}|w_n(k)| \tag{5-29}$$

式中，K 为神经元比例系数，满足 $K>0$。随着 K 的增大，系统响应速度加快，但易增大超调。当被控对象时延增大时，需减小 K 保证系统稳定。当 K 过小时，系统快速性变差。

单神经元 PID 自适应控制器结构简单、学习速度快，有较强鲁棒性。

2. 基于 BP 神经网络的 PID 控制

基于 BP 神经网络的 PID 控制系统通过 BP 神经网络的自学习调节 PID 控制器的参数。以最优化给定性能指标为目标，通过 BP 神经网络的自学习进行神经网络中权值系数的调整，进而产生最优控制下的一组神经网络输出，即为 PID 控制中的 K_p、K_i 和 K_d。基于 BP 神经网络的 PID 控制系统的结构图如图 5-14 所示。

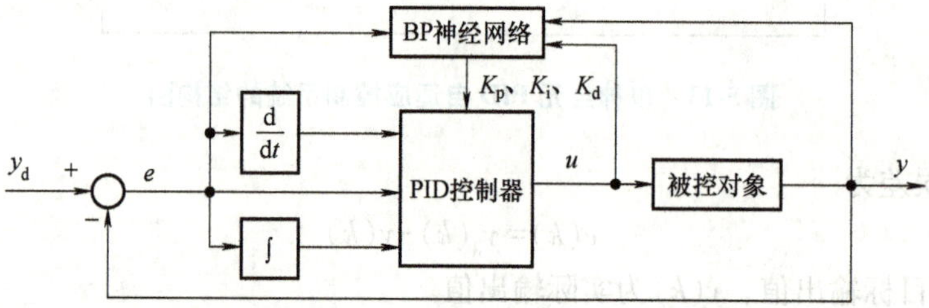

图 5-14　基于 BP 神经网络的 PID 控制系统的结构图

建立一个三层的 BP 神经网络，结构如图 5-15 所示。BP 神经网络的输入为

$$I_i(k)=e(k-i+1),i=1,2,\cdots,n \quad (5\text{-}30)$$

式中，n 代表 BP 神经网络的输入个数，根据被控对象的复杂程度进行设计。

BP 神经网络的隐含层输出为

$$h_j=f(a_j),j=1,2,\cdots,m \quad (5\text{-}31)$$

$$a_j=\sum_{i=1}^{n}(w_{ij}I_i-c_j),j=1,2,\cdots,m \quad (5\text{-}32)$$

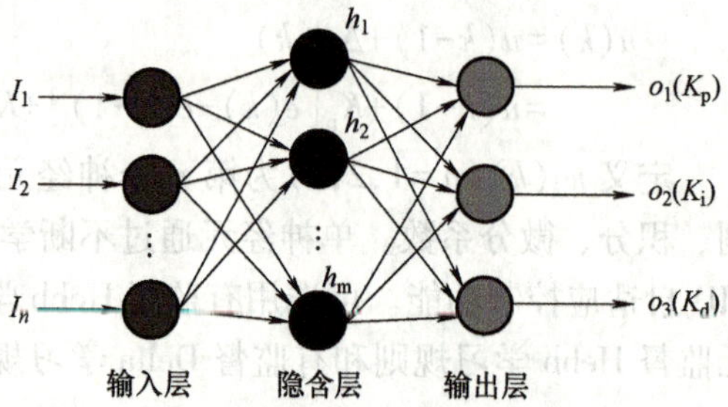

图 5-15　三层 BP 神经网络的结构

式中，m 为隐含层节点个数；$f(\cdot)$ 为隐含层激活函数，可以取为 $f(\cdot)=\tanh(\cdot)$；w_{ij} 是输入层第 i 个节点到隐含层第 j 个节点的权值；c_j 为隐含层第 j 个神经元的阈值。

BP 神经网络的输出为

$$o_l=g(b_l),l=1,2,3 \quad (5\text{-}33)$$

$$b_l=\sum_{j=1}^{m}(w_{jl}h_j-d_l),l=1,2,3 \quad (5\text{-}34)$$

式中，BP 神经网络的输出 $o_l(l=1,2,3)$ 分别为待调参数 K_p、K_i 和 K_d；$g(\cdot)$ 为输出层激活函数，因为待调参数 K_p、K_i 和 K_d 为正值，所以 $g(\cdot)$ 取非负的 S 型函数，可以取为 $g(\cdot)=[1+\tanh(\cdot)]/2$；$w_{jl}$ 是隐含层第 j 个节点到输出层第 l 个节点的权值；d_l 为输出层第 l 个神经元的阈值。

以误差作为系统性能指标，最优化性能指标即希望误差最小，定义性能指标函数为

$$E=\frac{1}{2}[y_d(k)-y(k)]^2 \quad (5\text{-}35)$$

按梯度下降法修正 BP 神经网络的权值系数，即按 E 对权值的负梯度方向调整，有

$$\Delta w_{jl}(k)=\sigma\Delta w_{jl}(k-1)-\gamma\frac{\partial E}{\partial w_{jl}} \tag{5-36}$$

式中，σ 是惯性系数，γ 表示学习速率。

根据式(5-33)~式(5-35)可求得

$$\frac{\partial E}{\partial w_{jl}}=\frac{\partial E}{\partial y(k)}\frac{\partial y(k)}{\partial u(k)}\frac{\partial u(k)}{\partial o_l(k)}\frac{\partial o_l(k)}{\partial b_l(k)}\frac{\partial b_l(k)}{\partial w_{jl}} \tag{5-37}$$

式中，$\frac{\partial y(k)}{\partial u(k)}$往往未知，因此用符号函数 $\mathrm{sgn}\left[\frac{\partial y(k)}{\partial u(k)}\right]$ 取代，$\mathrm{sgn}\left[\frac{\partial y(k)}{\partial u(k)}\right]$ 相比于$\frac{\partial y(k)}{\partial u(k)}$差一个正的常系数，可以通过调整学习速率 γ 来补偿。

根据式(5-23)可求得

$$\frac{\partial u(k)}{\partial o_1(k)}=e(k)-e(k-1) \tag{5-38}$$

$$\frac{\partial u(k)}{\partial o_2(k)}=e(k) \tag{5-39}$$

$$\frac{\partial u(k)}{\partial o_3(k)}=e(k)-2e(k-1)+e(k-2) \tag{5-40}$$

将式(5-37)代入式(5-36)，可得 BP 神经网络隐含层到输出层的权值调整公式为

$$\Delta w_{jl}(k)=\sigma\Delta w_{jl}(k-1)+\gamma\mu_l h_j(k) \tag{5-41}$$

$$\mu_l=e(k)g'(b_l(k))\mathrm{sgn}\left[\frac{\partial y(k)}{\partial u(k)}\right]\frac{\partial u(k)}{\partial o_l(k)} \tag{5-42}$$

同理可得输入层到隐含层的权值调整公式为

$$\Delta w_{ij}(k)=\sigma\Delta w_{ij}(k-1)+\gamma\varphi_j I_i(k) \tag{5-43}$$

$$\varphi_j=f'(a_j(k))\sum_{l=1}^{3}\mu_l w_{jl}(k) \tag{5-44}$$

根据上述权值调整公式，BP 神经网络可以向着最优化性能指标的方向不断优化学习，进而通过神经网络输出不断调整 PID 参数，实现系统的 PID 最优控制。

5.3.2　神经网络 PID 控制系统实例

本小节采用单神经元 PID 自适应控制方法实现被控对象的跟踪控制，采样时间取 0.001s，被控对象由如下差分方程给出：

$$y(k)=0.3y(k-1)+0.2y(k-2)+0.1u(k-1)+0.6u(k-2) \tag{5-45}$$

控制被控对象跟踪三种不同的期望信号，分别为：

① 单位阶跃信号。

② 方波信号，具体表达式为 $y_{\mathrm{d}}(t)=0.3\mathrm{sgn}(\sin 3\pi t)$。

③ 正弦信号，具体表达式为 $y_{\mathrm{d}}(t)=\sin 2\pi t$。采用有监督的 Hebb 学习规则进行单神经元权值的更新，取比例、积分和微分环节系数的学习率分别为 $\lambda_{\mathrm{p}}=150$、$\lambda_{\mathrm{i}}=50$ 和 $\lambda_{\mathrm{d}}=150$，取神经元比例系数 K 为 0.2。图 5-16~图 5-18 所示为系统对三种期望信号的跟踪结果。

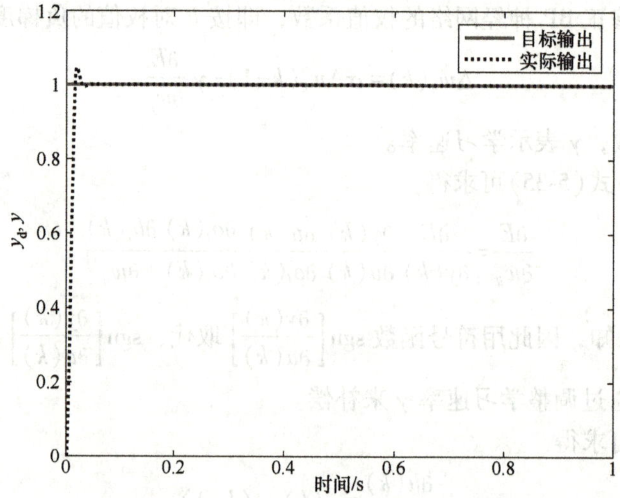

图 5-16　系统对单位阶跃信号的跟踪结果

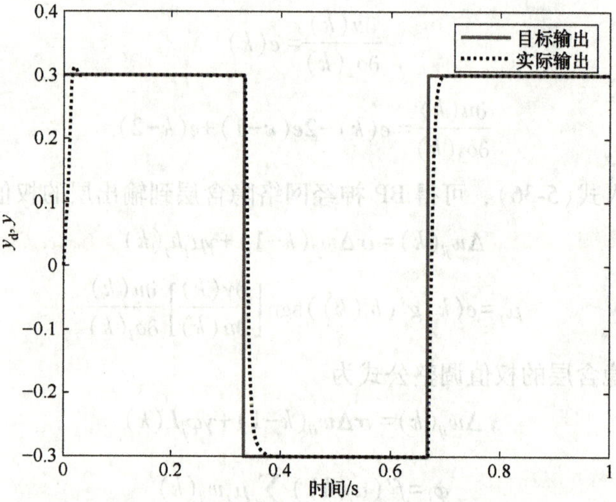

图 5-17　系统对方波信号的跟踪结果

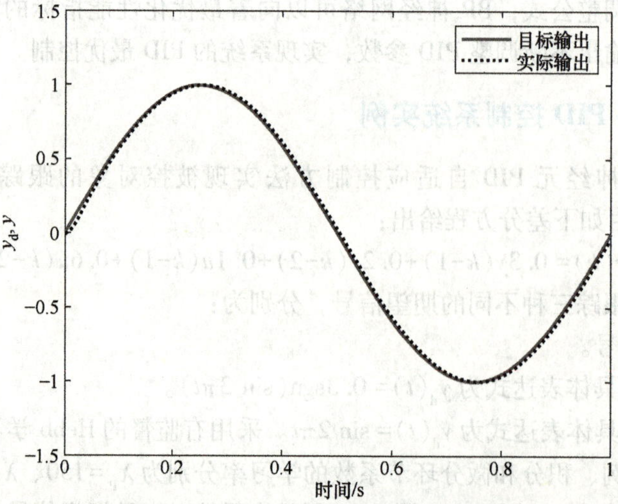

图 5-18　系统对正弦信号的跟踪结果

本章小结

本章介绍了三类智能控制算法与传统 PID 控制的结合，分别为专家 PID 控制、模糊 PID 控制和神经网络 PID 控制。传统 PID 控制器的结构固定且参数通常依靠经验人为给定，灵活性低，面对复杂多变的被控对象和实际工况，控制效果可能会受到影响。智能控制算法的引入大大增加了传统 PID 控制的灵活性、鲁棒性，使控制系统在延用传统 PID 控制思想的同时拥有更优的控制性能。

思考题与习题

5-1　简述 PID 控制中比例、积分、微分环节的作用以及三个环节的系数 K_p、K_i、K_d 对系统性能的影响。

5-2　简述专家 PID 控制器的组成结构和工作原理。

5-3　5.2.2 小节中模糊自整定 PID 参数时将 e、ec、ΔK_p、ΔK_i 和 ΔK_d 的模糊论域均划分为三个模糊子集 $\{N,Z,P\}$ 进行模糊规则的制定，以此为参考，讨论将模糊论域均划分为五个模糊子集 $\{NB,NS,Z,PS,PB\}$ 时的模糊规则，并实现 5.2.3 小节中二阶系统对阶跃函数的跟踪控制。

5-4　给出如下被控对象：

$$y(k)=0.3y(k-1)+0.2y(k-2)+0.1u(k-1)+0.6u(k-2) \tag{5-46}$$

运用基于 BP 神经网络的 PID 控制方法实现被控对象对正弦信号 $y_d(t)=\sin 2\pi t$ 的跟踪控制。

5-5　除了本章介绍的三种智能 PID 控制方法，还有许多其他的智能算法与 PID 控制的结合。请通过查询资料学习一种智能 PID 算法，了解其原理及应用。

参考文献

[1]　李少远，王景成. 智能控制[M]. 2 版. 北京：机械工业出版社，2009.
[2]　郭广颂. 智能控制技术[M]. 北京：北京航空航天大学出版社，2014.
[3]　刘金琨. 智能控制[M]. 5 版. 北京：电子工业出版社，2022.
[4]　刘金琨. 先进 PID 控制 MATLAB 仿真[M]. 5 版. 北京：电子工业出版社，2023.
[5]　罗兵，甘俊英，张建民. 智能控制技术[M]. 北京：清华大学出版社，2011.

第 6 章　学习控制

导读

学习是提高智能水平的基本途径。具有学习能力是智能控制的一个重要属性，也是智能控制的一个重要研究方向。本章将学习能力引入控制系统，首先介绍学习控制的基本概念，然后讲解三种主流的学习控制方法，并用相关实例说明各种学习控制方法的实际应用。

本章知识点

- 学习控制的基本概念
- 重复控制
- 迭代学习控制
- 强化学习控制

众所周知，学习是提高智能水平的基本途径。如果一个控制系统能对一个过程或其环境的未知特征所固有的信息进行学习，并将得到的经验用于进一步估计、分类、决策或控制，从而使系统的品质得到改善，那就称此系统为学习控制系统。

虽然学习这一概念在日常生活中使用极其广泛，但目前并没有关于学习的公认统一定义。因学习概念丰富而又难以界定，学习控制目前也缺乏系统性的理论表述。但综合各专家学者对学习控制的定义，学习控制系统可以认为是一类能够自主学习过程及过程周围环境的未知信息，并将获得的信息作为经验有机融入下一步估计、分类、决策或控制，以逐步改善闭环系统性能的控制系统。

对学习控制系统的研究最早可以追溯到 20 世纪 50 年代提出的学习机。学习机是一种模拟人的记忆和条件反射的自动装置，下棋机是学习机早期研究阶段的成果。20 世纪 60 年代发展了基于模式识别的学习控制方法和系统，包括基于贝叶斯估计的学习。20 世纪 70 年代末至 80 年代初，日本 Uchiyama 等提出了重复控制系统，随后 Inoue 和 Nakano 等从频域角度发展了重复控制，宫崎等人提出了迭代学习控制系统和方法。20 世纪 80 年代，连接主义学习为学习控制注入了新动力。随着电子信息技术和人工智能的迅猛发展，强化学习和深度强化学习的崛起将学习控制推向了高潮。

6.1 学习控制的基本概念

学习是指获取新知识、新技能等的过程。它是获取知识的主要方式，也是提高智能水平的基本途径。将学习能力引入控制系统，运用控制理论的基本原理和方法分析、研究学习过程，便得到学习控制。

本节将介绍学习控制的一些基本概念，包括学习控制的研究动机、定义、特点和分类。

6.1.1 学习控制的研究动机

在工程实践中，一方面，物理系统不可避免地受到外界周围环境的影响，这些影响通常难以用模型精确描述。另一方面，当某些物理系统的先验信息局部或完全未知时，也无法获得物理系统的精确数学模型。因此，实际系统不可避免地存在各种未知的不确定性。

分析和设计控制系统时，一方面，如果能够获得被控对象的确定性描述且其先验知识完全已知，那么很多经典控制策略(如频域设计方法、状态反馈控制、输出反馈控制、最优控制等)都可用于控制系统设计，并获得满意的控制性能。另一方面，如果只能得到被控对象的统计性描述(如概率分布等)且其先验信息局部或全局已知，那么随机系统理论可用于控制系统设计。但是如上所述，工程实践中不可避免的各种不确定性导致无法获得被控对象的精确数学模型，很多经典控制策略无法直接用于系统设计。

对于先验知识未知的情况，可以采取如下两种解决方案。一种是较为保守的控制方案，即通过直接忽略未知信息或基于未知信息猜测值进行系统设计。这通常只能获得一般或次优的控制效果。另一种是在运行过程中对未知信息进行估计，基于估计信息并采用优化控制方法进行系统设计。如果这种估计能逐渐逼近未知信息的真实情况，那么就可与先验信息完全已知的情况一样，得到满意的优化控制性能。

如果控制系统能够逐步改善对未知信息的估计精度，那么控制性能也会逐步提升，这便是学习控制的研究动机。

6.1.2 学习控制的定义和特点

《韦氏词典》对“学习”词条的一个释义是“基于经验对行为的修正”。学习控制是指通过各种技术或方法，使系统在运行过程中能够学习环境和被控对象的各种未知的不确定信息，然后将学到的信息作为“经验”用于未来决策或控制，以改进控制性能。学习控制通过对未知信息的估计逐步改善控制性能或降低不确定性对系统控制性能的不利影响。从上述学习控制的定义来看，学习问题可以看作函数未知量的估计或逐次逼近问题，该函数表征被控系统的本身特性。

上述定义说明学习控制具有如下四个特点：

1）有一定的自主性。学习控制系统的性能是自我改进的。

2）是一种动态过程。学习控制系统的性能随时间而变，性能的改进在与外界反复作用的过程中进行。

3）有记忆功能。学习控制系统需要积累经验，用以改进其性能。

4）有性能反馈。学习控制系统需要明确当前性能与某个目标性能之间的差距，以施加改进操作。

学习控制的任务是在系统运行过程中估计未知的不确定信息，并基于这种估计的信息确定最优控制策略，从而逐步改进系统性能。因此，学习控制通过自动获取知识、积累经验、不断更新和扩充知识，以实现改善控制性能的目的。

应当指出，学习控制所面临的系统特性在一定环境条件下是确定的，尽管事先并不清楚，但是随着过程的发展可以弄清楚。也就是说，不可知的信息无法学习，学习是对事先未知的规律性知识的学习。

6.1.3 学习控制的分类

学习控制大致可以分为有外部监督的学习控制（离线学习控制）、无外部监督的学习控制（非监督学习控制或在线学习控制）和强化学习控制。

在有外部监督的学习控制过程中，期望答案（如系统的期望输出或期望的最佳控制动作）通常被认为是精确的。在已知答案的指导下，控制器修改其控制策略或控制参数以提高系统性能。

在无外部监督的学习控制过程中，期望答案并不完全为人所知。通常采用两种方法设计学习控制器，第一种方法是通过考虑所有可能的答案来执行学习过程，第二种方法是控制器使用性能指标来指导学习过程。学习到的信息被视为控制器的经验，当类似的控制情况再次出现时，经验可用于改善控制质量。从重复控制情况中提取新信息用于更新与该控制情况相关的估计或经验，从不同控制情况中提取信息用于获得不同的经验。类似控制情况可以分组形成一类控制情况。一些学习控制器的主要功能包括对不同类别控制情况进行分类，以便可以逐步为各类控制情况和可接受的控制动作建立最佳控制策略。

不同于上述有监督和无监督学习，强化学习使用训练信息来评估所采取的动作，而不是通过给予正确的动作来指导学习过程。在强化学习过程中，虽然期望答案并不完全为人所知，但这并不意味着没有监督作用。强化学习根据重复训练信息所获得的奖励来自行改变控制规则。

自20世纪70年代初以来，学习控制的研究方向主要包括基于模式识别的学习控制、基于重复的学习控制（即重复控制）、基于迭代的学习控制（即迭代学习控制）、强化学习控制、基于人工神经网络的学习控制等。下面着重介绍重复控制、迭代学习控制和强化学习控制。

6.2 重复控制

工业过程中存在很多具有周期性运动特点的控制任务，如数控车削中刀具的径向往复运动控制，工业机械臂的周期性轨迹跟踪控制。此外，生产实践中不可避免地存在一些周期性信号，如计算机硬盘驱动、光盘驱动中产生的周期性扰动，交流功率调节系统中输出电压的周期性跟踪误差，脉宽调制逆变器或不间断电源的输出波形畸变等。重复控制是处理上述周期性控制任务或周期性信号的有效方法。

6.2.1　重复控制的定义

重复控制最初是为实现质子同步加速器励磁电源中电流和电压的高精度控制而提出的一种周期信号高精度控制策略。重复控制是一种简单的学习控制方法，它通过学习前一周期的控制经验来改善当前周期的控制行为，从而随着过程的重复不断地改善控制性能。与后续介绍的迭代学习控制不同，重复控制的整个过程是连续的，即前一周期的控制终点是后一周期的控制起点。而迭代学习控制中每次控制行为是相互独立的。

由于重复控制器具有结构简单、操作简便、控制精度高等优点，自提出以来便受到众多学者的关注。关于重复控制的研究，目前已取得了一系列研究成果，且被成功应用于各个领域，如硬盘驱动装置、机器人、旋转运动控制系统、不间断电源逆变器、电压源逆变器、风力发电中的阵风减缓控制、气象卫星伺服控制等。

6.2.2　重复控制的基本算法

重复控制是一种基于内模原理的简单学习控制策略，通过学习并保存前一周期的控制误差改善当前周期的控制作用，如此重复性的操作能有效地提高系统控制精度。本小节介绍两类常用的重复控制器，用于跟踪或抑制周期性的参考信号或扰动信号。

1. 原型重复控制器

基本的重复控制器也称为原型重复控制器，如图 6-1 所示。其中，$e(t)$ 和 $c(t)$ 分别为原型重复控制器的输入和输出信号，T 为周期信号的周期，e^{-Ts} 为时滞环节。由图 6-1 可知，当 $t>T$ 时，原型重复控制器通过学习上一周期的误差信号实现对周期信号的渐进跟踪控制。原型重复控制器的表达式为

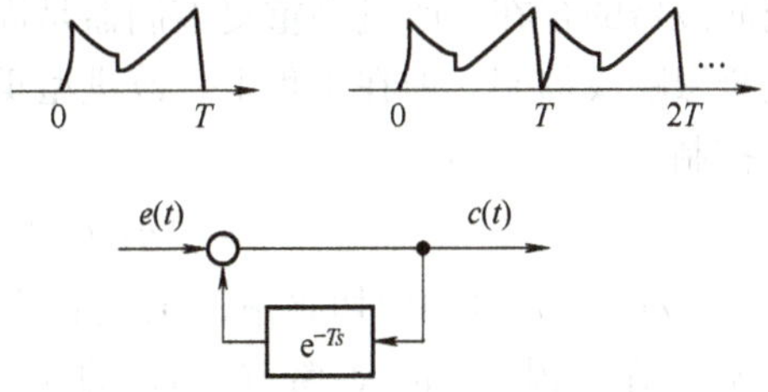

图 6-1　原型重复控制器

$$c(t)=\begin{cases}e(t), & 0\leqslant t\leqslant T\\ e(t)+e(t-T), & t>T\end{cases}$$

下面从频域角度解释原型重复控制器对周期信号的控制性能。假设周期 $T=0.1\text{s}$，原型重复控制器的伯德图如图 6-2 所示。由图 6-2 可知，原型重复控制器在周期信号的基频和倍频处具有无穷大的控制增益。因此，包含原型重复控制器的闭环控制系统能够实现对周期信号的有效跟踪或抑制。

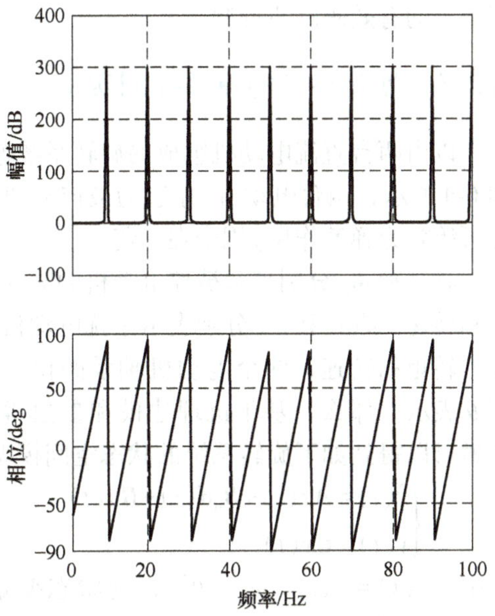

图 6-2　原型重复控制器的伯德图

2. 改进型重复控制器

尽管原型重复控制器为周期信号的高精度跟踪或抑制提供了一个有效的控制方案，但对于严格正则的被控系统（即传递函数的分母多项式阶次严格大于分子多项式阶次），原型重复控制系统无法被镇定。在时滞正反馈控制回路中

串联一个低通滤波器 $q(s)$，形成如图 6-3 所示的改进型重复控制器，以实现对严格正则系统的重复控制。

设低通滤波器 $q(s)$ 为

$$q(s)=\frac{1}{T_q s+1} \tag{6-1}$$

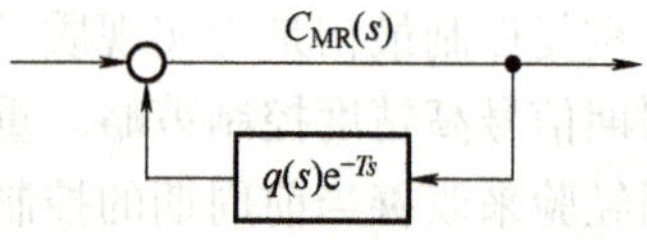

图 6-3　改进型重复控制器

式中，T_q 为低通滤波器的滤波时间常数。改进型重复控制器的传递函数为

$$C_{MR}(s)=\frac{1}{1-q(s)e^{-Ts}} \tag{6-2}$$

令$(\delta+j\omega)$为改进型重复控制器 $C_{MR}(s)$ 的特征多项式的根，从而可得

$$\frac{e^{-T\delta}}{\sqrt{(T_q\delta+1)^2+(T_q\omega)^2}}e^{-j\arctan\frac{T_q\omega}{T_q\delta+1}-jT\omega}=1 \tag{6-3}$$

由于式(6-3)为一个无穷维多项式，无法获得$(\delta+j\omega)$的解析表达式。但是我们可以得出改进型重复控制器的特征值$(\delta+j\omega)$位于 s 平面的左半平面，因为如果 $\delta>0$，$q(\delta+j\omega)e^{-T(\delta+j\omega)}$ 的模将小于 1，这与$(\delta+j\omega)$为式(6-2)的特征根矛盾。由此可知，低通滤波器将原型重复控制器的无穷多个虚轴极点转移到了 s 平面的左半平面，因而提高了系统的可镇定性。由于低通滤波器的存在，改进型重复控制器是周期信号的近似发生模型，因而无法实现周期信号的完全跟踪或抑制。但在工程上，改进型重复控制器仍能确保对满足下述条件的谐波实现高精度控制：

$$|q(j\omega_q)|\approx 1,\quad \forall\omega_q\in[0,\omega_c]$$

式中，ω_q 为 $q(s)$ 的剪切频率，ω_c 为最大跟踪控制频率。为确保有效跟踪，$\omega_q=1/T_q$ 应远大于 ω_c。在工程上，ω_q 通常取为 ω_c 的 5~10 倍。考虑到随着谐波次数的增加，谐波信号的幅值将越来越小，它们对周期信号的影响程度也将变小，所以改进型重复控制器仍能实现对周期信号的有效跟踪或抑制。

6.2.3　旋转系统的重复控制实例

以由两台直流电动机组成的旋转系统速度跟踪控制问题为例，旋转系统的结构示意图如图 6-4 所示，两台电动机(左边为被控电动机，右边为干扰电动机)的轴承通过联轴器(其特性可等效为弹簧作用)耦合在一起。

$u(t)$和 ω_p 分别表示被控电动机的输入转矩和转速，$d(t)$和 ω_d 分别表示干扰电动机的输入转矩和转速，两个电动机轴承的扭转角用 θ 表示。那么，基于机理建模和参数辨识技术可以得到如下旋转系统的状态空间模型：

$$\begin{cases}\dot{x}(t)=Ax(t)+B_d d(t)+Bu(t)\\ y(t)=Cx(t)\end{cases}$$

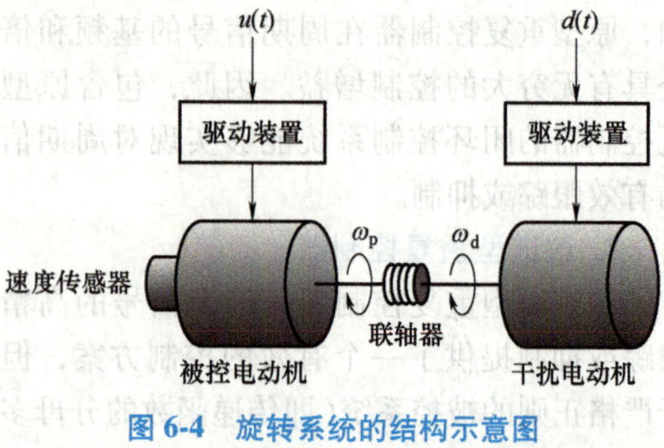

图 6-4　旋转系统的结构示意图

式中，$x(t)=[\omega_p\quad\omega_d\quad\theta]^T$，为状态变量；$u(t)$为控制输入；$d(t)$为扰动输入；$y(t)=\omega_p(t)$，为系统输出；各参数矩阵如下：

$$\boldsymbol{A}=\begin{bmatrix}-31.31 & 0 & -2.833\times10^4\\ 0 & -10.25 & 8001\\ 1 & -1 & 0\end{bmatrix},\boldsymbol{B}=\begin{bmatrix}28.06\\0\\0\end{bmatrix},\boldsymbol{B}_\mathrm{d}=\begin{bmatrix}0\\7.210\\0\end{bmatrix},\boldsymbol{C}=[1\quad 0\quad 0]$$

基于改进型重复控制器的旋转控制系统结构框图如图 6-5 所示。由图 6-5 可知，该重复控制系统主要由被控对象、改进型重复控制器和状态反馈控制器三部分组成。在改进型重复控制器中，T 为周期性参考输入或外界干扰的周期。

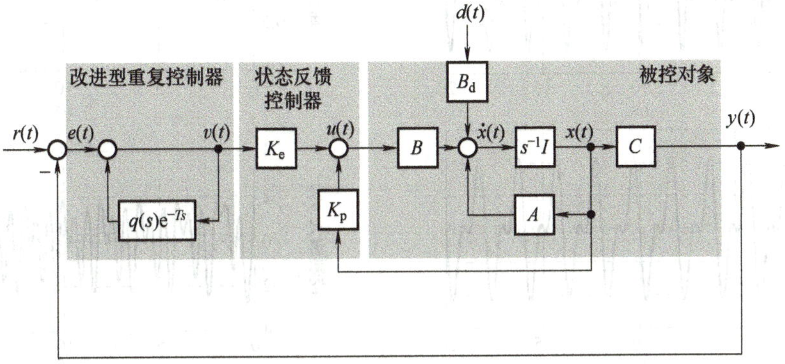

图 6-5 基于改进型重复控制器的旋转控制系统结构框图

不失一般性地，改进型重复控制器中的低通滤波器选为

$$q(s)=\frac{\omega_\mathrm{q}}{s+\omega_\mathrm{q}}$$

设计 ω_q 使得 $|q(\mathrm{j}\omega_\mathrm{q})|\approx1$，$\forall\,\omega_\mathrm{q}\in[0,\omega_\mathrm{c}]$。改进型重复控制器的状态空间模型为

$$\begin{cases}\dot{x}_\mathrm{f}(t)=-\omega_\mathrm{q}x_\mathrm{f}(t)+\omega_\mathrm{q}x_\mathrm{f}(t-T)+\omega_\mathrm{q}e(t)\\ v(t)=e(t)+x_\mathrm{f}(t-T)\end{cases}$$

式中，$x_\mathrm{f}(t)$ 为低通滤波器的状态变量；$v(t)$ 为改进型重复控制器的输出；$e(t)=r(t)-y(t)$，为重复控制系统的跟踪误差。

基于状态反馈建立如下控制律：

$$u(t)=K_\mathrm{e}v(t)+\boldsymbol{K}_\mathrm{p}\boldsymbol{x}(t)$$

式中，$\boldsymbol{K}_\mathrm{e}$ 为重复控制器增益；$\boldsymbol{K}_\mathrm{p}$ 为状态反馈增益。

图 6-5 所示的改进型重复控制系统的设计问题可以描述为：对于给定的剪切频率 ω_q，设计反馈控制器增益 $\boldsymbol{K}_\mathrm{e}$ 和 $\boldsymbol{K}_\mathrm{p}$，使系统在上述状态反馈控制律的作用下稳定，同时具有满意的稳态和动态跟踪响应性能。

假设周期性参考输入和干扰（见图 6-6）分别为

$$r(t)=\sin\,\pi t+0.5\sin\,2\pi t+0.5\sin\,3\pi t$$

$$d(t)=3\sin\,\pi t+2\sin\,2\pi t$$

周期性参考输入和干扰的周期为 $T=2\mathrm{s}$。

选择低通滤波器的剪切频率 $\omega_\mathrm{q}=100\mathrm{rad/s}$，设计如下反馈控制器的增益：

$$K_\mathrm{e}=21.4443,\quad \boldsymbol{K}_\mathrm{p}=[-9.6\quad 0\quad 1009.5]$$

基于改进型重复控制器的旋转控制系统输出响应如图 6-7 所示。由图 6-7 可知，闭环控制系统稳定，且经过两个周期后，旋转控制系统的输出进入稳定状态，稳态误差趋于 0。

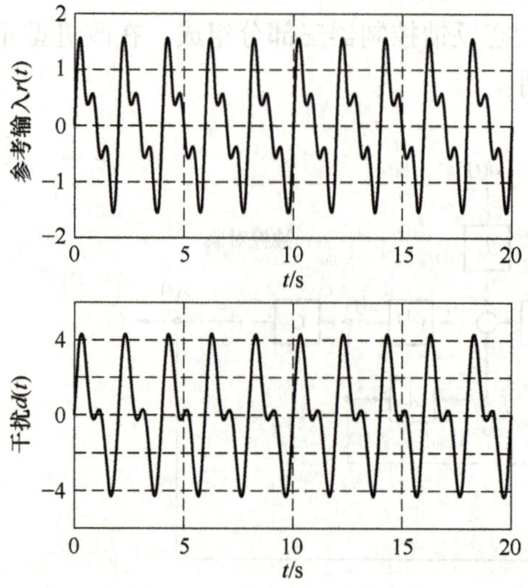

图 6-6　周期性参考输入和干扰

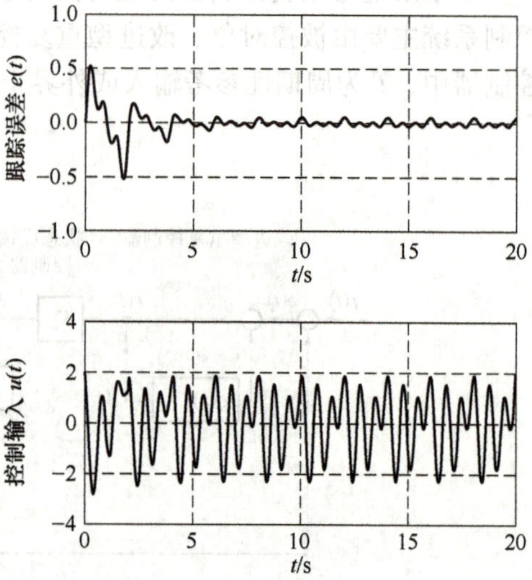

图 6-7　基于改进型重复控制器的旋转控制系统输出响应

6.3　迭代学习控制

对于人类来说，从过往误差或错误中学习是掌握并习得新技能的好方法。迭代学习控制模拟了人脑学习和自我调节的功能，是学习控制的一个重要分支。

迭代学习控制方法由 Uchiyama 于 1978 年首先提出，但由于用日文发表，影响小，后来由 Arimoto 等于 1984 年用英文发表。该方法的基本策略是，针对一类在有限区间上重复运行的非线性动态系统，利用前一次或前几次操作时测得的误差信息和控制输入信息修正当前循环的控制输入，使该重复任务在该次操作过程中做得更好。如此不断重复，直到在整个时间区间上，系统的输出完全跟踪期望轨迹。

迭代学习控制自被提出以来一直是控制界研究的热点之一。目前，迭代学习控制在学习算法、收敛性、鲁棒性、学习速度及工程应用的研究上取得了很大的进展。相关文献全面、系统地介绍了迭代学习控制的研究成果。迄今为止，绝大多数迭代学习控制的研究基于压缩映射和不动点原理。

迭代学习控制通过反复应用先前试验得到的信息来获得能够产生期望输出轨迹的控制输入，以改善控制质量。与传统的控制方法不同的是，迭代学习控制能以非常简单的方式处理不确定度相对高的动态系统，且仅需较少的先验知识和计算量。更主要的是，它不依赖于动态系统的精确数学模型，是一种以迭代方式产生优化输入信号，使系统输出尽可能逼近理想值的算法。迭代学习控制对具有较强非线性耦合、和高精度控制要求、难以建模的动力学系统有着非常重要的意义。

6.3.1 迭代学习控制的基本原理

迭代学习控制是一种动态系统控制优化技术，其基本思想是通过反复试错和调整，逐步改善系统性能，最终达到控制目标。迭代学习控制的核心是利用系统的迭代特性，在每个迭代周期中，系统根据当前输入获得输出响应，并使用性能指标计算输出误差，然后根据该误差更新输入信号，以期在下一次迭代中减少误差，提升系统性能。通过不断重复这一过程，系统逐渐学习和收敛到最佳的控制输入，从而实现对系统性能的优化控制。

设被控对象的动态过程为

$$\dot{\boldsymbol{x}}(t)=f(\boldsymbol{x}(t),\boldsymbol{u}(t),t),\quad \boldsymbol{y}(t)=g(\boldsymbol{x}(t),\boldsymbol{u}(t),t) \tag{6-4}$$

式中，$\boldsymbol{x}(t)\in R^n$、$\boldsymbol{y}(t)\in R^m$ 和 $\boldsymbol{u}(t)\in R^r$ 分别为系统的状态、输出和输入变量；f 和 g 为适当维数的向量函数，其结构与参数均未知。若期望控制 $\boldsymbol{u}_{\mathrm{d}}(t)$ 存在，那么迭代学习控制的目标可以描述为：在给定期望输出 $\boldsymbol{y}_{\mathrm{d}}(t)$ 和每次运行的初始状态 $x_k(0)\ (k=1,\cdots,m)$ 的条件下，基于适当的学习控制算法，通过 m 次迭代的学习作用，在给定的时间范围 $t\in[0,T]$ 内，第 m 次控制输入 $\boldsymbol{u}_m(t)\to\boldsymbol{u}_{\mathrm{d}}(t)$，而系统输出 $\boldsymbol{y}_m(t)\to\boldsymbol{y}_{\mathrm{d}}(t)$。

第 k 次运行时，式(6-4)表示为

$$\dot{\boldsymbol{x}}_k(t)=f(\boldsymbol{x}_k(t),\boldsymbol{u}_k(t),t),\boldsymbol{y}_k(t)=g(\boldsymbol{x}_k(t),\boldsymbol{u}_k(t),t)$$

跟踪误差为

$$\boldsymbol{e}_k(t)=\boldsymbol{y}_{\mathrm{d}}(t)-\boldsymbol{y}_k(t)$$

迭代学习控制可分为开环学习和闭环学习。开环学习策略的第 k+1 次的控制是第 k 次控制加上第 k 次输出误差的校正项，即

$$\boldsymbol{u}_{k+1}(t)=\boldsymbol{L}(\boldsymbol{u}_k(t),\boldsymbol{e}_k(t))$$

闭环学习策略是取第 k+1 次运行的误差作为学习的修正项，即

$$\boldsymbol{u}_{k+1}(t)=\boldsymbol{L}(\boldsymbol{u}_k(t),\boldsymbol{e}_{k+1}(t))$$

式中，$\boldsymbol{L}$ 为线性或非线性算子。

6.3.2 迭代学习控制的基本算法

Arimoto 等首先给出了线性时变连续系统的 D 型迭代学习控制律

$$\boldsymbol{u}_{k+1}(t)=\boldsymbol{u}_k(t)+\boldsymbol{\Gamma}\dot{\boldsymbol{e}}_k(t)$$

式中，$\boldsymbol{\Gamma}$ 为常数增益矩阵。在 D 型算法的基础上，相继出现了 P 型、PI 型、PD 型迭代学习控制律。从一般意义来看，它们都是 PID 型迭代学习控制律的特殊形式，PID 型迭代学习控制律表示为

$$\boldsymbol{u}_{k+1}(t)=\boldsymbol{u}_k(t)+\boldsymbol{\Gamma}\ddot{\boldsymbol{e}}_k(t)+\boldsymbol{\Phi}\boldsymbol{e}_k(t)+\boldsymbol{\Psi}\int_0^t\boldsymbol{e}_k(\tau)\mathrm{d}\tau \tag{6-5}$$

式中，$\boldsymbol{\Gamma}$、$\boldsymbol{\Phi}$、$\boldsymbol{\Psi}$ 为学习增益矩阵。在式(6-5)中，误差信息若使用 $\boldsymbol{e}_k(t)$，则称为开环迭代学习控制；若使用 $\boldsymbol{e}_{k+1}(t)$，则称为闭环迭代学习控制；若同时使用 $\boldsymbol{e}_k(t)$ 和 $\boldsymbol{e}_{k+1}(t)$，则称为开闭环迭代学习控制。

此外，还有高阶迭代学习控制算法、最优迭代学习控制算法、遗忘因子迭代学习控制算法和反馈-前馈迭代学习控制算法等。

6.3.3 机械臂的迭代学习控制实例

以图 6-8 所示的双关节串联机械臂为例，其中，关节 1 和关节 2 的质量分别为 m_1、m_2，转动惯量分别为 I_1、I_2，杆长分别为 l_1、l_2，质心分别为 k_1、k_2，两质心离两关节中心的距离分别为 p_1、p_2。

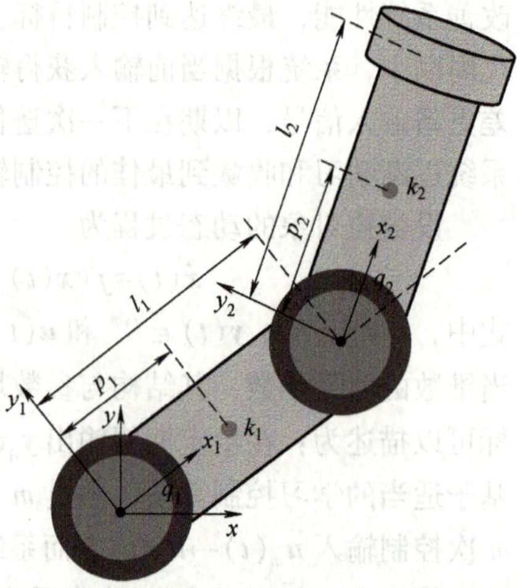

图 6-8 双关节串联机械臂

基于拉格朗日建模方法，可以获得由如下二阶非线性微分方程描述的动力学模型：

$$\boldsymbol{D}(\boldsymbol{q})\ddot{\boldsymbol{q}}+\boldsymbol{C}(\boldsymbol{q},\dot{\boldsymbol{q}})\dot{\boldsymbol{q}}+\boldsymbol{G}(\boldsymbol{q})=\boldsymbol{\tau}-\boldsymbol{\tau}_{\mathrm{d}} \tag{6-6}$$

式中，$\boldsymbol{q}=[q_1 \quad q_2]^{\mathrm{T}}$ 为关节角位移量，$\dot{\boldsymbol{q}}=[\dot{q}_1 \quad \dot{q}_2]^{\mathrm{T}}\in R^2$ 为关节角速度量，$\boldsymbol{D}(\boldsymbol{q})\in R^{2\times2}$ 为机器人的惯性矩阵，$\boldsymbol{C}(\boldsymbol{q},\dot{\boldsymbol{q}})\in R^2$ 表示离心力和科氏力，$\boldsymbol{G}(\boldsymbol{q})\in R^2$ 为重力项，$\boldsymbol{\tau}=[\tau_1 \quad \tau_2]^{\mathrm{T}}\in R^2$ 为控制力矩，$\boldsymbol{\tau}_{\mathrm{d}}\in R^2$ 为扰动。设系统所要跟踪的期望轨迹为 $\boldsymbol{y}_{\mathrm{d}}(t)$，$t\in[0,T]$。进一步地，式(6-6)中各项具体表示如下：

$$\boldsymbol{D}(\boldsymbol{q})=\begin{bmatrix} m_1p_1^2+m_2(l_1^2+p_2^2+2l_1p_2\cos q_2)+I_1+I_2 & m_2(p_2^2+l_1p_2\cos q_2)+I_2 \\ m_2(p_2^2+l_1p_2\cos q_2)+I_2 & m_2p_2^2+I_2 \end{bmatrix}$$

$$\boldsymbol{C}(\boldsymbol{q},\dot{\boldsymbol{q}})=\begin{bmatrix} -m_2l_1p_2\dot{q}_2\sin q_2 & -m_2l_1p_2(\dot{q}_1+\dot{q}_2)\sin q_2 \\ m_2l_1p_2\dot{q}_1\sin q_2 & 0 \end{bmatrix}$$

$$\boldsymbol{G}(\boldsymbol{q})=\begin{bmatrix} (m_1p_1+m_2l_1)g\cos q_1+m_2p_2g\cos(q_1+q_2) \\ m_2p_2g\cos(q_1+q_2) \end{bmatrix}$$

下面采用如下 PD 型反馈迭代学习控制算法进行控制算法设计：

$$\boldsymbol{\tau}_{k+1}(t)=\boldsymbol{\tau}_k(t)+\boldsymbol{K}_{\mathrm{p}}[\boldsymbol{y}_{\mathrm{d}}(t)-\boldsymbol{y}_{k+1}(t)]+\boldsymbol{K}_{\mathrm{d}}[\dot{\boldsymbol{y}}_{\mathrm{d}}(t)-\dot{\boldsymbol{y}}_{k+1}(t)]$$

式中，$\boldsymbol{K}_{\mathrm{d}}=\begin{bmatrix}500 & 0\\ 0 & 500\end{bmatrix}$；$\boldsymbol{K}_{\mathrm{p}}=\begin{bmatrix}100 & 0\\ 0 & 100\end{bmatrix}$；$\boldsymbol{y}_{\mathrm{d}}(t)=\begin{bmatrix}\sin 3t\\ \cos 3t\end{bmatrix}$，$t\in[0,T]$ 为期望的关节角位移量。系统的第 k 次输出为 $\boldsymbol{y}_k(t)$，令 $\boldsymbol{e}_k(t)=\boldsymbol{y}_{\mathrm{d}}(t)-\boldsymbol{y}_k(t)$。干扰项 $\boldsymbol{\tau}_{\mathrm{d}}=[0.3\sin t \quad 0.1(1-\mathrm{e}^{-t})]^{\mathrm{T}}$。

设双关节串联机械臂的系统参数见表 6-1。

表 6-1 双关节串联机械臂的系统参数

关节	m/kg	l/m	p/m	I/N·m
关节 1	$m_1=1$	$l_1=0.5$	$p_1=0.25$	$I_1=0.1$
关节 2	$m_2=1$	$l_2=0.5$	$p_2=0.25$	$I_2=0.1$

为了保证被控对象的初始输出与指令初值一致，设置机械臂的初始状态为 $[q_1(0) \quad q_2(0) \quad \dot{q}_1(0) \quad \dot{q}_2(0)]=[0 \quad 3 \quad 1 \quad 0]$。经过 1 次迭代学习的关节跟踪控制效果如图 6-9 所示，迭代学习过程中各关节的跟踪误差无穷范数的收敛过程如图 6-10 所示，经过 20 次迭代学习的关节跟踪控制效果如图 6-11 所示。

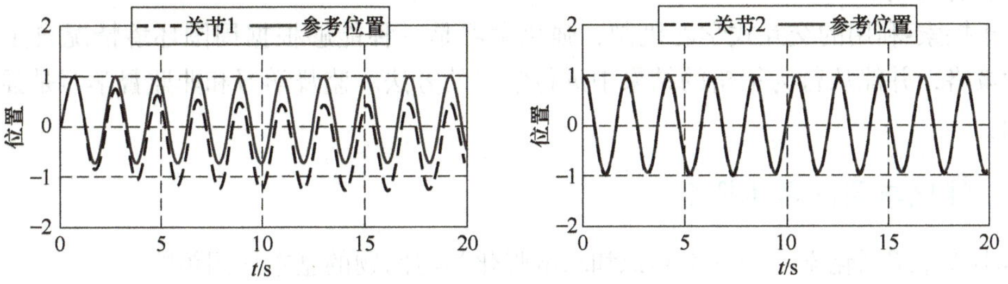

a) 第一个关节的跟踪效果　　b) 第二个关节的跟踪效果

图 6-9　经过 1 次迭代学习的关节跟踪控制效果

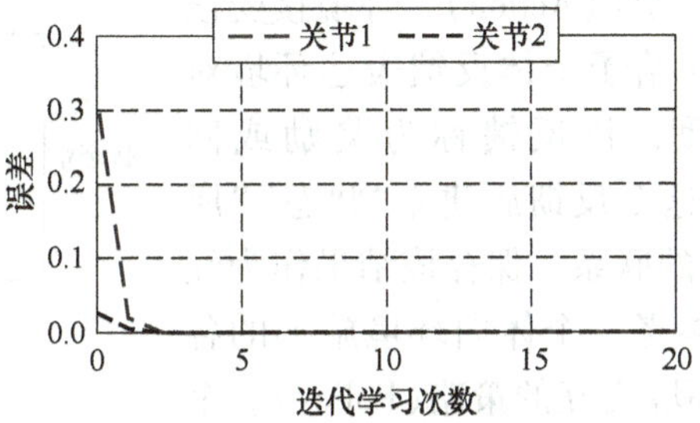

图 6-10　迭代学习过程中各关节的跟踪误差无穷范数的收敛过程

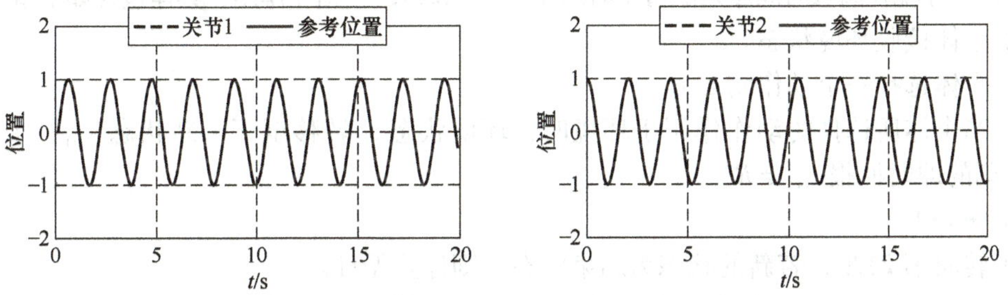

a) 第一个关节的跟踪效果　　b) 第二个关节的跟踪效果

图 6-11　经过 20 次迭代学习的关节跟踪控制效果

6.4　强化学习控制

人工智能技术对学习的研究有力地推动了学习理论的发展。将学习的概念推广到数理与工程领域，便是机器学习的概念。机器学习主要研究自动知识获取、学习的计算理论和学习系统的构造方法，是克服知识获取瓶颈的有效手段。将机器学习用于控制任务，便得到强化学习。

强化学习，又称为增强学习，其最早起源于 20 世纪 50 年代，随后不断发展至今，已经成为一个极具研究价值的方向。人们对强化学习的研究取得了丰硕的成果，既包括在理论上的研究，也包括在人工智能领域、自动控制系统的工业控制领域、游戏博弈、资源调度管理等实际中的应用。

基于探索-利用的交互式学习机制，强化学习是一种能够根据周围环境情况自主修改自身行为策略，并能从行为策略的结果中进行学习的方法。监督学习和非监督学习是强化学习的基础。

6.4.1 强化学习的基本概念

本小节介绍强化学习的基本知识和求解强化学习问题的基本思想策略。

1. 个体与环境的交互

在强化学习中，学习者和决策者称为个体(Agent)，除个体之外的其余部分称为环境(Environment)。假设环境状态(State)可完全观测，个体与环境的交互如图 6-12 所示。个体在某时刻向环境实施一个动作(Action)，环境接受该动作后状态发生变化，同时给予个体反馈表达环境对个体的奖励或惩罚的程度，该反馈称为奖励或回报(Reward)。个体接收到这个反馈后建立“状态”“所施动作”及“所得反馈”之间的联系，保存该结果作为经验信息给后续的动作提供参考。个体向环境施加的各种不同动作构成了个体与环境交互的策略(Policy)。个体策略的构建与个体的目的密切相关。个体构建策略的目的是获得尽可能多的累积回报值。在经过足够的交互训练之后，个体通过积累经验，能够产生回报最大化的行为。

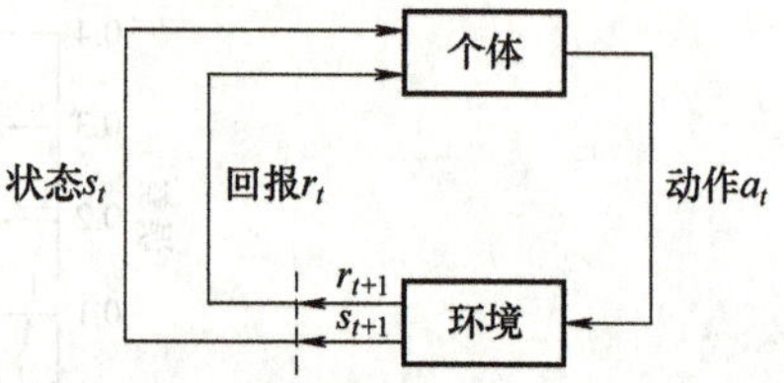

图 6-12 个体与环境的交互

个体与环境在离散时间序列的每个时间步 $t(t=1,2,3,\cdots)$ 相互作用，具体包含如下事件序列：

1) 个体接收环境状态。

2) 个体选择一个动作 $a_t \in A$。

3) 当个体所选择的动作作用于环境时，环境状态 s_t 转移至下一新状态 s_{t+1}，个体接收下一时刻的即时回报 $r_{t+1} \in R$。

4) $t \leftarrow t+1$。

5) 转向第 2)步，若新的状态为结束状态，则停止循环。

其中，$S=\{s_1,s_2,\cdots\}$ 表示状态空间，是一组有限状态的集合；$A=\{a_1,a_2,\cdots\}$ 为一组动作集合，可以是离散的，也可以是连续的；$R=\{r_1,r_2,\cdots\}$ 为环境回报 $r_t \in S$，其中即时回报 r_{t+1} 由状态 s_t 和动作 a_t 决定。个体持续与环境进行交互，产生由一系列状态、动作、回报所组成的时间序列轨迹 $[s_0,a_0,r_0,r_1,s_1,a_1,r_2,\cdots]$。

2. 强化学习的基本知识

(1) 回报与值函数　个体的学习目标是最大化长期累积回报 G_t。长期累积回报是从某一状态 s_t 开始采样直到终止状态时所有回报的衰减之和，可根据即时回报 r_t 计算求得。长期累积回报的常用计算模型包括有限范围模型、折扣回报模型(也称为无限范围模型)和平均回报模型。

有限范围模型用于有限阶段内回报的累积，其表达式为

$$G_t=r_{t+1}+\cdots+r_{t+n}$$

式中，t 为采样时刻，n 为表示个体运行总步数的随机变量。这种长期累积回报模型常用于存在最终时间步数的应用中。

折扣回报模型用于无限阶段内回报的累积，其表达式为

$$G_t = \sum_{k=0}^{\infty} \gamma^k r_{t+k+1}$$

式中，γ 为折扣因子(Discount Factor)，通常 $0 \leqslant \gamma \leqslant 1$。这种长期累积回报模型常用于持续的过程控制任务。通过调节 γ，个体可以控制行动的短期和长期结果的影响程度。在极端情况，即当 $\gamma=0$ 时，系统是短视的，只关注即时回报。当 γ 接近于1时，未来的回报在采取最优行动时变得更为重要。尽管折扣回报模型是无穷多个项的总和，但回报非零并且为常数，通过选择合适的 γ，折扣回报模型仍然是收敛的。

平均回报模型用于计算长期累计回报的平均值，其表达式为

$$G_t = \lim_{n \to \infty} \frac{1}{n} \sum_{k=0}^{n-1} r_{t+k+1}$$

以上三种长期累计回报模型，使用最多的是折扣回报模型。

在强化学习中，因长期累计回报对于描述状态或状态动作的重要性还存在许多不明确的地方，为了准确描述状态或状态动作的重要性，引入价值函数。价值(Value)是长期累计回报的期望。强化学习中常用的价值函数有状态值函数和状态动作值函数。状态值函数 $V^{\pi}(s)$ 是指在给定的策略 π 下，从状态 s 开始并遵循策略 π 能够获取的期望回报；而状态动作值函数 $Q^{\pi}(s,a)$ 是指在给定的策略 π 下，在状态 s 下采用动作 a 并遵循策略 π 能够获取的期望回报。状态值函数和状态动作值函数的表达式如下：

$$V^{\pi}(s) = E^{\pi}[G_t \mid s_t = s] = E^{\pi}\left[\sum_{k=0}^{\infty} \gamma^k r_{t+k} \mid s_t = s\right]$$

$$Q^{\pi}(s,a) = E^{\pi}[G_t \mid s_t = s, a_t = a] = E^{\pi}\left[\sum_{k=0}^{\infty} \gamma^k r_{t+k} \mid s_t = s, a_t = a\right]$$

(2) 马尔可夫决策过程（Markov Decision Process，MDP） 求解强化学习问题可以理解为个体在与环境交互过程中如何最大化地获得长期累积回报。环境的动力学特征确定了个体在交互时的状态序列和即时回报，环境的状态是构建环境动力学特征需要的所有信息。当环境状态完全可观测时，个体可以通过构建马尔可夫决策过程来描述整个强化学习问题。有时虽然环境状态不是完全可观测的，但个体仍然可以结合自身对环境的历史观测数据来描述自身处于一个近似完全可观测的环境中所面临的强化学习问题。从这个角度来说，几乎对所有强化学习问题的描述都可以认为或转化为描述一个马尔可夫决策过程。

在介绍马尔可夫决策过程之前，先简单介绍一下马尔科夫性质（Markov Property）、马尔科夫过程（Markov Process）。

在一个时序过程中，若 $(t+1)$ 时的状态仅取决于 t 时的状态 s_t，而与 t 时之前的任何状态都无关，则认为 t 时的状态 s_t 具有马尔可夫性质。若过程中的每一个状态都具有马尔可夫性质，则这个过程就具备马尔可夫性质。具备了马尔可夫性质的离散随机过程称为马尔可夫过程，或称为马尔可夫链（Markov Chain，MC），它是由状态空间和概率空间组成的一个元组 $<S,P>$，其中 S 是有限数量的状态集，P 是状态转移概率矩阵。状态转移概率是指施加某一动作之后，某个状态转移到下个状态的概率。马尔可夫过程中的每一个状态 s_t 记录了过程历史上所有相关的信息，而且一旦 s_t 确定了，历史状态信息 s_1，s_2，…，s_{t-1} 对于确定 s_{t+1} 就不再重要，可有可无。

马尔可夫决策过程是强化学习问题的数学理想化形式，可以对强化学习问题进行精确的理论陈述。马尔可夫决策过程的目的是寻求一个最优策略，即使值函数最大化的一系列动作。马尔可夫决策过程基于两个假设：一个是环境满足马尔可夫性质，这意味着下一个时间步的状态仅由当前状态决定，独立于之前的所有状态；另一个是环境是完全可以观察到的，也就是说，个体可以随时观察到所有的环境信息。在上述情况下，马尔可夫决策过程可以形式化为参数组 (S,A,P,R,γ)，其中，$S=\{s_1,s_2,\cdots\}$ 表示状态空间，是一组有限状态的集合；$A=\{a_1,a_2,\cdots\}$ 为一组动作集合，可以是离散的，也可以是连续的；P 为状态转移概率矩阵，$p^a_{s'|s}=\{s_{t+1}=s' \mid s_t=s,a_t=a\}$；$R=\{r_1,r_2,\cdots\}$ 是基于状态和动作的即时回报函数，$r_{t+1}=r(s_{t+1} \mid s_t=s,a_t=a)$ 表示在环境状态 s 下采取动作 a 时所获得的回报；$\gamma\in[0,1]$ 为折扣参数。

个体未来可能获得的回报取决于它将采取的动作。个体在给定状态下从动作集中选择一个动作的依据称为策略，用字母 π 表示。策略 π 是某一状态下基于动作集合的概率分布。也就是说，策略是个体产生的动作方案，是描述个体采取动作的概率。在给定观测状态 s 下，个体产生动作 $a\in A$ 的概率为

$$\pi(a \mid s)=p\{a_t=a \mid s_t=s\}$$

在形式上，策略是一种函数映射，记作 π：$S\rightarrow P(A)$，其中 $P(A)$ 代表动作空间 A 上的概率空间。如果策略是确定的，那可以把策略写作 π：$S\rightarrow A$。在这种情况下，可以把在状态 s 下执行策略 π 产生的动作记为 $\pi(s)$。策略描述的是个体的动作产生机制，虽然产生的动作可能会随状态不同而发生变化，但策略本身不随状态变化而变化，是静态的。

在策略 π 下，马尔可夫决策过程的状态值函数 $V^\pi(s)$ 和动作值函数 $Q^\pi(s,a)$ 的贝尔曼方程分别为

$$\begin{cases} V^\pi(s)=\sum_a \pi(a \mid s)\left[r(s,a)+\gamma\sum_{s'} P(s' \mid s,a)V^\pi(s')\right] \\ Q^\pi(s,a)=r(s,a)+\gamma\sum_{s'} P(s' \mid s,a)\sum_{a'}\pi(a' \mid s')Q^\pi(s',a') \end{cases}$$

式中，s' 为个体在状态 s 下采取动作 a 后产生的下一时刻个体的状态，a' 为在下一时刻状态 s' 所采取的动作，$\pi(a \mid s)$ 为在状态 s 下采取动作 a 的概率。

对于任意马尔可夫决策过程，必定存在一个最优策略 π^*，其优于或等于其他策略 π。且若采用策略 π^* 对于所有状态和动作的状态值函数 $V^{\pi^*}(s)$ 和状态动作值函数 $Q^{\pi^*}(s,a)$ 均大于采用其他策略 π，则可以认为策略 π^* 为最优策略。故最优状态值函数和状态动作值函数可以定义为

$$V^*(s)=\max_\pi V^\pi(s)$$

$$Q^*(s,a)=\max_\pi Q^\pi(s,a)$$

强化学习的最终目标是找到最优策略 π^*，使得个体获得的长期累计回报最大化，也就是获得最优状态值函数 $V^{\pi^*}(s)$ 和最优状态动作值函数 $Q^{\pi^*}(s,a)$。根据最优策略 π^* 的定义，结合马尔可夫决策过程状态值函数 $V^\pi(s)$ 和状态动作值函数 $Q^\pi(s,a)$ 的贝尔曼方程，可得出如下贝尔曼最优方程：

$$V^*(s)=\max_{a\in A}\sum_{s'\in S}P(s' \mid s,a)\left[r(s,a)+\gamma V^\pi(s')\right]$$

$$Q^*(s,a)=\sum_{s'\in S}P(s' \mid s,a)\left[r(s,a)+\gamma \max_{a'\in A}Q^\pi(s',a')\right]$$

贝尔曼最优方程不是线性方程，无法直接求解，通常采用迭代法求解，具体有值迭代、策略迭代、Q 学习、Sarsa 学习等多种迭代法。

(3) 贪婪策略　在初始状态下，由于策略是未知的，通常会采用随机策略的方法执行动作，直到找到最优策略。若个体按最大化长期累计回报选择动作，即 $\pi(s)=\underset{a\in A}{\operatorname{argmax}}Q(s,a)$，则称为完全贪婪策略。若个体每次以 ε 的概率执行随机动作，以 $(1-\varepsilon)$ 的概率执行完全贪婪策略，其中 ε 为探索率，则称为 ε 贪婪策略。

6.4.2　强化学习控制的基本算法

当已知马尔可夫决策过程的状态转移概率和长期累计回报函数时，基于动态规划思想，通过策略迭代或值迭代寻找最优策略和最优价值函数。但是，当个体在不了解环境动力学规则的情况下时，可以直接通过与环境的实际交互来评估一个策略的好坏，采用蒙特卡罗（Monte Carlo，MC）强化学习、时序差分（Temporal Difference，TD）强化学习等方法寻找最优策略和最优价值函数。

1. 基于模型的强化学习算法

(1) 策略迭代　策略迭代算法可用于求解最优策略，从起始策略开始，通过迭代逼近最优策略。策略迭代算法流程如算法 6-1 所示。策略迭代包括策略评估和策略改进。策略迭代适合于动作集合比较小的情况。如果动作集合很大，策略迭代就代价很高或很难处理。

算法 6-1　策略迭代算法流程

初始化：对所有 $s\in S$ 和 $a\in A$，任意的初始化策略 π；阈值 $\theta>0$
repeat
　执行策略评估
　　repeat
　　　$\delta\leftarrow 0$
　　　for each $s\in S$ do
　　　　$v\leftarrow V^{\pi}(s)$
　　　　$V^{\pi}(s)\leftarrow \sum_{a\in A}\pi(a\mid s)\sum_{s'\in S}p(s'\mid s,a)[r(s,a)+\gamma V^{\pi}(s')]$
　　　　$\delta\leftarrow \max(\delta,|v-V^{\pi}(s)|)$
　　　end
　　until $\delta<\theta$;
　执行策略改进
　$f_{\text{stable}}\leftarrow$ True
　for each $s\in S$ do
　　$a\leftarrow\pi(s)$
　　$\pi(s)\leftarrow \underset{a\in A}{\operatorname{argmax}}\sum_{s'\in S}p(s'\mid s,a)[r(s,a)+\gamma V^{\pi}(s')]$
　　if $a\neq\pi(s)$ then $f_{\text{stable}}\leftarrow$ False
　end
until $f_{\text{stable}}\leftarrow$ True;
输出：$V(s)\approx V^{*}(s),\pi(s)\approx\pi^{*}(s)$

策略评估是指在给定策略下求解状态价值函数的过程。从任意一个状态价值函数开始，基于给定的策略，结合贝尔曼方程、状态转移概率和回报函数来同步迭代更新状态价值函数，直至其收敛，得到该策略下最终的状态价值函数。贝尔曼方程给出了如何根据状态转换关系中的后续状态 s' 来计算当前状态 s 的价值。在同步迭代法中，使用上一个迭代周期 k 内的状态价值来计算并更新当前迭代周期 $(k+1)$ 内某状态 s 的价值。在完成对一个策略的评估后，将得到基于该策略下每一个状态的价值。不同状态对应的价值一般也不同，那么个体是否可以根据得到的状态价值来调整自己的行动策略呢？考虑一种贪婪策略进行策略改进，即个体在某个状态下只选择能达到最大累计回报所对应的动作。

（2）值迭代　不同于策略迭代，值迭代不是试图寻求最优策略，而是选择每时刻最优状态动作值函数所对应的动作。定义行为值函数 $Q^{\pi}(s,a)$ 为个体在状态 s 执行动作 a 和策略 π 的值函数。值迭代算法流程如算法 6-2 所示。

算法 6-2　值迭代算法流程

```
初始化:对所有 s∈S 和 a∈A,V(s)=0;阈值 θ>0
repeat
    δ←0
    for each s∈S do
        for each a∈A do
            v←V^π(s,a)
            V(s)←max_{a∈A} Σ_{s'∈S} p(s'|s,a)[r(s,a)+γV^π(s')]
            δ←max(δ, |v-V^π(s)|)
        end
    end
until δ<θ;
for each s∈S do
    π(s)←argmax_{a_t∈A} Σ_{s'∈S} p(s'|s,a)[r(s,a)+γV^π(s')]
end
输出:V(s)≈V*(s),π(s)≈π*(s)
```

2. 无模型的强化学习算法

MC 强化学习使用采样和对状态动作值函数求平均值的办法来解决强化学习问题。具体地，MC 强化学习直接从所经历过的完整状态序列（即完整回合）中估计状态的真实价值，并认为某状态的价值等于多个状态序列中状态所有收获值的平均值。虽然完整的状态序列不要求起始状态是某一个特定的状态，但要求个体最终要进入环境认可的某一个终止状态。理论上个体与环境交互所获得的完整状态序列越多，MC 强化学习的结果越准确。

TD 强化学习通过合理的自举法，先估计某状态在该状态序列完成后可能得到的收获，并在此基础上利用累进更新平均值（Incremental Mean）的方法得到该状态的价值，再通过不断的采样来持续更新这个价值。

不管是 MC 强化学习还是 TD 强化学习，都不再需要知道某一状态所有可能的后续状态和对应的状态转移概率，因此也不再像动态规划算法那样需要通过进行全宽度的回溯来更新状态的价值。MC 强化学习和 TD 强化学习都是通过个体与环境进行实际交互所生成的一系列状态序列来更新状态的价值。这在解决大规模问题或者不清楚环境规则（动力学特征）的问题时十分有效。

（1）SARSA 算法　SARSA 算法在当前状态下通过 ε 贪婪策略选择输出动作，个体执行动作后与环境交互产生新的状态和即时回报，同样采用 ε 贪婪策略更新上一时刻的状态动作值函数。SARSA 算法的更新规则为

$$Q(s_t,a_t)\leftarrow Q(s_t,a_t)+\alpha[r_{t+1}+\gamma Q(s_{t+1},a_{t+1})-Q(s_t,a_t)]$$

式中，α 为学习率；γ 为折扣因子；$Q(s_t,a_t)$ 为个体在状态 $s_t\in S$ 下根据 ε 贪婪策略采取动作 $a_t\in A$ 获得回报的期望；$Q(s_{t+1},a_{t+1})$ 的获取方式与 $Q(s_t,a_t)$ 相同；r_t 为个体在与环境交互过程中获得当前时刻的即时回报；$r_{t+1}+\gamma Q(s_{t+1},a_{t+1})$ 为 TD 目标；$r_{t+1}+\gamma Q(s_{t+1},a_{t+1})-Q(s_t,a_t)$ 为 TD 误差。该算法的原理是将个体在 s_t 状态下采取的动作 a_t 构成 Q 表格，在迭代运算过程中选用下一个状态对应的状态动作值来更新 Q 表格，最终在 Q 表格中选择状态动作值对应的输出动作。SARSA 算法流程如算法 6-3 所示。值得注意的是，α 一般需要随着迭代的进行逐渐变小，这样才能保证动作价值函数可以收敛。当动作价值函数收敛时，贪婪策略也就收敛了。在每一个状态动作值都会被访问无数次的假设下，会有最优策略和状态动作价值函数的收敛性保证。

算法 6-3　SARSA 算法流程

```
初始化:学习率 α∈(0,1],探索率 ε>0
对所有 s∈S 和 a∈A,随机初始化 Q(s,a)
for 每一个回合 do
  初始化 s
  for t = 0,…,T do
      从 s_t 处采用 ε 贪婪策略选择 a_t,并获得 Q(s_t,a_t)
      个体采取 a_t 与环境交互,获得 r_{t+1} 和 s_{t+1}
      在 s_{t+1} 处利用 ε 贪婪策略获得选择的 a_{t+1} 和 Q(s_{t+1},a_{t+1})
      Q(s_t,a_t)←Q(s_t,a_t)+α[r_t+γQ(s_{t+1},a_{t+1})-Q(s_t,a_t)]
      s_t←s_{t+1}
      直到 s_t 为终止状态
  end for
end for
```

（2）Q-Learning（Q 学习）算法　不同于 SARSA 算法，Q-Learning 算法采用 ε 贪婪策略选择个体的执行动作，采用贪婪策略更新价值函数，算法在迭代更新时会考虑所有可能的动作，并利用完全贪婪策略选择最大的价值函数进行更新计算。价值函数的更新过程为：个体在当前状态执行动作后与环境交互产生新的状态和即时回报，并利用贪婪策略更新上一时刻的价值函数。Q-Learning 算法的更新规则为

$$Q(s_t,a_t)\leftarrow Q(s_t,a_t)+\alpha[r_{t+1}+\gamma\max_{a_{t+1}}Q(s_{t+1},a_{t+1})-Q(s_t,a_t)]$$

式中，$\alpha\in[0,1]$ 为学习率，γ 为折扣因子，$\max\limits_{a_{t+1}}Q(s_{t+1},a_{t+1})$ 为在状态 s_{t+1} 下使用完全贪婪策

略获取的最大状态动作价值。Q-Learning 算法和 SARSA 算法的优点在于不用考虑环境模型，可以直接比较所有可用动作带来的状态动作价值，并用迭代运算的方式更新状态动作价值，获得最优输出策略。Q-Learning 算法流程如算法 6-4 所示。

算法 6-4　Q-Learning 算法流程

初始化:学习率 $\alpha\in[0,1]$,探索率 $\varepsilon>0$
对所有 $s\in S$ 和 $a\in A$,随机初始化 $Q(s,a)$
for 每一个回合 do
　初始化 s
　For $t=0,\cdots,T$ do
　　在 s_t 处采用 ε 贪婪策略选择 a_t,并获得状态价值 $Q(s_t,a_t)$
　　个体采取 a_t 与环境交互,获得 r_{t+1} 和 s_{t+1}
　　在状态 s_{t+1} 下利用完全贪婪策略获得选择的 a_{t+1} 和 $Q(s_{t+1},a_{t+1})$
　　$Q(s_t,a_t)\leftarrow Q(s_t,a_t)+\alpha[r_t+\gamma Q(s_{t+1},a_{t+1})-Q(s_t,a_t)]$
　　$s_t\leftarrow s_{t+1}$
　　直到 s_t 为终止状态
　end for
end for

(3) DQN(深度 Q 网络)算法　Q-Learning 算法属于离线经典强化学习算法。当个体在与环境交互过程中产生的状态和动作空间是离散的且维数不高时，可以采用 Q-Learning 算法建立状态动作价值 Q 表格，基于贝尔曼最优方程更新表格中的 Q 值。当环境状态为高维连续变量时，采用 Q-Learning 算法建立 Q 表格非常困难，容易造成维数灾难。所以，可以将构造表格的方式转化为函数拟合的方式，拟合一个函数来代替表格产生 Q 值，使相近的状态能够获得相近的输出动作。高维输入在进行函数拟合时，可以借助深度神经网络对复杂特征提取的优势，将输入通过神经网络映射到输出。因此，DQN 算法本质是将深度神经网络和Q-Learning算法结合，通过网络结构映射出状态动作值 Q，并更新个体策略。DQN 算法的核心技术是经验池和目标 Q 网络。经验池是一种被称为经验重演的生物学启发机制。目标 Q 网络是一个独立的网络，用来代替所需的 Q 网络生成 Q-Learning 的目标，进一步提高神经网络的稳定性。

深度神经网络将输入映射到输出的过程中，需要利用训练集进行监督学习，并根据网络输出值和训练集中的标签构建损失函数来优化网络参数。监督学习中每个样本之间都是独立存在的，而在强化学习中，当前状态的价值依赖下一状态的返回值，状态之间存在强相关性。为了解决上述问题，DQN 算法记录个体在每个状态下产生的元组$\{s_t,a_t,s_{t+1},a_{t+1}\}$，并将其存入经验池，深度神经网络通常采用随机均匀采样的方法选取经验池中固定数量的元组作为训练集来对网络进行迭代训练。采用经验池数据训练网络能够使采样的数据满足独立同分布，避免网络在训练过程中由于数据的相关性而带有某种偏好。

DQN 算法中采用两个结构相同但参数不同的网络结构，分别为 Q 网络和目标 Q 网络。其中，Q 网络用来产生目标值，目标值相当于标签数据；目标 Q 网络用来评估策略，更新网络参数。当采用 Q 网络逼近 Q 值时，Q 值的更新容易发生震荡，导致个体出现不稳定的学习行为，目标 Q 网络在一定程度上降低了预测 Q 值和估计 Q 值的相关性，提高了算法的稳定性。Q 网络参数实时更新，并在多次迭代后将 Q 网络参数复制给目标 Q 网络。DQN 算法流程如算法 6-5 所示。

算法 6-5 DQN 算法流程

初始化经验池 D,设置经验池容量 N,折扣因子 γ,探索率 $\varepsilon>0$,值函数更新步长 C
初始化 Q 网络中的参数 w
初始化目标 $\hat{Q}$ 网络,其中参数 $\hat{w}$ 与 Q 网络中的参数 w 保持一致
for 每一个回合 do
  初始化环境并获取观测数据 o_0
  初始化序列 $s_0=\{o_0\}$,预处理序列 $\phi_0=\phi(s_0)$
  for $t=0,\cdots,T$ do
    采用 ε 贪婪策略为个体选择一个随机 a_t
    否则选择 $a_t=\arg\max_a Q(\phi(s_t),a;w)$
    个体执行动作 a_t 获得观测数据 o_{t+1} 获得即时回报 r_t 和下一状态 s_{t+1}
    如果本局结束,则设置 $d_t=1$,否则 $d_t=0$。
    设置 $s_{t+1}=\{s_t,a_t,o_{t+1}\}$ 并进行预处理 $\phi_{t+1}=\phi(s_{t+1})$
    将状态转移数据元组 $(\phi_t,a_t,r_t,d_t,\phi_{t+1})$ 存入经验池 D
    从经验池 D 中采样小批量元组 $(\phi_t,a_t,r_t,d_t,\phi_{t+1})$
    设置 $y_i=\begin{cases} r_i, & d_t=1 \\ r_i+\gamma \max\limits_{a_{t+1}}\hat{Q}(\phi_{i+1},a_{t+1};\hat{w}), & d_t=0 \end{cases}$
    将 $[y_i-Q(\phi_i,a_i;w)]^2$ 作为损失函数,基于梯度下降算法更新 w
    每 C 步将当前 Q 网络的参数 w 赋值给目标 $\hat{Q}$ 网络的参数 $\hat{w}$
  end for
end for

注意到 Q-Learning 目标 $r_t+\gamma \max\limits_{a_{t+1}} Q(\phi_{i+1},a_{t+1})$ 包含一个最大化算子 max 的操作。而 Q 又由于环境、非稳态、函数近似或者其他原因,可能带有噪声。因此,下一个 Q 值往往被过估计了。通过增加对网络参数 w 的关注,标准 DQN 的学习目标可以被重写为

$$r_t+\gamma\hat{Q}(\phi_{t+1},\arg\max_{a_{t+1}}\hat{Q}(\phi_{t+1},a_{t+1};\hat{w});\hat{w})$$

不难发现 $\hat{w}$ 既用于估计 Q 值,又用于对估计过程中的下一个动作 a_{t+1} 进行选择。为去除选择和评价中噪声的相关性,减少 DQN 的过拟合问题,提出 Double DQN。Double DQN 中使用的 Q-Learning 目标是

$$r_t+\gamma\hat{Q}(\phi_{t+1},\arg\max_{a_{t+1}}\hat{Q}(\phi_{t+1},a_{t+1};w);\hat{w})$$

(4) 随机策略梯度算法 TD 强化学习主要用于价值函数的估计和优化,SARSA 算法和 Q-Learning 算法都是通过计算动作得分来决策的,是在确定了价值函数的基础上采用某种策略,即基于值迭代,通过先算出价值函数,再去做决策。在行为空间规模庞大或者是具有连续行为空间的情况下,基于价值的强化学习将很难学习到一个好的结果。这种情况下可以直接进行策略的学习,也就是将策略看成具有状态和行为参数的策略函数,通过建立恰当的目标函数、利用个体与环境进行交互产生的回报来学习得到策略函数的参数。策略函数针对连续行为空间将可以直接产生具体的行为值,进而绕过对价值函数的学习。

随机策略梯度算法可以直接评估策略的好坏,然后进行选择。假设个体使用策略 $\pi(a\mid s,w)$

与环境进行交互，在一个回合中生成采样轨迹 $\tau=(s_0,a_0,r_0,s_1,a_1,r_1,\cdots,s_H,a_H,r_H)$，累积回报值为 $r(\tau)=\sum_{i=0}^{H-t-1}\gamma^i r_{t+i+1}$，在马尔可夫决策模型中，强化学习的目标为找到一个策略，满足累积回报的期望最大化，即价值函数最大，如下式所示：

$$\pi^*=\underset{\pi}{\operatorname{argmax}}E_{\tau\sim\pi_w(\tau)}[r(\tau)]$$

对采样轨迹 τ 采用概率链式法则，可得

$$\pi_w(\tau)=p(\tau\mid w)=p(s_0)\prod_{t=0}^{H}\pi(a_t\mid s_t,w)p(s_{t+1}\mid s_t,a_t) \tag{6-7}$$

式中，$p(s_0)$ 为初始状态分布；$p(s_{t+1}\mid s_t,a_t)$ 为状态转移概率；$\pi(a\mid s_t,w)$ 为参数 w 的策略函数。对式(6-7)两侧取对数，可将其转换为

$$\log\pi_w(\tau)=\log p(s_0)+\sum_{t=0}^{H}[\log\pi(a_t\mid s_t,w)+\log p(s_{t+1}\mid s_t,a_t)] \tag{6-8}$$

对式(6-8)中的参数 w 求导，可得

$$\begin{aligned}\nabla_w\log\pi_w(\tau)&=\nabla_w\log p(s_0)+\nabla_w\sum_{t=0}^{H}[\log\pi(a_t\mid s_t,w)+\log p(s_{t+1}\mid s_t,a_t)]\\&=\sum_{t=0}^{H}\nabla_w\log\pi(a_t\mid a_t,w)\end{aligned} \tag{6-9}$$

令

$$J(w)=E_{\tau\sim\pi_w(\tau)}(r(\tau)) \tag{6-10}$$

对式(6-10)中参数 w 求导，可得

$$\nabla_w J(w)=E_{\tau\sim\pi_w(\tau)}(\nabla_w\log\pi_w(\tau)r(\tau)) \tag{6-11}$$

将式(6-9)代入式(6-11)可得

$$\begin{aligned}\nabla_w J(w)&=E_{\tau\sim\pi_w(\tau)}\left(\sum_{t=0}^{H}\nabla_w\log\pi(a_t\mid s_t,w)r(\tau)\right)\\&=E_{\tau\sim\pi_w(\tau)}\left(\sum_{t=0}^{H}\nabla_w\log\pi(a_t\mid s_t,w)\sum_{i=0}^{H-t-1}\gamma^i r_{t+i+1}\right)\end{aligned} \tag{6-12}$$

通过式(6-12)可以计算策略网络中参数 w 的梯度，采用梯度下降方法更新网络参数。在策略梯度算法中，MC 策略梯度强化学习算法应用较为广泛，其算法流程如算法 6-6 所示。

算法 6-6　MC 策略梯度强化学习算法

输入：一个可对参数求导的策略函数 $\pi(a\mid s,w)$
初始化：随机初始化策略网络参数 w
repeat
　for 每一个回合 do；
　　使用策略 π_w 收集智能体生成轨迹
　　$\tau=(s_0,a_0,r_0,s_1,a_1,r_1,\cdots,a_H,r_H,s_H)$；
　　　估计轨迹 τ 产生的回报：$r(\tau)=\sum_{i=0}^{H-t-1}\gamma^i r_{t+i+1}$；
　end

```
        通过式(6-12)计算∇_w J(w)
        根据梯度下降算法更新参数 w
            w←w+α∇_w J(w)
until
策略网络收敛
输出：π(s)≈π*(s)
```

6.4.3　基于 DNQ 算法的倒立摆小车强化学习控制实例

倒立摆小车运动模型如图 6-13 所示。倒立摆小车系统由小车、摆杆、轨道等组成。其中，小车和摆杆之间通过机械装置连接，当小车静止时，摆杆受重力作用垂直向下，小车在外力 F 的作用下沿着轨道移动，在移动过程中通过惯性带动摆杆在竖直平面摆动。倒立摆小车运动模型中的 x 表示小车在轨道上的线性位移，θ 表示摆杆在垂直方向的偏转角度。倒立摆小车的摆杆平衡可表述如下：小车在沿着轨道移动的过程中摆杆处于平衡状态，即摆杆垂直于水平面（$\theta=0$）。对倒立摆小车的控制实际上是通过控制小车的移动来实现对摆杆的平衡控制。

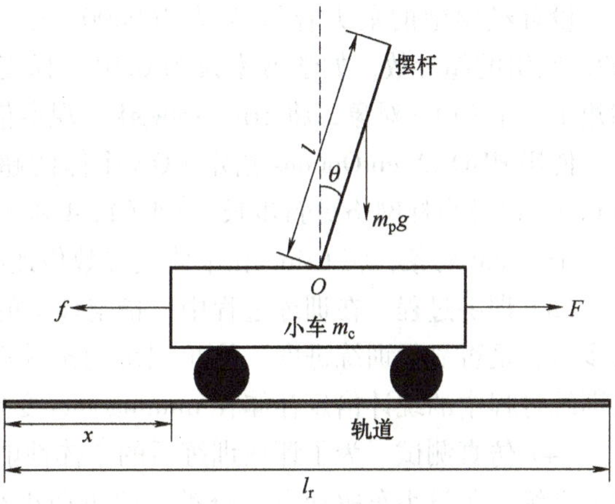

图 6-13　倒立摆小车运动模型

为了更好地描述倒立摆小车及其基础模型之间的关系，对小车的运动范围规定如下：小车与地面之间的摩擦力忽略不计；设置原点位置，小车的移动范围为$(-x_{max}, x_{max})$，当 x 超出上述范围时，控制失效；摆杆的偏转角位移范围为$(-\theta_{max}, \theta_{max})$，当 θ 超出上述范围时，控制失效。在倒立摆小车系统中，小车质量 m_c 为 1.34kg，摆杆质量 m_p 为 0.09kg，摆杆长度 l 为 0.4m，轨道长度 l_r 为 1m，重力加速度 $g=9.81\text{m/s}^2$。

倒立摆小车是一个复杂的高阶非线性系统，其控制器设计具有较大难度。解决倒立摆小车控制问题的一种方法是使用不依赖于系统模型的强化学习方法，通过与环境的交互来学习控制策略。

本小节基于 MATLAB 的 Reinforcement Learning Toolbox，设计基于细节奖励机制方法的倒立摆小车强化学习方法，训练一个 Double DQN 个体来控制倒立摆系统。实验过程分为环境设置、个体设计、训练过程和仿真测试四个部分。

（1）环境设置　实验采用了 MATLAB 中预定义的 CartPole-Discrete（离散的倒立摆）环境，该环境模拟了一个倒立摆系统。环境状态包括小车位置、小车速度、摆杆角度和摆杆角速度，个体可以选择通过向左或向右推动小车来控制倒立摆的平衡。同时该环境内置了一个奖励机制，用于引导个体学习控制倒立摆平衡的策略。具体的奖励机制如下。

每个时间步，如果倒立摆保持平衡（即摆杆与垂直方向的夹角在一定范围内），环境给予个体+1 的回报。这鼓励个体维持倒立摆的平衡状态。如果倒立摆失去平衡（即摆杆与垂直方向的夹角超出了指定范围）或者小车移动超出了指定的位置范围，环境给予个体-1 的回报，并终止当前回合。这惩罚了个体未能维持平衡的行为，并促使其尽快学习如何避免这种情况。

如果个体成功维持倒立摆平衡达到了预设的最大步数(本实例中为1200步)，环境给予个体+1的回报，并终止当前回合。这鼓励个体学习长期维持平衡的策略。

为了确保实验结果的可重复性，设置固定的随机数种子。

(2) 个体设计　设计了一个名为“criticNetwork”的神经网络作为DQN的Critic网络。该网络由状态输入路径、动作输入路径和公共路径组成。状态路径包括一个输入层、两个全连接层和一个ReLU激活层，用于处理状态信息。动作路径包括一个输入层和一个全连接层，用于处理动作信息。公共路径将状态路径和动作路径的输出相加，并通过另一个ReLU激活层和全连接层生成最终的Q值估计。

设置经验池的最大容量N为100000个经验元组，使用rlRepresentationOptions指定了Critic网络的超参数，如学习率设为0.01，梯度阈值设为1，然后通过rlRepresentation函数创建了一个Critic对象，将criticNetwork、观察信息、动作信息和超参数选项传递给它。

使用rlDQNAgentOptions指定DQN个体的超参数，设置折扣因子$\gamma=0.99$，探索系数ε为0.5，以及目标网络更新步长$C=4$（每4步更新一次）。最后，通过rlDQNAgent函数创建了一个Agent对象，将Critic和个体超参数传递给它。

(3) 训练过程　在训练过程中，指定训练的超参数，如最大训练回合数、每个回合的最大步数、是否显示训练进度、停止训练的条件等。我们使用train函数对个体进行训练，并将训练过程中的统计信息存储在trainingStats变量中。

(4) 仿真测试　为了评估训练后的个体性能，采用以上实验环境进行倒立摆强化学习的模型训练。预设小车驱动力三分类，即驱动小车的力只有$F=-F_0$、$F=0$、$F=F_0$三个固定量，相应地，个体使用0、1、2这三个值表示三个力的动作，采用这样的三分类动作进行训练，设定当回报分数到达350时，停止训练，并将仿真经验数据存储在experience变量中。

从仿真经验数据中提取小车位置、小车速度、摆杆角度和摆杆的控制效果，倒立摆强化学习实验仿真结果如图6-14所示，强化学习的Q值和回报如图6-15所示。结果表明，经过训练，Double DQN个体能够学习到有效的控制策略，使倒立摆在仿真环境中保持平衡。

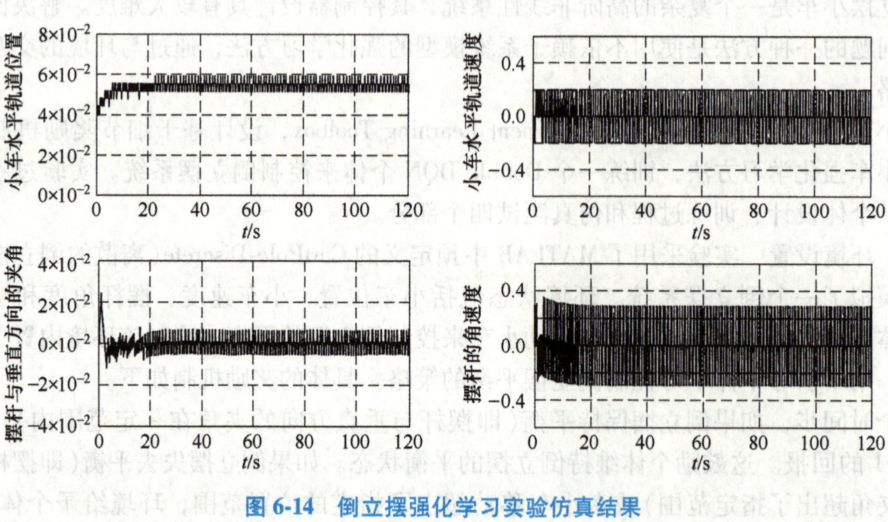

图6-14　倒立摆强化学习实验仿真结果

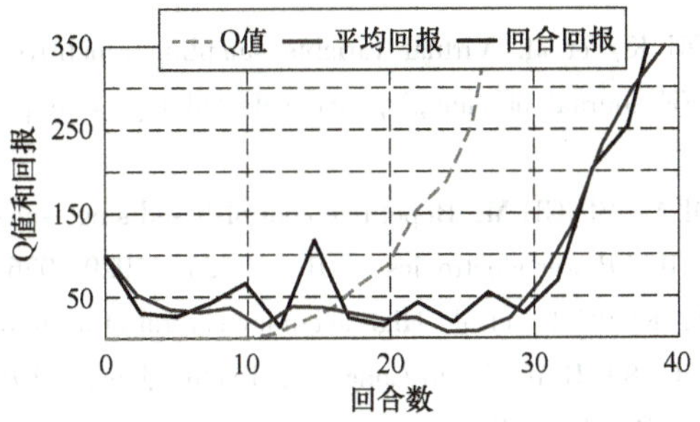

图 6-15 强化学习的 Q 值和回报

本章小结

本章首先介绍了学习控制的相关基本概念，包括学习控制的研究动机、定义、特点和分类；然后介绍了几种典型的学习控制方法，包括重复控制、迭代学习控制和强化学习控制。在阐述了三种典型学习控制方法的特点、发展及其基本控制算法的基础上，分别用一个实例说明相关算法的实际应用。

思考题与习题

6-1 简述学习控制的主要工作原理、主要方法。

6-2 简述重复控制与迭代学习控制的区别与联系，描述各自适用的应用场景。

6-3 以 AlphaGo 为例，描述强化学习的主要工作原理。

参考文献

[1] GROSS R. Psychology: the science of mind and behaviour[M]. 8th ed. Hodder Education, 2020.

[2] 许建新，侯忠生. 学习控制的现状与展望[J]. 自动化学报，2005，31(6)：131-143.

[3] ABRAMSON N, BRAVERMAN D. Learning to recognize patterns in a random environment[J]. IRE Transactions on information theory, 1962, 8(5): 58-63.

[4] SPRAGINS J. A note on the iterative application of Bayes' rule[J]. IEEE Transactions on information theory, 1965, 11(4): 544-549.

[5] NIKOLIC Z, FU K S. An algorithm for learning without external supervision and its application to learning control systems [J]. IEEE Transactions on pattern analysis and machine intelligence, 1966, 11 (3): 414-422.

[6] CRUDELE M, KURFESS T R. Implementation of a fast tool servo with repetitive control for diamond turning [J]. Mechatronics, 2003, 13(3): 243-257.

[7] FATEH M M, BALUCHZADEH M. Discrete-time repetitive optimal control: Robotic manipulators[J]. Journal of AI and data mining, 2016, 4(1): 117-124.

[8] PÉREZ-ARANCIBIA N O, TSAO T C, GIBSON J S. A new method for synthesizing multiple-period adaptive-repetitive controllers and its application to the control of hard disk drives[J]. Automatica, 2010, 46(7):

1186-1195.

[9] LIU Z, ZHANG B, ZHOU K, et al. Virtual variable sampling repetitive control of single-phase DC/AC PWM converters[J]. IEEE Journal of emerging and selected topics in power electronics, 2019, 7(3): 1837-1845.

[10] PANDOVE G, TRIVEDI A, SINGH M. Repetitive control-based single-phase bidirectional rectifier with enhanced performance[J]. IET Power electronics, 2016, 9(5): 1029-1036.

[11] INOUE T, NAKANO M, KUBO T, et al. High accuracy control of a proton synchrotron magnet power supply[C]. Proceedings of the 8th IFAC World Congress, Kyoto, Japan, 1981, 14(2): 3137-3142.

[12] INOUE T, NAKANO M, IWAI S. High accuracy control of servomechanism for repeated contouring[C]. Proceedings of the 10th Annual Symposium on Incremental Motion Control Systems and Devices, Urbana-Champaign, 1981: 285-292.

[13] OLIVEIRA I G, LAGES W F. Repetitive control applied to robot manipulators[C]. Proceedings of the 21st IEEE International Conference on Emerging Technologies and Factory Automation, Berlin, 2016, 1-8.

[14] HUO X, WANG M, LIU K Z, et al. Attenuation of position-dependent periodic disturbance for rotary machines by improved spatial repetitive control with frequency alignment[J]. IEEE/ASME Transactions on mechatronics, 2020, 25(1): 339-348.

[15] RAZI R, KARBASFOROOSHAN M S, MONFARED M. Multi-loop control of UPS inverter with a plug-in odd-harmonic repetitive controller[J]. ISA Transactions, 2017, 67: 496-506.

[16] ZHENG L, JIANG F, SONG J, et al. A discrete-time repetitive sliding mode control for voltage source inverters[J]. IEEE Journal of emerging and selected topics in power electronics, 2017, 6(3): 1553-1566.

[17] NAVALKAR S T, VAN SOLINGEN E, VAN WINGERDEN J W. Wind tunnel testing of subspace predictive repetitive control for variable pitch wind turbines[J]. IEEE Transactions on control systems technology, 2015, 23(6): 2101-2116.

[18] BROBERG H L, MOLYET R G. Correction of period errors in a weather satellite servo using repetitive control[C]. Proceedings of the 1st IEEE Conference on Control Application, Dayton, OH, USA, 1992, 2: 682-683.

[19] FRANCIS B A, WONHAM W M. The internal model principle for linear multivariable regulators[J]. Applied mathematics & optimization, 1975, 2(2): 170-194.

[20] COSTA-CASTELLO R, NEBOT J, GRINO R. Demonstration of the internal model principle by digital repetitive control of an educational laboratory plant[J]. IEEE Transactions on education, 2005, 48(1): 73-80.

[21] UCHIYAMA M. Formation of high-speed motion pattern of a mechanical arm by trial[J]. Transactions of the society of instrument and control engineers, 2009, 14(6): 706-712.

[22] ARIMOTO S, KAWAMURA S, MIYAZAKI F. Bettering operation of robots by learning[J]. Journal of robotic systems, 1984, 1(2): 123-140.

[23] CHEN Y Q, WEN C Y. Iterative learning control: convergence, robustness and applications[M]. London: Springer London, 1999.

[24] MOORE K L. Iterative Learning Control for Deterministic Systems[M]. New York: Springer-Verlag, 1993.

[25] 孙明轩，黄宝健. 迭代学习控制[M]. 北京：国防工业出版社，1999.

[26] 许建新，侯忠生. 学习控制的现状与展望[J]. 自动化学报，2005，31(6)：943-955.

[27] SUTTON R S. Temporal credit assignment in reinforcement learning[D]. University of Massachusetts Amherst, 1984.

[28] LEWIS F L, LIU D R. Reinforcement learning and approximate dynamic programming for feedback control[M]. John Wiley & Sons, 2013.

第 7 章 基于智能优化算法的智能控制

导读

本章主要介绍智能优化算法和基于智能优化算法的智能控制算法。优化问题是研究特定约束下使期望目标最优的参数估计问题，这个问题是很多科学问题、技术问题和工程问题的核心基础问题，但传统优化算法在实际应用中存在目标表征受限、局部最优陷阱和难以并行优化等问题。这些在数学上难以解决的问题，在一定程度上可以通过效法自然的启发式思路解决，本章所介绍的智能优化算法就是这类基于自然规律启发的元启发式算法。控制系统的设计问题在某种程度上可以抽象为在一定约束条件下寻求稳态误差最小、反应速度最快和波动超调最少等优化目标的控制参数估计问题，因此智能优化算法在控制系统中存在许多应用。本章将首先介绍智能优化算法的定义和主要类型，以及这类方法与传统优化算法的区别和联系，然后针对智能优化算法中典型的进化类优化算法和群智能优化算法进行详细介绍，最后介绍智能优化算法在智能控制中的应用。

本章知识点

- 什么是智能优化算法
- 进化类优化算法的原理和实现方案
- 群智能优化算法的原理和实现方案
- 智能优化算法在智能控制中的应用

7.1 智能优化算法概述

7.1.1 智能优化算法的定义和主要类型

智能优化算法是一类模仿自然界中生物进化、群体智能、物理规律和人类思维并用于求解优化问题的元启发式算法。优化问题研究如何在给定约束条件下获取目标函数最优值的参数，这个问题是包括机器学习、运筹规划和系统设计等问题在内的科学、技术和工程问题的基础问题。传统优化算法一般采用数学方法求解待估计的参数，求解方式大多基于目标函数的梯度计算，传统优化算法的模式如图 7-1 所示。然而传统方法在一些情况中无法给出优化解，这些情况包括无法精准数学建模的优化目标、广泛存在的局部最优陷阱等，此外传统优化算法多为单点计算，较难并行加速，在一些需要实时优化的问题上无法应用。智能优化方法则以自然为师，融合人工智能等启发式思想给出了这类优化问题的另一套求解思路。这些算法的基本思想是通过模拟自然选择、遗传变异和群体协作等机制，逐步逼近最优解。智能优化算法可以有效解决传统优化算法难以处理的复杂优化问题。

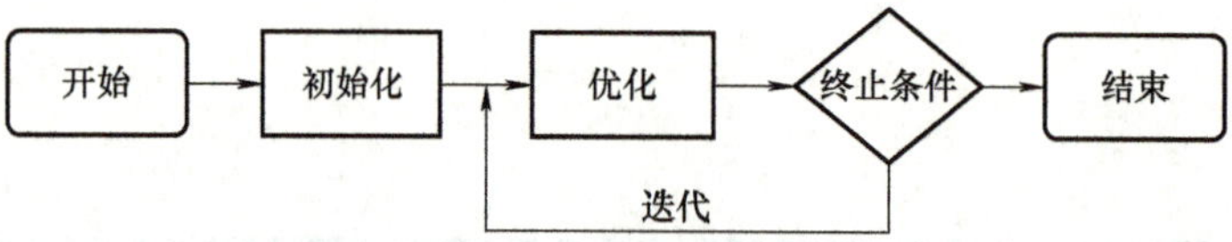

图 7-1　传统优化算法的模式

智能优化算法的思想都源于对某种自然规律的模仿和借鉴，其中最具代表性的两个借鉴主体分别为生命的进化和群体的智能，与其对应的智能优化算法分别为进化类算法和群智能类算法。在这两种方法之外还存在一些混合类优化算法和借鉴其他自然规律的优化算法。具体来看，智能优化算法主要有以下三种类型。

1）进化类优化算法：主要包括遗传算法(GA)和差分进化算法(DEA)。这类方法基于自然选择和遗传进化机制，模拟生物进化过程中的选择、交叉、变异等操作，通过种群的迭代进化寻找目标优化的最优解。

2）群智能优化算法：主要包括蚁群算法、粒子群算法、萤火虫算法和人工蜂群算法等。这类算法通过模拟自然界中的群体行为，如蚂蚁觅食、鸟群迁徙和鱼群游动，通过群体的协同搜索来实现目标优化。

3）混合智能优化算法：这种算法结合了不同优化算法的优点，通过多种方法的协同作用，提高优化性能，常见的混合策略包括遗传算法和粒子群算法混合、蚁群算法和差分进化算法混合。

除了上述主要类型外，还有一些基于其他启发式原理的智能优化算法，如模拟退火算法和禁忌搜索算法等。

7.1.2　智能优化算法与传统优化算法的区别和联系

智能优化算法一般都属于元启发式算法，其目标函数、约束条件和优化方向一般都采用启发式表达，与传统优化算法相比，具有以下四个显著特点。

1）启发式搜索：智能优化算法通常不依赖于问题的数学模型，而是通过模拟自然现象或生物行为进行启发式搜索，适用于各种复杂、非线性、多峰的优化问题。

2）全局搜索能力：智能优化算法通过群体协作的随机性，具有较强的全局搜索能力，能够避免陷入局部最优解。

3）适应性强：智能优化算法具有良好的适应性和鲁棒性，能够处理动态变化和不确定性问题。

4）参数较少：智能优化算法通常参数较少，易于实现和应用。

相比之下，传统优化算法如梯度下降、牛顿法、线性规划等，通常依赖于问题的具体数学模型，要求目标函数具有良好的连续性和可导性，且易于陷入局部最优解，适用于求解结构化和相对简单的问题。

但智能优化算法也具备元启发式算法的共性缺点，即无法保证最优解的必然求取。

智能优化算法与传统优化算法的区别见表 7-1。

表 7-1　智能优化算法与传统优化算法的区别

算法元素	智能优化算法	传统优化算法
初始化	随机初始化	随机初始化
优化方向	启发式方向	梯度方向为主
终止条件	稳定或超次	稳定或超次
局部最优陷阱	不易陷入	容易陷入
目标函数表征	启发式表征	数学表征
约束条件表征	启发式表征	数学表征

7.2　进化类优化算法

进化类优化算法是一类基于生物进化原理的全局优化算法。其通过将优化问题的解空间编码成种群基因，并模拟自然界生物进化过程中的选择、变异和交叉等机制，在复杂的解空间中搜索最优解。这些算法具有较强的全局搜索能力和自适应性，在解决复杂、多维和非线性问题等方面表现出色。本节将介绍两种常见的进化类优化算法，分别为遗传算法和差分进化算法。

7.2.1　遗传算法

遗传算法是由约翰·霍兰德(John Holland)提出的一种基于自然选择和遗传机制的优化算法。遗传算法的核心思想来源于达尔文的进化论和孟德尔的遗传学理论，该算法通过模拟自然界生物进化过程中的选择、交叉和变异等生物机制，将优化目标抽象为个体的适应度函数，并通过遗传过程中生物适应度不断增强的自然规律来完成最优解的寻找。换言之，自然界中生物个体通过基因传递遗传信息，个体的适应度(即生存和繁殖能力)决定了其基因是否能传递给下一代，遗传算法借鉴这一机制，通过模拟遗传操作，使种群逐步进化，趋近于最优解。本小节将首先介绍遗传算法的基本概念，然后再介绍遗传算法的具体实现过程。

遗传算法的基本概念见表 7-2。

表 7-2　遗传算法的基本概念

概念属性	概念名称	解释
通用优化框架的对应概念	初始化	随机生成初始种群作为初始解，每个解称为一个个体或染色体
	迭代	重复选择、交叉和变异操作，不断更新种群
	终止条件	当达到预定的适应度值或最大迭代次数时，算法终止，输出最优解

（续）

概念属性	概念名称	解释
优化问题的抽象形式	编码	将问题的解表示为遗传算法能够处理的形式，通常为二进制编码、实数数组或其他形式的编码
	适应度函数	将问题优化目标抽象为适应度函数，用于评估每个个体的优劣程度。适应度值越高的个体，表示其质量越好
优化求解的具体操作	选择	根据个体的适应度值，选择优良个体作为下一代的父母。常用的选择方法有轮盘赌选择、锦标赛选择和排序选择等
	交叉	通过交换父母个体的部分基因，生成新的个体（子代）。交叉操作可以促进基因重组，增加种群多样性。常见的交叉方式包括单点交叉、多点交叉和均匀交叉
	变异	对个体的部分基因进行随机修改，以引入基因多样性，防止种群过早收敛到局部最优。变异率通常较低，以保持种群的稳定性

遗传算法的基本概念主要包括三大类。

1）通用优化框架中基本优化元素在遗传算法中的对应概念，包括初始化、迭代和终止条件。

2）优化问题在遗传算法中的抽象形式，包括编码（解空间的抽象）和适应度函数（目标函数的抽象）。

3）遗传算法中优化求解的具体操作，包括交叉、变异和选择。

基于上述基本概念，遗传算法的主要过程如图 7-2 所示。遗传算法的优化过程主要分为两大步骤：

1）首先将待求解问题抽象为遗传问题，在此抽象过程中需要分别抽象问题解空间的编码形式和问题目标的适应度函数。

2）在完成问题抽象之后，应用通用优化框架的对应概念（初始化、迭代和终止条件）在解空间中随机选择若干初始值（种群初始化），紧接着根据优化目标（适应度函数）选择种群中较优的个体，并将选出的个体进行配对交叉得到子代，得到子代之后以一定概率对其进行突变后获得新的种群，并开始新一轮迭代，这种迭代直到满足优化条件或者迭代次数超过设定值才终止。

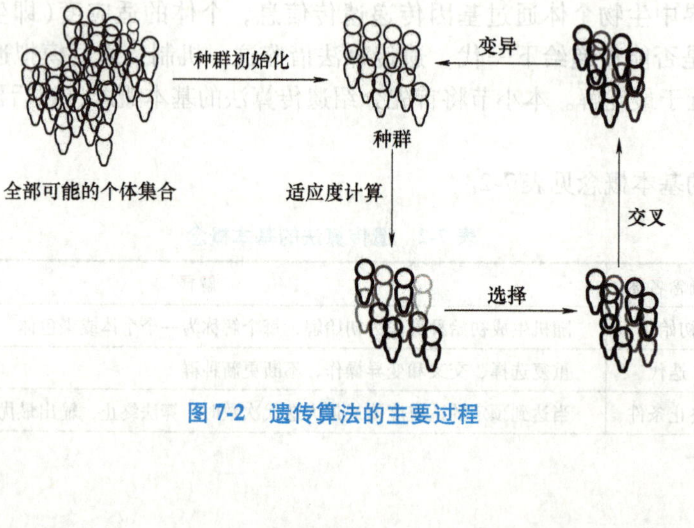

图 7-2　遗传算法的主要过程

遗传算法中涉及的编码、选择、交叉和变异均有多种方式，感兴趣的同学可以参考文献[3]。

7.2.2　差分进化算法

差分进化算法是另一种基于种群进化的全局优化算法，由 Rainer Storn 和 Kenneth Price 提出。差分进化算法相比于遗传算法更简单而有效，特别适合处理连续空间中的全局优化问题。差分进化算法的核心思想也是通过变异、交叉和选择等操作不断提升种群的适应度，进而获取问题最优解。

差分进化算法是遗传算法的一个变种，其流程的基本模块与遗传算法基本一致，但对变异、交叉和选择等操作都进行了一定程度的修改；另外差分进化算法修改了遗传算法中交叉和变异的顺序，先进行变异操作，再进行交叉操作。在应用上，遗传算法通过基因重组和随机变异来生成新个体，更适用于离散空间的优化问题；而差分进化算法通过个体间的差分操作进行全局搜索，特别适合连续空间的优化问题。差分进化算法与遗传算法的对比见表 7-3。

表 7-3　差分进化算法和遗传算法的对比

概念属性	概念名称	差分进化算法与遗传算法的对比
通用优化框架的对应概念	初始化	一致
	迭代	差分进化算法为先变异后交叉；遗传算法为先交叉后变异
	终止条件	一致
优化问题的抽象形式	编码	差分进化算法一般无需额外编码；遗传算法一般为离散编码
	适应度函数	一致
优化求解的具体操作	选择	差分进化算法为父子竞争；遗传算法为种群内竞争
	交叉	差分进化算法一般为均匀交叉；遗传算法为基因重组
	变异	差分进化算法为差分变异；遗传算法模拟基因变异模式

由表 7-3 中可以看出，差分进化算法与遗传算法最大区别在于优化求解的具体操作，接下来将具体介绍差分进化算法优化操作过程中的变异、交叉和选择操作。另外需要注意的是，在差分进化算法中先变异，后交叉，再选择。

差分进化算法中的变异操作为差分变异，变异的来源为种群内随机选择的另外两个个体的差，交异后的基因为原个体的基因与随机个体基因之差求和，具体公式如下：

$$v_i = x_{r1} + F(x_{r2} - x_{r3}) \tag{7-1}$$

式中，x_{r1}为变异主体；x_{r2}和 x_{r3}为种群中随机选取的个体；F 为调控参数，该参数控制了生成新个体时差分向量与当前个体的加权组合的强度，一般控制在 0~2 之间。较小的交叉率可能导致新个体与目标个体差异较小，搜索速度较慢；较大的交叉率可以增加新个体与目标个体的差异，有助于算法的多样性，但也可能引入过多的随机性。

交叉操作中涉及的两个主体是个体变异前后的 x_{r1} 和 v_i。在交叉过程中，根据交叉率 CR 对两方(x_{r1}和 v_i)的各个维度进行随机选择，选择过程大致如下。对于任何一个维度，首先生成一个随机数 r，若该数小于交叉率或该维度为预定的交叉点，则交叉后的子代个体取变

异个体 v_i 的分量，否则取父代个体 x_{r1} 的分量。其中交叉率 CR 是一个介于 0~1 之间的参数，当 CR 较高时，更多的变异个体特征会被引入到新个体中，这增加了种群的多样性，有助于算法探索更广阔的解空间，避免陷入局部最优解；当 CR 较低时，新个体与目标个体之间的差异较小，这可能导致算法的探索性降低，但有助于维持种群的稳定性。

选择操作可以理解为一种父子竞争，即在一个个体的父子两代中进行选择，同样基于自然规律中的自然选择进行。交叉操作完成之后，根据父代和子代个体对于环境的适应度进行择优选择。

总而言之，差分进化算法是遗传算法的一个变种，其在宏观上依然满足进化类优化算法的整体框架，但在细节上不拘于自然规律，对变异、交叉和选择进行了超乎自然规律的改造，相比于遗传算法更简单有效，尤其适合处理连续空间的全局优化问题。

7.3 群智能优化算法

群智能优化算法是一类模拟自然界中群体行为的智能优化算法，与进化类优化算法相同，群智能优化算法也是在种群上进行问题优化，但群智能优化算法所模拟的自然规律是种群个体之间的相互配合和影响。这类算法通过个体间的简单交互和合作，展现出群体智能，能够解决复杂的优化问题。本节主要介绍群智能优化算法中具有代表性的蚁群算法和粒子群算法。

7.3.1 蚁群算法

蚁群算法的出现源自对蚂蚁觅食行为的思考：蚂蚁视力极差，但其不但可以记住巢穴和食物之间的往复之路，还能在复杂环境中找到巢穴到食物的最短路径，蚂蚁是如何完成这个看似不能完成的任务的呢？针对这个问题最早的系统性实验是 Gross 的双桥实验。研究发现，蚂蚁在觅食过程中会通过向环境中释放可以被感知的信息素进行通信，信息素不但帮助蚂蚁标记了走过的路，还促使蚂蚁通过群体的力量完成了单个蚂蚁无法完成的最短路径搜索任务。

蚂蚁觅食过程如图 7-3 所示，蚁群寻找最短路径的思路大致如下。在寻找食物的过程中，蚂蚁会在经过的路上释放信息素，这些信息素可以被所有蚂蚁感知到，同时所有蚂蚁都倾向于选择信息素浓度较高的路径，这是最短路径搜索的生物学条件。同时，由于蚂蚁在距离越近的路径上折返越快，使信息素在该路径上累积得越多，更多的信息素会吸引更多的蚂蚁选择这条路径，进而使信息素浓度越加增高，形成一种正反馈机制，这是最短路径搜索的自然条件。总而言之，这种简单的个体行为通过信息素的累积和感知，逐渐形成了一种自组织的全局最优路径搜索方式。

蚁群算法是基于蚂蚁群体智能现象抽象出来的一种优化算法。基于对自然界中蚂蚁觅食路径调整现象的观察和抽象，Marco Dorigo 提出了蚁群算法，其通过模拟蚂蚁觅食的生物机制，设计了一种启发式的智能优化算法。在蚁群算法的设计中，人工蚁群在自然蚁群的行为基础之上进行了抽象和增强。人工蚁群模仿了自然蚁群的四个核心特点：

1）基于团队合作的目标实现。

2）基于环境修改的感知交互。

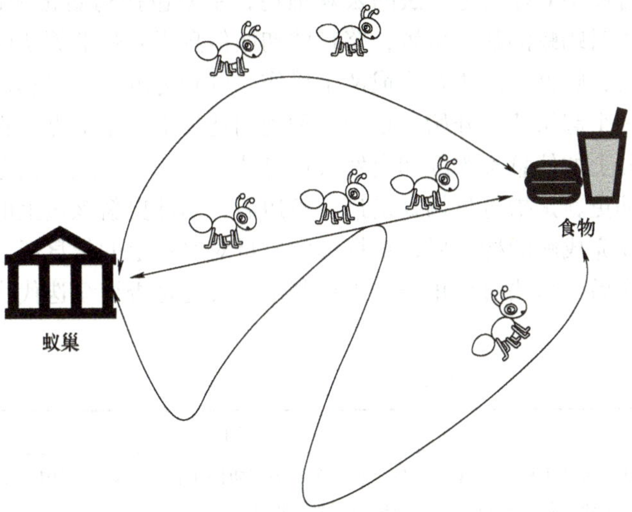

图 7-3　蚂蚁觅食示意图

3）基于局部运动的最短路径搜索。

4）随机短视的状态转移。

同时，人工蚁群在此基础上被赋予自然蚁群没有的以下三个特点：

1）信息素释放的时机和多少可以根据优化目标进行调节。

2）蚁群偶尔可以进行回退和未来预测。

3）每只蚂蚁都可以保留过去动作的记忆。

蚁群算法可以用于解决复杂的组合优化问题。组合优化问题是一类在有限但巨大的解空间中寻找最优解的问题，常见的组合优化问题有旅行商问题、背包问题、最大流问题等，以蚁群算法为代表的元启发式算法可以很好地解决组合优化问题。使用蚁群算法进行组合优化问题求解时，需要将组合优化问题表征为图结构，组合优化问题的图抽象见表 7-4。

表 7-4　组合优化问题的图抽象

概念	解释
有限元素集合	组合优化问题的元素表征为图的节点，构成一个有限的集合
有限连接集合	元素之间的连接关系表征为图的边，构成一个有限的连接集合
连接的误差表征	误差表征方法将连接映射到一个定量的误差评价
有限约束集合	将节点运动的约束也构成一个有限的集合
状态	节点构成的完整序列称之为组合优化问题中的一个状态，满足约束条件的状态集合为可行状态集合
邻域结构	两个可以进行一步切换的状态
解	满足组合优化问题所有需求的状态为问题的解
损失函数	描述每个解的整体损失的函数

在上述组合优化问题定义的基础之上，组合优化问题的求解可以抽象为在图中寻找最短可行路径问题，该问题可以基于蚁群算法的思想进行求解。使用蚁群算法进行组合优化问题

的求解过程依然符合图 7-1 对优化算法的宏观描述，主要包括初始化和迭代优化两个阶段。在初始化阶段，算法对蚂蚁的初始位置，路径的初始信息素和蚁群算法的重要参数进行初始化。在迭代优化阶段，蚁群算法主要完成两个操作，分别为解的构造和信息素更新。解的构造是指每只蚂蚁从一个起始节点开始，根据某种规则选择下一个节点，直到构造出一个完整的解。蚂蚁依据路径上的信息素浓度和启发式信息选择下一个节点。信息素更新包括局部更新和全局更新，局部更新是指每只蚂蚁走过一条边后，局部更新该边上的信息素浓度；全局更新是指在所有蚂蚁完成解的构造后，根据解的质量对路径上的信息素进行全局更新。在交替完成上述两个操作后，算法对终止条件进行判定，决定是否继续迭代优化。蚁群算法的基本原理概念见表 7-5。

表 7-5　蚁群算法的基本原理

基本原理	解释
蚁群系统	蚁群算法基于种群的搜索策略，通过多只蚂蚁协同工作，在解空间中寻找最优解。算法框架包括种群初始化、信息素更新、路径选择等基本操作
信息素机制	信息素机制是蚁群算法的核心机制。蚂蚁在移动过程中，会根据路径上的信息素浓度来决定下一步的移动方向，同时在经过的路径上释放信息素。同时，信息素会随着时间的推移逐渐挥发，防止算法过早收敛到局部最优
状态转移规则	蚂蚁选择下一步路径时，采用基于概率的选择机制。选择概率由路径上的信息素浓度和启发式信息共同决定

总而言之，蚁群算法是一类模仿蚂蚁觅食过程的元启发式算法，其通过设计人工蚂蚁和人工信息素机制，实现对最短路径问题求解，是求解组合优化问题的有效途径。

7.3.2　粒子群算法

粒子群算法由 James Kennedy 和 Russell Eberhart 于 1995 年提出，该算法的提出受到鸟群和鱼群觅食行为的启发。这些群体在寻找食物的过程中，通过观察和学习彼此的位置和速度来寻找食物的最佳位置。这种群体行为表现出高度的自组织和协同工作能力。粒子群算法的概念见表 7-6。

表 7-6　粒子群算法的概念

概念属性	概念名称	解释
通用优化框架的对应概念	初始化	随机生成初始粒子，每个粒子都是一个潜在解
	迭代	在每一次迭代中，每个粒子根据自己的速度和位置更新自己的位置，并根据个体极值和全局极值来调整自己的速度
	终止条件	当达到预定的适应度值或最大迭代次数时，算法终止，输出最优解
优化问题的抽象形式	粒子	粒子群算法中将解空间抽象为粒子群，每个潜在解被视为搜索空间中的一个粒子
	目标函数	将问题优化目标抽象为目标函数，用于评估每个粒子的优劣程度
优化求解的具体操作	个体极值	每个粒子在搜索过程中记录自己所找到的最优解，此最优解为个体极值
	全局极值	所有粒子会共享信息，记录整个粒子群中所有粒子所找到的最优解，记为全局极值
	速度计算	基于个体极值和全局极值计算粒子速度，决定粒子在搜索空间中的移动方向和距离

所有优化问题都在解决同一个问题，就是如何确定从当前解到更优解的移动方向以及该向这个方向移动多长的距离，即“往哪走”和“走多远”的问题。一个算法解决这两个问题的方式决定了该算法的本质。基于对自然界中种群运动的观察，在粒子群算法中，每个粒子的优化方向和运动距离由粒子的初始速度、局部最优引力和全局最优引体共同决定，这使粒子的运动同时具备随机性和趋向性。虽然在个体层面，每个粒子运动的方向并非最优方向，但在全局角度，群体整体会趋向于最优方向。

使用粒子群算法进行优化的步骤如下。

（1）初始化　随机初始化一群粒子在目标优化解空间中的位置和速度。

（2）个体极值和全局极值　每个粒子记录自己探索到的最优位置（个体极值），同时所有粒子共享找到的最优位置（全局极值）。

（3）迭代过程

1）在每次迭代中，每个粒子根据自己的速度和位置更新自己的位置，见式(7-3)。

2）更新速度时考虑个体极值、全局极值和粒子当前的位置，使用粒子群算法的速度更新公式更新粒子的速度，见式(7-4)。

（4）终止判定　当达到最大迭代次数或解的质量不再显著提高时，算法终止。

具体来看，对于粒子群中的任何一个粒子，其所在的位置代表着优化问题解空间中的一个解，这个值在会在初始化阶段进行随机初始化，然后在迭代过程中，根据实时更新的速度计算出新的位置：

$$x_i = x_i + v_i t \tag{7-2}$$

式中，时间间隔通常设置为 1，故式(7-2)可以简写为

$$x_i = x_i + v_i \tag{7-3}$$

粒子群算法状态更新示意图如图 7-4 所示。粒子的速度更新受到三方面因素的影响：惯性（上一时刻的速度）、局部引力（局部最优位置的影响）和全局引力（全局最优位置的影响）。速度更新公式为

$$v_i = \omega v_i + c_1 r_1 (p_i - x_i) + c_2 r_2 (p_g - x_i) \tag{7-4}$$

式中，ωv_i 代表惯性影响，ω 为惯性参数，保证粒子的移动速度在一定程度上保持稳定；$c_1 r_1 (p_i - x_i)$ 代表局部引力，p_i 为该粒子搜索到的适应度最高的位置，c_1 为预设参数，r_1 为实时随机参数；$c_2 r_2 (p_g - x_i)$ 代表全局引力，p_g 为该全部粒子搜索到的适应度最高的位置，c_2 为预设参数，r_2 为实时随机参数。

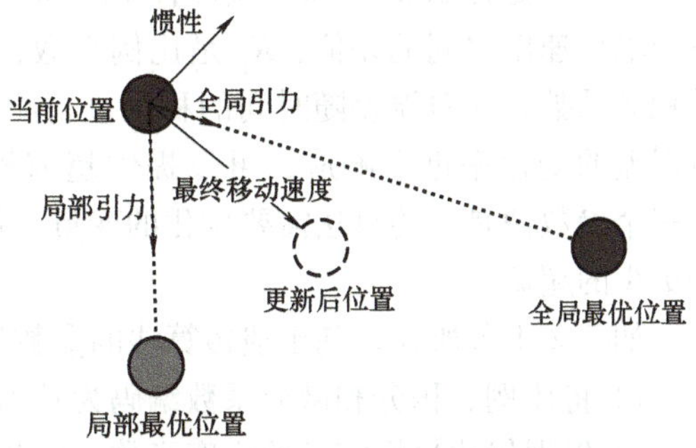

图 7-4　粒子群算法状态更新示意图

总而言之，粒子群算法通过模拟鸟群觅食的行为，在复杂的解空间中进行全局搜索，具有较快的收敛速度和简单的实现结构。与蚁群算法相比，粒子群算法更适用于静态优化问题，而蚁群算法在动态环境中的表现更为优异。两者作为群智能优化算法的典型代表，广泛应用于各种复杂优化问题，为计算智能领域的发展提供了重要工具。

7.4 智能优化算法在智能控制中的应用

本节将介绍智能优化算法在智能控制中的应用。控制系统需要在一定的约束前提下实现更优的控制(更小的稳态误差、更快的响应速度和更少的波动等)，所以控制系统在一定程度上也可以抽象成优化问题。由于很多控制系统的被控对象较难抽象出完美的数学模型，且一些在线控制系统对优化的速度有着较高的要求，因此智能优化算法在控制系统中的应用十分广泛。具体来看，智能优化算法在控制器参数优化、系统辨识、预测控制优化、滑膜控制器优化、自适应控制优化和鲁棒控制优化中都有应用。本节将通过智能优化算法在控制器参数上的优化应用讲解智能优化控制的经典案例。

7.4.1 进化类优化算法在智能控制中的应用

本小节以遗传算法在自动驾驶控制系统中的应用为例，介绍其在 PID 参数调节问题上的应用。自动驾驶控制系统主要涉及车辆速度控制和方向控制，本小节以车辆速度控制为例介绍基于遗传算法的 PID 参数调节。车辆速度控制框图如图 7-5 所示。

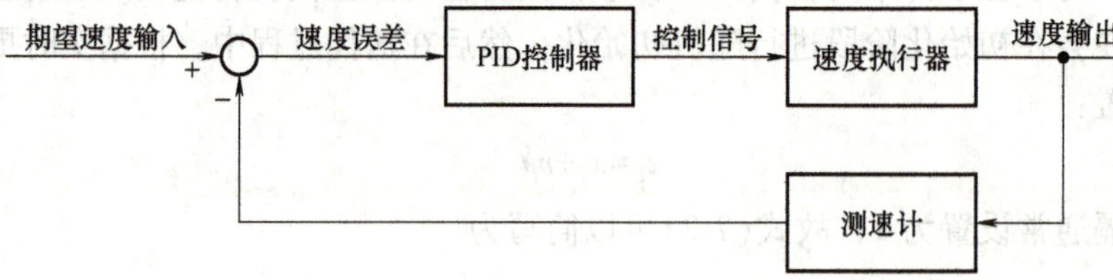

图 7-5 车辆速度控制框图

在 PID 控制中，控制信号与速度误差的函数为

$$u(t)=K_{\mathrm{p}}e(t)+K_{\mathrm{i}}\int_0^t e(\tau)\,\mathrm{d}\tau+K_{\mathrm{d}}\frac{\mathrm{d}e(t)}{\mathrm{d}t} \tag{7-5}$$

式中，$u(t)$是控制器在 t 时的输出；$e(t)$是在 t 时的误差，它通常是期望的设定速度与实际系统输出速度之间的差值；K_{p} 是比例系数，它决定了控制系统对当前误差的响应强度；K_{i} 是积分系数，它对误差随时间的积累进行响应，有助于消除稳态误差；K_{d} 是微分系数，它对误差的变化率进行响应，可以提供超前校正，以减少系统的过冲和振荡。K_{p}、K_{i} 和 K_{d} 这三个参数便是遗传算法需要优化的变量，优化的目标是更快的响应速度、更小的稳态误差和更少的超调。

如 7.2.1 节所述，基于遗传算法的参数优化在具体应用上主要涉及两方面的适配：

1）将比例、积分和微分系数编码为基因。

2）根据优化目标定义适应度函数，这些适应度函数包括误差平方积分、绝对误差积分、时间绝对误差积分、时间误差平方积分等。

在完成这两方面适配之后，即可使用遗传算法的标准框架进行参数优化。需要注意的是，种群中每个个体的适应度计算依赖于仿真环境或实际运行。基于遗传算法的 PID 参数优化流程如图 7-6 所示。

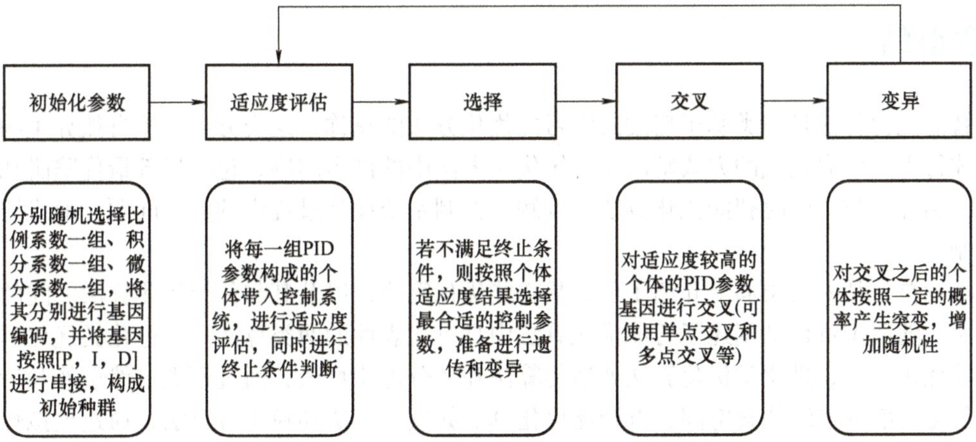

图 7-6　基于遗传算法的 PID 参数优化流程

7.4.2　群智能优化算法在智能控制中的应用

进化类优化算法和群智能优化算法都属于智能优化算法，二者的主要差异在实现方式上，但宏观层面的系统输入输出上基本一致，因此二者在控制系统上的应用也存在着很多关联。群智能优化算法同样可以优化控制系统中的参数，如 PID 控制中的比例、积分和微分系数。本小节以粒子群算法在 PID 控制中的应用为例，介绍群智能优化算法在智能控制中的应用。

将粒子群算法用于 PID 参数优化的过程相对简单，只需要根据优化目标定义目标函数，然后带入粒子群算法流程即可。基于粒子群算法的 PID 参数优化流程如图 7-7 所示。首先随机生成一组 PID 参数值，与遗传算法不同，粒子群算法无须进行编码，直接组成三维变量即可。然后计算初始粒子的适应度函数，并在之后的迭代过程中，循环计算局部最优位置和全局最优位置，并根据二者更新粒子的速度和位置，参照式(7-3)和式(7-4)，直至满足终止条件后输出最优的控制参数。与遗传算法一样，粒子适应度的计算依赖于仿真环境和实际运行。

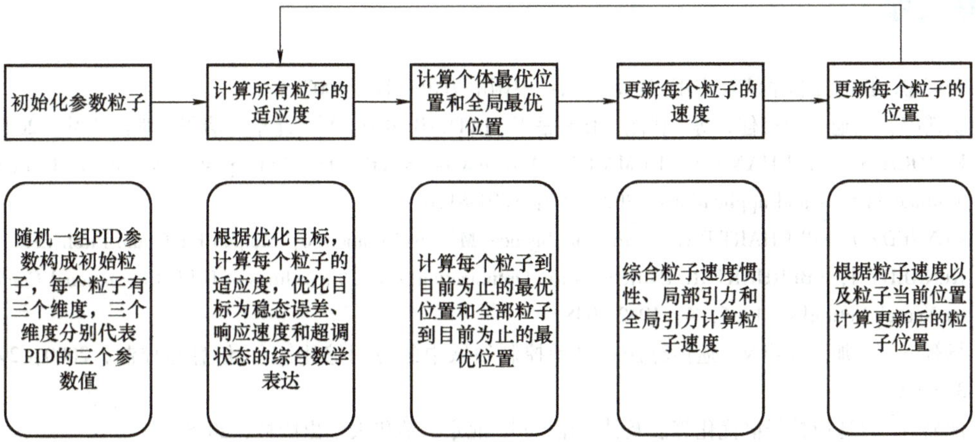

图 7-7　基于粒子群算法的 PID 参数优化流程

本章小结

智能优化算法是一类基于启发式学习的优化方法的总称，这类方法模拟自然界生物进化和群体行为，以启发式的方式解决了传统优化方法中的许多问题，包括局部最优陷阱和数学表示限制等，与此同时智能优化算法可以解决控制系统设计过程中的优化问题，形成智能优化控制。

本章首先从宏观层面上介绍了什么是智能优化算法，以及其与传统优化算法之间的区别和联系。随后本章详细阐述了智能优化算法中具有代表性的两类算法——进化类优化算法和群智能优化算法，进化类优化算法如遗传算法和差分进化算法，通过模拟自然选择和遗传机制来优化离散或连续的解空间；群智能优化算法如蚁群算法和粒子群算法，通过模拟蚂蚁寻找路径和鸟群飞行的行为来解决组合和多峰值优化问题。最后本章介绍了使用智能优化算法进行控制系统优化的方式和具体案例，详细介绍了使用遗传算法和粒子群算法进行 PID 参数优化的具体步骤。

思考题与习题

7-1 智能优化算法是如何解决局部最优陷阱问题的？

7-2 智能优化算法是如何实现并行计算的？

7-3 遗传算法与差分进化算法的本质区别是什么？

7-4 差分进化算法的差分体现在什么地方？

7-5 蚁群算法和粒子群算法中的解空间分别是什么？

7-6 智能优化算法是否比传统优化算法更适合解决控制系统中的优化问题？

7-7 本章所介绍的智能优化算法有哪些可以改进的地方？

7-8 通过本章的学习，你是否也想到了其他启发式算法？

参考文献

[1] 张国忠. 智能控制系统及应用[M]. 北京：中国电力出版社，2007.

[2] 贾鹤鸣，吴迪，宋美佳，等. 智能优化算法及 MATLAB 实现[M]. 北京：清华大学出版社，2024.

[3] KATOCH S, CHAUHAN S S, KUMAR V. A review on genetic algorithm: past, present, and future[J]. Multimedia tools and applications, 2021, 80: 8091-8126.

[4] KENNEDY J. EBERHART R C. Swarm Intelligence[M]. San Francisco: Morgan Kaufmann Publishers, 2001.

[5] KENNEDY J, EBERHART R. Particle Swarm Optimization[C]. Proceedings of IEEE International Conference on Neural Networks, 1995, 4, 1942-1948.

[6] 杨智民，王旭，庄显义. 遗传算法在自动控制领域中的应用综述[J]. 信息与控制，2000，29(4)：329-339.

[7] 沈显君. 自适应粒子群优化算法及其应用[M]. 北京：清华大学出版社，2015.

[8] 辛斌，陈杰，彭志红. 智能优化控制：概述与展望[J]. 自动化学报，2013，39(11)：1831-1848.

[9] ALY A A. PID Parameters optimization using genetic algorithm technique for electrohydraulic servo control

system[J]. Intelligent control and automation, 2011, 2(2): 69-76.
[10] 柯良军. 蚁群智能优化方法及其应用[M]. 北京：清华大学出版社，2017.
[11] GOSS S, ARON S, DENEUBOURG J L, et al. Self-organized shortcuts in the Argentine ant[J]. Naturwissenschaften, 1989, 76(12): 579-581.
[12] DORIGO M, MANIEZZO V, COLORNI A. Ant system: optimization by a colony of cooperating agents[J]. IEEE transactions on systems, man, and cybernetics, part B (cybernetics), 1996, 26(1): 29-41.
[13] DORIGO M, DI CARO G, GAMBARDELLA L M. Ant algorithms for discrete optimization[J]. Artificial life, 1999, 5(2): 137-172.
[14] CORNE D, DORIGO M, GLOVER F, et al. New ideas in optimization[M]. UK: McGraw-Hill, 1999.
[15] 汪雷，吴启迪. 蚁群算法在系统辨识中的应用[J]. 自动化学报，2003，29(1)：102-109.
[16] STORN R, PRICE K. Differential evolution: a simple and efficient heuristic for global optimization over continuous spaces[J]. Journal of global optimization, 1997, 11(4): 341-359.

第 8 章 机器人智能控制

导读

本章首先介绍了机器人控制系统的特点及其功能，然后阐述了机器人位置控制、力控制以及机器人力与位置协同控制的方法等，在此基础上详细讲解了智能控制技术在机器人中的应用，包括机械臂轨迹跟踪神经网络控制、柔性关节机器人自适应控制以及机器人控制技术在人机交互中的应用。

本章知识点

- 机器人控制系统的特点及其功能
- 机器人位置控制
- 机器人力控制
- 机器人力与位置协同控制

8.1 机器人控制系统概述

8.1.1 机器人控制系统的特点

机器人控制系统主要是对机器人在工作过程中的动作顺序、应到达的位置及姿态、路径轨迹、动作时间间隔以及末端执行器施加在被作用物上的力和力矩等进行控制。由于机器人在运动过程中各关节相互独立，需要通过多关节协调运动来实现机器人末端执行器的运动。机器人控制系统具有以下特点。

1）机器人的控制与机构运动学及动力学密切相关。在控制过程中，根据给定的任务，应选择不同坐标系，并进行适当的坐标变换，求解机器人运动学的正逆问题，并考虑各关节之间的惯性力等影响。

2）机器人控制系统是多变量自动控制系统。机器人的自由度较多，简单的机器人结构由 3~5 个自由度组成，复杂的机器人结构有十几个自由度。每个自由度包含一个伺服机构，多个独立的伺服系统需要协调运动才能完成任务。

3）机器人控制系统是非线性的控制系统。描述机器人状态和运动的数学模型是一个非线性模型，随着状态和外力的变化，其参数也在变化，各变量之间还存在耦合，因此经常使用重力补偿、前馈、解耦或自适应控制等方法。

4）机器人的动作可以通过不同的方法和路径来完成，因而存在一个“最优”的问题。智能机器人可以根据传感器和模式识别的方法获得对象及环境的工况，自动地选择最佳的控制规律。

8.1.2　机器人控制系统的功能

机器人控制系统是机器人的主要组成部分，用于控制机器人来完成工作任务。例如，汽车组装流水线上使用了大量的工业机械臂，其包含抓取、搬运、定位、组装、焊接、喷涂等一系列操作，每个机械臂各司其职，作业有条不紊，极大地提高了流水线上的组装加工效率与装配精度，这其中便需要稳定精确的轨迹跟踪算法以保证位置控制的精度，使得机械臂按照设定好的期望轨迹进行相关操作。但即便是最精密的生产工艺仍不能保证同一零部件的尺寸完全一致，仅靠位置控制无法处理这种误差，严重时可能会导致机械臂因与环境剧烈碰撞而损坏。因此特别是在打磨、抛光等作业任务中，要求机器人具备主动柔顺控制能力。

机器人控制系统的主要功能包括：

1）控制机械臂末端执行器的运动位置，即控制末端执行器经过的点和移动路径。

2）控制机械臂的运动姿态，即控制相邻两个活动构件的相对位置。

3）控制运动速度，即控制末端执行器运动位置随时间变化的规律。

4）控制运动加速度，即控制末端执行器在运动过程中的速度变化。

5）控制机械臂中各动力关节的输出转矩，即控制对操作对象施加的作用力。

6）具备操作方便的人机交互功能，机器人通过记忆和再现来完成规定的任务。

8.2　机器人位置与力控制

8.2.1　机器人位置控制

机械臂作业是控制机械臂末端工具的位置和姿态，以实现点到点的控制（如搬运、点焊）或连续路径的控制（如弧焊、喷漆机器人）。机器人位置控制的目的是让机器人各关节实现预期规划的运动，最终保证机器人末端执行器沿预定的轨迹运行。实现机器人位置控制是最基本的控制任务，图 8-1 所示为机器人位置控制框图。

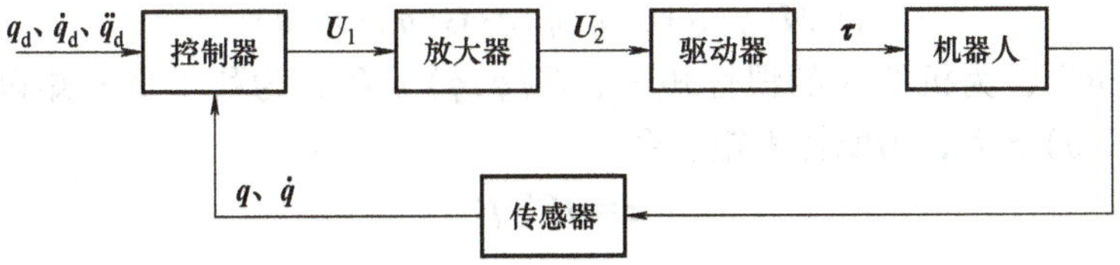

图 8-1　机器人位置控制框图

在图 8-1 中，机器人关节接收来自驱动器的关节力矩矢量 $\boldsymbol{\tau}$，传感器读出关节位置矢量 $\boldsymbol{q}$ 和关节速度矢量 $\dot{\boldsymbol{q}}$，并将其送入控制器。由轨迹规划器生成的期望关节位置矢量、期望关节速度矢量和期望关节加速度矢量分别为 $\boldsymbol{q}_{\mathrm{d}}$、$\dot{\boldsymbol{q}}_{\mathrm{d}}$ 和 $\ddot{\boldsymbol{q}}_{\mathrm{d}}$。图 8-1 中所有信号线均传送 $n\times1$ 的矢量，其中 n 是机械臂的关节数目。$\boldsymbol{U}_1$ 和 $\boldsymbol{U}_2$ 是相应的控制矢量。由于机械臂在操作过程中受噪声与干扰影响，动力学模型不可能十分完善与准确，因此通过开环控制策略计算期望运动轨迹所需的精确力矩较难实现。一般通过如图 8-1 所示的闭环反馈控制策略来实现。图 8-1 中，系统的伺服误差包括两部分：位置误差 $\boldsymbol{e}=\boldsymbol{q}_{\mathrm{d}}-\boldsymbol{q}$ 和速度误差 $\dot{\boldsymbol{e}}=\dot{\boldsymbol{q}}_{\mathrm{d}}-\dot{\boldsymbol{q}}$。在闭环控制系统中，通过驱动器的输出力矩可以减小伺服误差。设计控制系统需要满足的最基本准则是要保证系统的稳定性。系统的稳定性是指机械臂实现所规定的运动轨迹时，即使在一定的干扰作用下，其误差仍然保持在很小的范围内。

图 8-2 所示为机器人位置与速度控制框图，速度控制通常用于对目标跟踪的任务中，图 8-2 中的速度环为控制系统的内环，通过控制电动机的电压使电动机表现出期望的速度特性，其反馈值为关节角速度。位置环为控制系统的外环，使关节电机运动到期望的位置，常采用 PID 算法实现。位置环的给定值是关节位置期望值（通过轨迹规划获得），反馈为通过传感器测得的关节位置当前值，将两者相比较得到的误差作为位置控制器的输入量。

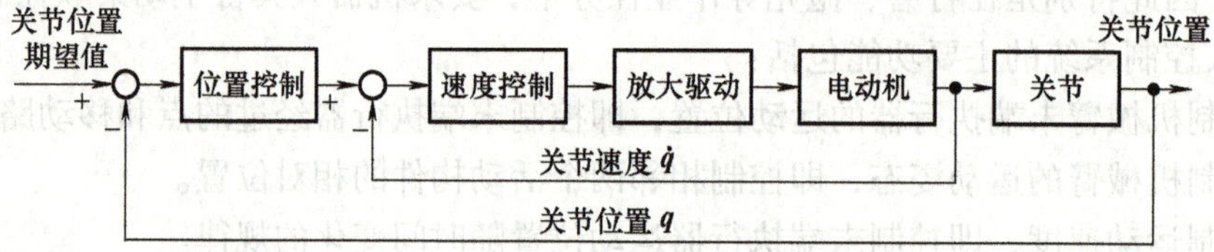

图 8-2 机器人位置与速度控制框图

1. 机器人系统的伺服控制律

因为机械臂具有多个关节，分别需要相应的驱动电机提供驱动力矩，并输出多个关节的位置、速度和加速度，因此机械臂控制是一个多输入多输出的问题。

将控制律分解为基于模型的控制部分和伺服控制部分，可以表示为

$$\boldsymbol{F}=\boldsymbol{\alpha}\boldsymbol{F}'+\boldsymbol{\beta} \tag{8-1}$$

式中，$\boldsymbol{F}$、$\boldsymbol{F}'$、$\boldsymbol{\beta}$ 为 $n\times1$ 的矢量，$\boldsymbol{\alpha}$ 为 $n\times n$ 的矩阵，$\boldsymbol{\beta}$ 为基于模型的控制部分，而 $\boldsymbol{F}'$ 为伺服控制部分，可以表示为

$$\boldsymbol{F}'=\ddot{\boldsymbol{X}}_{\mathrm{d}}+\boldsymbol{K}_{\mathrm{v}}\dot{\boldsymbol{E}}+\boldsymbol{K}_{\mathrm{p}}\boldsymbol{E} \tag{8-2}$$

式中，$\boldsymbol{K}_{\mathrm{v}}$、$\boldsymbol{K}_{\mathrm{p}}$ 为 $n\times n$ 的矩阵，$\boldsymbol{E}$ 为 $n\times1$ 的位置误差矢量，$\dot{\boldsymbol{E}}$ 为 $n\times1$ 的速度误差矢量。

2. 基于模型的机械臂控制

考虑摩擦等非刚体效应影响的机器人动力学模型为

$$\boldsymbol{\tau}=\boldsymbol{M}(\boldsymbol{q})\ddot{\boldsymbol{q}}+\boldsymbol{C}(\boldsymbol{q},\dot{\boldsymbol{q}})\dot{\boldsymbol{q}}+\boldsymbol{G}(\boldsymbol{q})+\boldsymbol{F}(\dot{\boldsymbol{q}}) \tag{8-3}$$

式中，$\boldsymbol{M}(\boldsymbol{q})\in R^{n\times n}$，为机器人的惯性矩阵；$\boldsymbol{C}(\boldsymbol{q},\dot{\boldsymbol{q}})\in R^{n}$，为科里奥利矩阵；$\boldsymbol{G}(\boldsymbol{q})\in R^{n}$，为重力矩阵；$\boldsymbol{F}(\dot{\boldsymbol{q}})\in R^{n}$，为摩擦力矩。令

$$\boldsymbol{\tau}=\boldsymbol{\alpha}\boldsymbol{F}'+\boldsymbol{\beta} \tag{8-4}$$

得

$$\begin{cases}\boldsymbol{\alpha}=\boldsymbol{M}(\boldsymbol{q})\\ \boldsymbol{\beta}=\boldsymbol{C}(\boldsymbol{q},\dot{\boldsymbol{q}})\dot{\boldsymbol{q}}+\boldsymbol{G}(\boldsymbol{q})+\boldsymbol{F}(\dot{\boldsymbol{q}})\\ \boldsymbol{\tau}'=\ddot{\boldsymbol{q}}_{\mathrm{d}}+\boldsymbol{K}_{\mathrm{v}}\dot{\boldsymbol{E}}+\boldsymbol{K}_{\mathrm{p}}\boldsymbol{E}\end{cases} \tag{8-5}$$

式中，$\boldsymbol{\tau}'$为关节力矩；$\boldsymbol{E}=\boldsymbol{q}_{\mathrm{d}}-\boldsymbol{q}$，$\dot{\boldsymbol{E}}=\dot{\boldsymbol{q}}_{\mathrm{d}}-\dot{\boldsymbol{q}}$，为误差。

控制系统的结构框图如图 8-3 所示。

由式(8-3)～式(8-5)可以得出，表示闭环系统的误差方程为

$$\ddot{\boldsymbol{E}}+\boldsymbol{K}_{\mathrm{v}}\dot{\boldsymbol{E}}+\boldsymbol{K}_{\mathrm{p}}\boldsymbol{E}=\boldsymbol{0} \tag{8-6}$$

由于增益矩阵 $\boldsymbol{K}_{\mathrm{v}}$ 和 $\boldsymbol{K}_{\mathrm{p}}$ 是对角形，因而式(8-6)是解耦的，并可写成 n 个单关节的形式

$$\ddot{\boldsymbol{E}}_i+\boldsymbol{K}_{\mathrm{v}i}\dot{\boldsymbol{E}}+\boldsymbol{K}_{\mathrm{p}i}\boldsymbol{E}=0,\quad i=1,2,\cdots,n \tag{8-7}$$

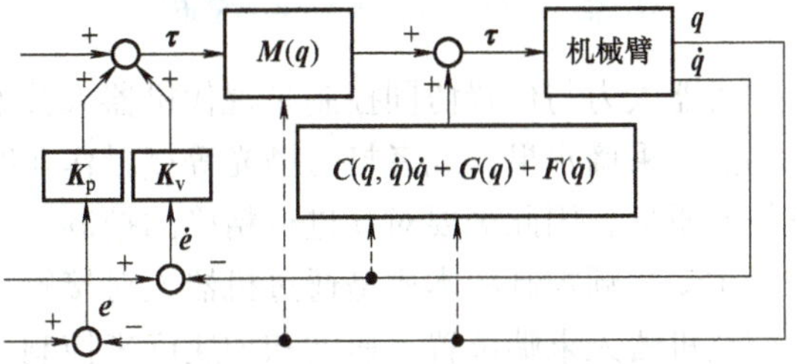

图 8-3　控制系统的结构框图

实际上，由于系统动态模型不准确等原因，式(8-7)所表示的是理想情况。

8.2.2　机器人力控制

机器人力控制的目的是控制机器人各关节，使其末端表现出一定的力和力矩特性。当机器人在空间跟踪轨迹运动时，可采用位置控制，机器人会严格按照预先设定的位置轨迹进行运动。但是，当机器人在完成一些与环境存在力作用的任务如打磨、装配时，单纯的位置控制会由于位置误差的存在引起过大的作用力，从而伤害零件或机器人。机器人在这类运动受限环境中运动时，往往需要配合力控制来使用。力控制以控制机器人与障碍物间的作用力为目标。当机器人遇到障碍物时，会智能地调整预设位置轨迹，从而消除内力。机器人力控制的作用非常大，广泛应用在康复训练、人机协作和柔顺生产领域。

力控制可以用于控制施加在机器人末端执行器上的各种类型的力，包括接触力和扭矩力。其中接触力指用于控制机器人与外部物体之间的力。例如，在装配任务中，机器人可以控制其末端执行器施加在零件上的接触力，以确保正确的装配和插入。扭矩力指用于控制机器人施加的力，也称为力矩。这种控制常用于旋转、拧紧或旋转的应用中，以确保施加的扭矩力满足特定的要求。

在自由空间中，力控制的目的是实现期望的力输出。机器人末端执行器施加的力与期望的力之间的差异被用作控制反馈信号，控制系统通过调整输出力来减小差异，并使实际施加的力逐渐收敛到期望的力。然而在约束空间中，机器人与外部物体发生接触，接触力会对机器人产生影响。此时，力控制的目标是使接触力收敛到期望的力。机器人感知接触力传感器测得的接触力数据，并将其与期望的力进行比较。控制系统会根据差异调整机器人的输出力，使接触力逐渐趋近于期望的力水平。因此在自由空间中，力控制的目标是实现期望的力输出，而在约束空间中，力控制的目标是使接触力收敛到期望的力水平。在这两种情况下，力控制的目标都是控制输出力以实现与期望力的一致性。

力控制可分为直接力控制和间接力控制。直接力控制的作用是实现机器人与环境作用力的精确控制，常采用 PID 控制方法，其特点是具有力回路，直接控制期望力。图 8-4 所示为采用 PI 控制方法实现的直接力控制。

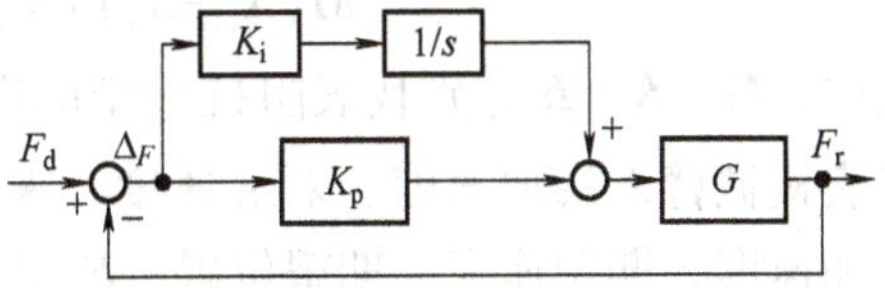

图 8-4　采用 PI 控制方法实现的直接力控制

图 8-4 中，F_{d} 和 F_{r} 分别表示期望力和传感器测得的力，K_{p} 和 K_{i} 分别表示比例系数和积分系数。间接力控制通过控制位置实现力控制，没有

明确的力回路，例如阻抗控制。

8.2.3 机器人力与位置协同控制

机器人力与位置协同控制是现代机器人技术中至关重要的一个方面。当机械臂执行抓握生鸡蛋、采摘水果，或者打磨抛光等接触作业时，接触力的大小将会决定作业的成功与否以及作业质量，因此需要对其进行精确的控制，于是产生了力与位置协同控制的研究热点。

主动柔顺控制的本质是通过机器人对接触力的信号反馈，采取相应的主动控制策略，通过调整机器人末端位置、速度和加速度来控制力保持恒定，实现接触操作过程的力顺从。力与位置协同控制是一种主动柔顺控制方法，旨在实现机械臂执行任务时对力和位置的精确控制，并能够根据工作环境的变化自动调整控制策略。力与位置协同控制方法将机械臂的工作任务空间正交分解为力和位置子空间，并在两个子空间中分别建立控制回路，从而实现期望力和位置的控制，是直接力控制的经典方法之一，其框图如图 8-5 所示。在这种控制方法中，机械臂的作业过程被分为位置控制和力控制两个状态，并且可以根据需要在这两种状态之间进行相互切换。这种主动柔顺控制方法的优势在于能够实现交互力跟随给定值的变化，提高了机械臂在复杂环境中的适应性和灵活性。

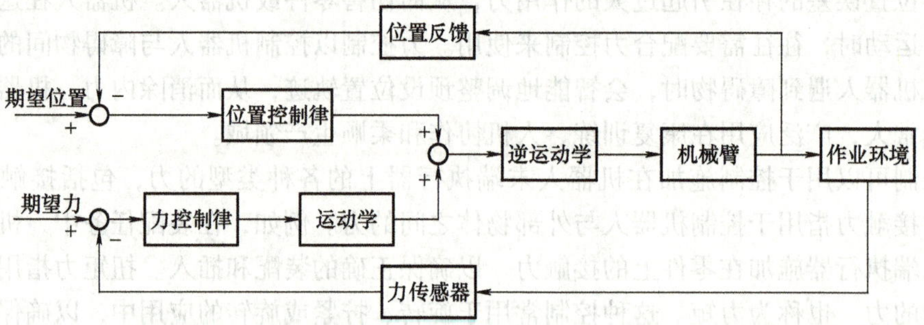

图 8-5　力与位协同控制框图

阻抗控制也是主动柔顺控制中重要的一类方法，它含有内外两个控制闭环，通过负反馈调节机械臂末端位置与接触力之间的动态关系，最终使接触力保持在期望水平上，属于间接力控制。实质上，机械臂阻抗控制是将机械臂力与位置协同控制系统等效为一个阻尼-弹簧-质量系统，使用该系统描述机械臂与环境间接触力和位置的关系，可以通过调节阻抗控制器的惯性参数、阻尼参数和刚度参数来调节机械臂末端与环境间的接触力和位置关系。依据控制量的不同，常见的等效阻抗控制一般可以表示为以下三种形式：

$$\boldsymbol{M}\ddot{\boldsymbol{X}}+\boldsymbol{B}\dot{\boldsymbol{X}}+\boldsymbol{K}(\boldsymbol{X}_m-\boldsymbol{X}_r)=\boldsymbol{F}_e-\boldsymbol{F}_d \tag{8-8}$$

$$\boldsymbol{M}\ddot{\boldsymbol{X}}+\boldsymbol{B}(\dot{\boldsymbol{X}}_m-\dot{\boldsymbol{X}}_r)+\boldsymbol{K}(\boldsymbol{X}_m-\boldsymbol{X}_r)=\boldsymbol{F}_e-\boldsymbol{F}_d \tag{8-9}$$

$$\boldsymbol{M}(\ddot{\boldsymbol{X}}_m-\ddot{\boldsymbol{X}}_r)+\boldsymbol{B}(\dot{\boldsymbol{X}}_m-\dot{\boldsymbol{X}}_r)+\boldsymbol{K}(\boldsymbol{X}_m-\boldsymbol{X}_r)=\boldsymbol{F}_e-\boldsymbol{F}_d \tag{8-10}$$

式中，$\boldsymbol{M}$、$\boldsymbol{K}$、$\boldsymbol{B}$ 分别代表阻抗模型的惯性矩阵、刚度矩阵、阻尼矩阵；$\ddot{\boldsymbol{X}}_m$、$\dot{\boldsymbol{X}}_m$、$\boldsymbol{X}_m$ 分别代表机械臂末端加速度、末端速度、末端位置向量；$\ddot{\boldsymbol{X}}_r$、$\dot{\boldsymbol{X}}_r$、$\boldsymbol{X}_r$ 分别代表机械臂末端的期望加速度、期望速度、期望位置；$\boldsymbol{F}_e$ 代表机械臂末端位置与环境的接触力；$\boldsymbol{F}_d$ 代表机械臂末端的期望力。用质量-阻尼-刚度二阶系统描述机械臂与环境之间的接触力、位置关系的阻抗控制等效示意图如图 8-6 所示。

阻抗控制可以分为基于力的阻抗控制（阻抗控制）和基于位置的阻抗控制（导纳控制）。

基于力的阻抗控制将机械臂末端位置偏差转换为控制力矩，通过控制力矩直接调节末端接触力，进而实现柔顺交互。图 8-7 所示为阻抗特性示意图，X 表示机械臂末端实际轨迹与期望轨迹之差（位置控制部分），Z 表示等效的阻抗模型（阻尼-弹簧-质量模型），F 表示机械臂末端与环境的接触力。

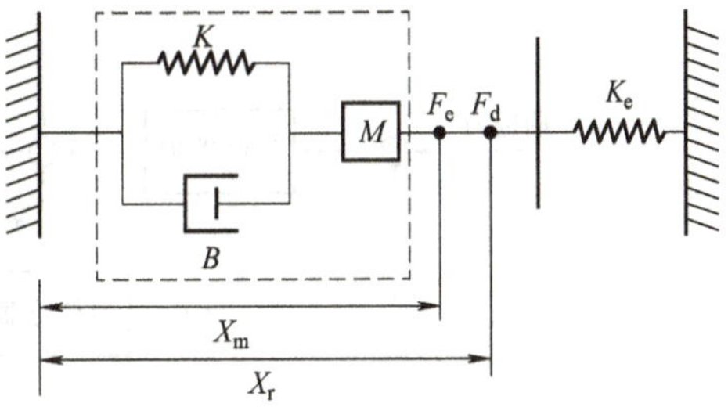

图 8-6　阻抗控制等效示意图

图 8-8 所示为阻抗控制框图。该框图由内环和外环两部分组成，内环负责力跟踪控制，外环负责位置跟踪控制。在图 8-8 中，力跟踪控制起到了控制机械臂施加在外部环境中的力的作用。通过跟踪阻抗控制器生成的期望力，内环能够对机械臂的力输出进行精确调节和控制，这使得机械臂能够在与外部环境进行交互时保持所需的力水平，从而实现对力的准确控制。而在外环中，位置控制起到了指导机械臂运动以跟踪给定位置的作用。外环监测机械臂当前位置与给定参考位置之间的差异，并根据这一差异来调节机械臂的运动，使其能够实现对给定位置的准确跟踪。这种位置跟踪控制使得机械臂能够在非结构环境中稳定地执行任务，提高了机械臂的精确性和适应性。

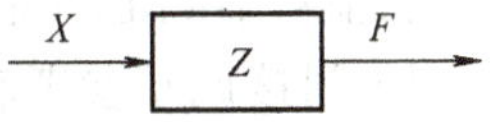

图 8-7　阻抗特性示意图

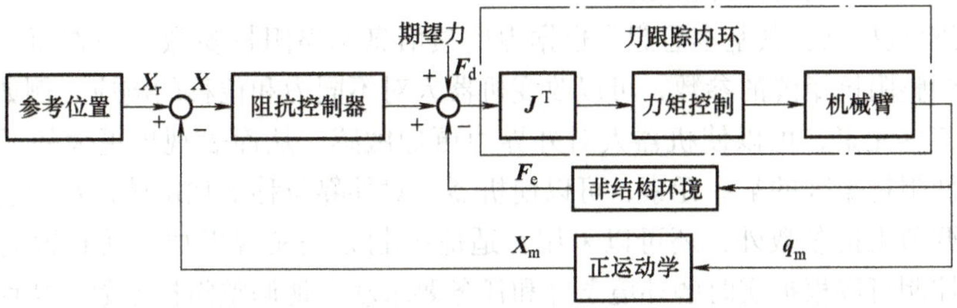

图 8-8　阻抗控制框图

基于位置的阻抗控制通过力传感器获取外界对末端的外力，将其带入阻尼-弹簧-质量模型中，通过调整末端的位置、速度等实现与外力的平衡。图 8-9 所示为导纳特性示意图，$1/Z$ 表示等效的导纳控制模型。

图 8-10 所示为导纳控制框图。该框图同样分为内环和外环。内环负责位置控制，一般通过 PID 控制实现；外环负责力控制。机器人末端安装的力传感器采集末端的接触力信息，然后通过导纳控制模型将力信息转化为末端的位置修正量（机械臂末端位移和速度），将位置修正量、期望位置和实际位置输入到内环的位置控制器中，使实际位置跟踪期望位置，通过位置和运动学逆解可以求出关节的运动信息，并转换为关节力矩信息，将力矩信号进一步转化为关节电机的电流来控制机械臂，从而使机器人末端可以输出力。

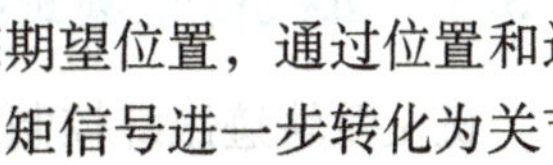

图 8-9　导纳特性示意图

对于环境信息确定或应用于已知的静态环境，经典的力控制策略如阻抗控制和力与位置协同控制等可以取得较好的力跟踪效果。但是，当机械臂与复杂的非结构环境交互时，由于环境刚度和位置未知，很难应用各种未知特征获得精确模型，若系统的控制精度过度依赖于给定的虚拟轨迹，则力跟踪精度无法得到保障。

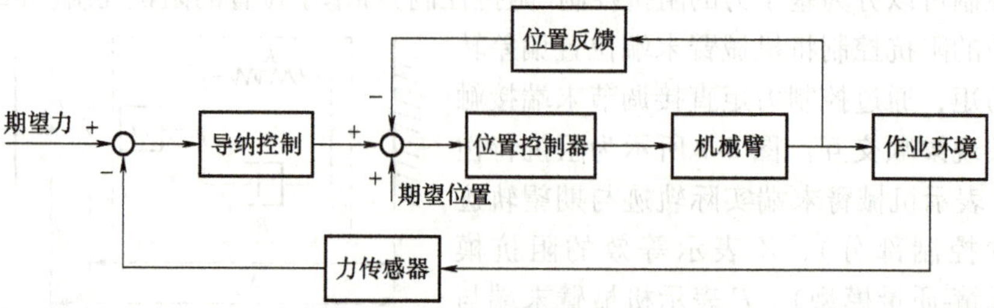

图 8-10 导纳控制框图

目前对不确定环境下力跟踪控制的研究可分为以下三类。

1）间接调整参考轨迹。其基本思想是识别包括刚度和位置在内的环境信息。通过利用自适应技术估计环境刚度或调整控制器增益，以补偿基于力误差的未知环境刚度，也可以利用神经网络补偿不确定环境下的力控制，在一定的环境范围内准确地估计出被跟踪的力。

2）直接调整参考轨迹。其基本思想是利用先验信息直接更新参考轨迹。模型利用自适应控制技术在线生成参考位置，作为力跟踪误差的函数。根据力误差，利用预测生成参考轨迹，如采用扩展卡尔曼滤波进行估计。但这种方法由于忽略了机器人和环境的动态物理特性，往往会产生较大的力跟踪误差。

3）可变阻抗控制。其基本思想是根据力反馈信息调整阻抗参数。一方面，在变阻抗控制中，通过调整阻抗矩阵的参数，可以改变机器人对不同力和位移的响应。例如，通过增加阻抗矩阵的某些元素，可以使机器人对外界力更加敏感，从而表现出更大的柔性。另一方面，通过降低阻抗矩阵的某些元素，可以使机器人对外界位移更加敏感，从而表现出更大的刚性。除了调节阻抗参数外，还可以采用自适应控制方法实现更加灵活和智能的变阻抗控制。自适应控制可以根据实时的环境条件和任务要求动态地调整阻抗参数，从而使机器人能够在不同情况下实现最佳性能。

8.3 智能控制技术在机器人中的应用

在机器人领域，智能控制技术已成为研究和应用的热门方向。这些技术有效提高了机器人系统的环境适应能力，使得机器人在各种应用场景中的性能有显著的改进。本节将重点讲解智能控制技术在机械臂轨迹跟踪、柔性关节机器人控制以及人机交互中的应用。

8.3.1 机械臂轨迹跟踪神经网络控制

机械臂轨迹跟踪控制作为机械臂控制的重点问题，要求机械臂各关节的实际轨迹跟踪给定的期望轨迹。机械臂的期望轨迹是随时间变化的曲线，因此实时控制末端执行器跟踪期望轨迹是处理轨迹跟踪问题的关键。轨迹跟踪问题本质上是时变逆运动学求解的问题。机械臂的整体运动学模型系数矩阵是时变矩阵，并且要求在坐标系 X 轴、Y 轴、Z 轴上同时跟踪，因此机械臂轨迹跟踪问题转化为时变非线性方程组求解问题。由于此控制问题是建立在机械臂动力学基础上的，因此控制问题就转到了机械臂动力学控制上，传统的机械臂动力学控制结构如图 8-11 所示。

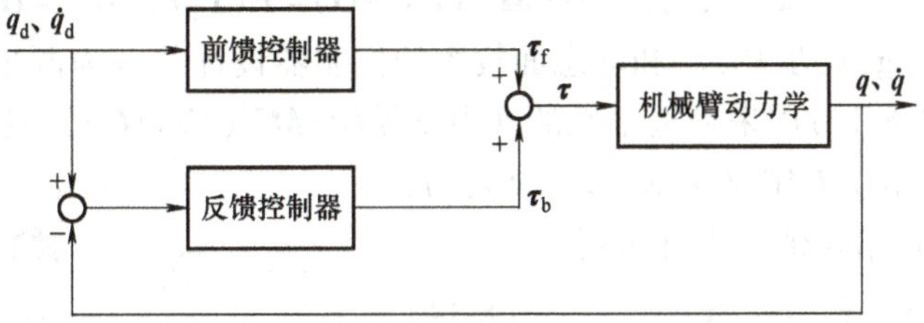

图 8-11　传统的机械臂动力学控制结构

由图 8-11 可以看出，机械臂控制器包括前馈控制器和反馈控制器，其中关键的部分是设计前馈控制器。如何设计控制器以保证控制系统性能，跟机械臂动力学模型有很大关系。

在机械臂动力学模型已知的前提下，现有的控制算法可以解决机械臂的轨迹跟踪控制问题。但是在实际情况下，由于机械臂关节存在耦合、摩擦等非线性因素和负载变化等外部扰动的影响，机械臂的动力学模型往往不能精确得到。将神经网络技术结合到机器人控制中，可以解决机器人模型复杂的问题。本节将重点讲解利用神经网络建立机械臂控制模型的优点与缺点、全局自适应神经网络控制器的设计与应用。

针对机器人系统存在的不确定性和扰动，传统控制算法需要建立动力学模型。动力学模型在模型建立上比运动学模型复杂，在处理速度方面较慢，缺乏实时性，导致应用中出现滞后现象。神经网络控制从根本上改变了传统控制系统的设计思路，是一种不需要被控对象数学模型的控制方法。在控制系统中，神经网络作为控制器或辨识器。神经网络控制系统主要的系统形式是负反馈调节。

1. 机械臂控制系统

首先对机械臂闭环控制系统进行分析。在基于神经网络的机械臂控制系统中，先在任务空间（笛卡儿空间）中指定参考轨迹 $\boldsymbol{x}_d$，然后运用闭环逆运动学方法计算相应的关节角 $\boldsymbol{q}_d$，其算法如下：

$$\boldsymbol{q}_d=\int_0^t \boldsymbol{K}_p \boldsymbol{J}^T(\boldsymbol{q})\boldsymbol{e}\mathrm{d}\boldsymbol{\sigma} \tag{8-11}$$

式中，$\boldsymbol{K}_p$ 是正定矩阵，$\boldsymbol{J}(\boldsymbol{q})$ 是雅可比矩阵，$\boldsymbol{e}$ 是机械臂在任务空间中的实际位置 $\boldsymbol{x}$ 与任务空间指定参考轨迹 $\boldsymbol{x}_d$ 的差值。

2. 全局自适应神经网络控制器的设计

根据前面的分析可知，n 关节机械臂的动力学方程有如下形式：

$$\boldsymbol{M}(\boldsymbol{q})\ddot{\boldsymbol{q}}+\boldsymbol{C}(\boldsymbol{q},\dot{\boldsymbol{q}})\dot{\boldsymbol{q}}+\boldsymbol{G}(\boldsymbol{q})=\boldsymbol{\tau} \tag{8-12}$$

且具有如下性质。

1）惯性矩 $\boldsymbol{M}(\boldsymbol{q})$ 是一个对称正定矩阵。

2）$\boldsymbol{M}(\boldsymbol{q})+\boldsymbol{C}(\boldsymbol{q},\dot{\boldsymbol{q}})$ 是斜对称矩阵。对于 $\forall z\in R^n$，满足 $z^T[\boldsymbol{M}(\boldsymbol{q})+\boldsymbol{C}(\boldsymbol{q},\dot{\boldsymbol{q}})]z=0$

3）$\boldsymbol{M}(\boldsymbol{q})$、$\boldsymbol{C}(\boldsymbol{q},\dot{\boldsymbol{q}})$、$\boldsymbol{G}(\boldsymbol{q})$ 均有界。

假设系统中所有的参考信号及其导数都是光滑且有界的函数，将动力学方程转化为严格反馈形式下的多输入多输出向量函数表达式：

$$\begin{cases}\dot{\boldsymbol{x}}_1=\boldsymbol{x}_2\\ \dot{\boldsymbol{x}}_2=-\boldsymbol{M}^{-1}(\boldsymbol{C}\boldsymbol{x}_2+\boldsymbol{G})+\boldsymbol{M}^{-1}\boldsymbol{u}\end{cases} \tag{8-13}$$

式中，$\boldsymbol{x}_1=\boldsymbol{q}=[q_1,\cdots,q_n]\in R^n$，$\boldsymbol{x}_2=\dot{\boldsymbol{q}}=[\dot{q}_1,\cdots,\dot{q}_n]\in R^n$。假设 $\boldsymbol{M}(\boldsymbol{q})$、$\boldsymbol{C}(\boldsymbol{q},\dot{\boldsymbol{q}})$、$\boldsymbol{G}(\boldsymbol{q})$ 都未知，定义 $\bar{\boldsymbol{x}}_1=\boldsymbol{x}_1$，$\bar{\boldsymbol{x}}_2=[\boldsymbol{x}_1^{\mathrm{T}},\boldsymbol{x}_2^{\mathrm{T}}]^{\mathrm{T}}$，并且令 $-\boldsymbol{M}^{-1}(\boldsymbol{C}\boldsymbol{x}_2+\boldsymbol{G})=\boldsymbol{F}(\bar{\boldsymbol{x}}_2)$，$\boldsymbol{M}^{-1}=\boldsymbol{H}(\bar{\boldsymbol{x}}_2)$。

基于 Backstepping（反步）方法和动态面技术的控制器设计共分为两步，在控制器中设计 RBF 神经网络（见图 8-12）用来逼近未知的动力学模型 $-\boldsymbol{M}^{-1}(\boldsymbol{C}\boldsymbol{x}_2+\boldsymbol{G})$，具体步骤如下。

1）机械臂关节角误差定义为 $\tilde{\boldsymbol{x}}_1=\boldsymbol{x}_1-\boldsymbol{x}_{1\mathrm{d}}$，其中 $\boldsymbol{x}_{1\mathrm{d}}=\boldsymbol{q}_{\mathrm{d}}$，是关节角给定值。求导可得

$$\dot{\tilde{\boldsymbol{x}}}_1=\dot{\boldsymbol{x}}_1-\dot{\boldsymbol{x}}_{1\mathrm{d}}=\boldsymbol{x}_2-\dot{\boldsymbol{x}}_{1\mathrm{d}} \tag{8-14}$$

式中，$\dot{\boldsymbol{x}}_{1\mathrm{d}}=\dot{\boldsymbol{q}}_{\mathrm{d}}$。

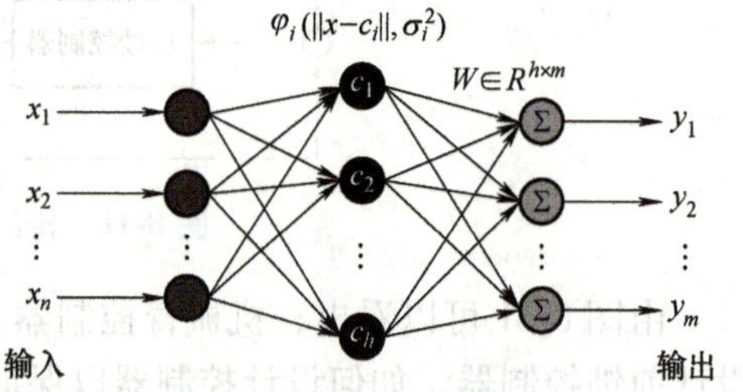

图 8-12　RBF 神经网络

将 $\boldsymbol{x}_2$ 作为式（8-14）的虚拟控制器，并设计 $\boldsymbol{x}_{2\mathrm{C}}$ 表达式如下：

$$\boldsymbol{x}_{2\mathrm{C}}=-\boldsymbol{K}_1\tilde{\boldsymbol{x}}_1+\dot{\boldsymbol{x}}_{1\mathrm{d}} \tag{8-15}$$

式中，$\boldsymbol{K}_1=\mathrm{diag}(k_{11},k_{12},\cdots,k_{1n})$，且有 $k_{1i}>0$，$i=1，2，\cdots，n$。

定义 $\tilde{\boldsymbol{x}}_2=\boldsymbol{x}_2-\boldsymbol{x}_{2\mathrm{d}}$，一个新的误差变量 $\boldsymbol{y}_2$ 满足

$$\boldsymbol{y}_2=\boldsymbol{x}_{2\mathrm{d}}-\boldsymbol{x}_{2\mathrm{C}} \tag{8-16}$$

式（8-14）可以转化为如下形式：

$$\begin{aligned}\dot{\tilde{\boldsymbol{x}}}_1&=\boldsymbol{x}_2-\dot{\boldsymbol{x}}_{1\mathrm{d}}\\&=\boldsymbol{x}_2-\boldsymbol{x}_{2\mathrm{d}}+\boldsymbol{x}_{2\mathrm{d}}-\boldsymbol{x}_{2\mathrm{C}}+\boldsymbol{x}_{2\mathrm{C}}-\dot{\boldsymbol{x}}_{1\mathrm{d}}\\&=\tilde{\boldsymbol{x}}_2+\boldsymbol{y}_2-\boldsymbol{K}_1\tilde{\boldsymbol{x}}_1\end{aligned} \tag{8-17}$$

2）机械臂关节角速度误差信号定义为 $\tilde{\boldsymbol{x}}_2=\boldsymbol{x}_2-\boldsymbol{x}_{2\mathrm{d}}$，其中 $\boldsymbol{x}_{2\mathrm{d}}=\dot{\boldsymbol{q}}_{\mathrm{d}}$。对 $\tilde{\boldsymbol{x}}_2$ 求导，并代入式（8-13）可得

$$\dot{\tilde{\boldsymbol{x}}}_2=\dot{\boldsymbol{x}}_2-\dot{\boldsymbol{x}}_{2\mathrm{d}}=\boldsymbol{F}+\boldsymbol{H}\boldsymbol{\tau}-\dot{\boldsymbol{x}}_{2\mathrm{d}} \tag{8-18}$$

式中，$\dot{\boldsymbol{x}}_{2\mathrm{d}}=\ddot{\boldsymbol{q}}_{\mathrm{d}}$。

使用 RBF 神经网络在紧集 $\boldsymbol{\Omega}_{\bar{x}_2}$ 内逼近未知的动态模型 $\boldsymbol{F}$，可得

$$\boldsymbol{F}=\boldsymbol{W}_{\mathrm{F}}^{*\mathrm{T}}\boldsymbol{S}_{\mathrm{F}}(\bar{\boldsymbol{x}}_2)+\boldsymbol{\varepsilon}_{\mathrm{F}} \tag{8-19}$$

式中，$\boldsymbol{W}_{\mathrm{F}}^{*\mathrm{T}}$ 是理想的权值矩阵；$\boldsymbol{S}_{\mathrm{F}}$ 是基函数向量；$\boldsymbol{\varepsilon}_{\mathrm{F}}$ 是误差向量，同时满足 $\|\boldsymbol{\varepsilon}_{\mathrm{F}}\|<\boldsymbol{\varepsilon}_{\mathrm{m}}$。

$$\hat{\boldsymbol{H}}\boldsymbol{\tau}=-\boldsymbol{K}_2\tilde{\boldsymbol{x}}_2+\dot{\boldsymbol{x}}_{2\mathrm{d}}-\boldsymbol{B}_2(\bar{\boldsymbol{x}}_2)\boldsymbol{u}^{\mathrm{N}}-[\boldsymbol{I}-\boldsymbol{B}_2(\bar{\boldsymbol{x}}_2)]\boldsymbol{u}^{\mathrm{r}} \tag{8-20}$$

式中，$\boldsymbol{K}_2=\mathrm{diag}(k_{21},k_{22},\cdots,k_{2n})$，$k_{2i}>0$，$i=1，2，\cdots，n$；$\boldsymbol{I}$ 是单位矩阵；$\hat{\boldsymbol{H}}=\hat{\boldsymbol{W}}_{\mathrm{H}}^{\mathrm{T}}\boldsymbol{S}_{\mathrm{H}}$。有如下等式成立：

$$\begin{cases}\boldsymbol{u}^{\mathrm{N}}=\hat{\boldsymbol{F}}(\bar{\boldsymbol{x}}_2)=\hat{\boldsymbol{W}}_{\mathrm{F}}^{\mathrm{T}}\boldsymbol{S}_{\mathrm{F}}(\bar{\boldsymbol{x}}_2)\\ \boldsymbol{u}^{\mathrm{r}}=\boldsymbol{F}^{\mathrm{U}}(\bar{\boldsymbol{x}}_2)\tanh\left(\dfrac{\tilde{\boldsymbol{x}}_2^{\mathrm{T}}\boldsymbol{F}^{\mathrm{U}}(\bar{\boldsymbol{x}}_2)}{\omega_2}\right)\end{cases} \tag{8-21}$$

式中，$\hat{\boldsymbol{W}}_{\mathrm{F}}^{\mathrm{T}}$ 和 $\hat{\boldsymbol{W}}_{\mathrm{H}}^{\mathrm{T}}$ 分别是对 $\boldsymbol{W}_{\mathrm{F}}^{*\mathrm{T}}$ 和 $\boldsymbol{W}_{\mathrm{H}}^{*\mathrm{T}}$ 的估计，ω_2 是一个设计的正参数，$\boldsymbol{F}^{\mathrm{U}}(\bar{\boldsymbol{x}}_2)$ 是未知动态 $\boldsymbol{F}(\bar{\boldsymbol{x}}_2)$ 的上界。式（8-18）可写为

$$\begin{aligned}\dot{\tilde{\boldsymbol{x}}}_2&=\boldsymbol{F}+\boldsymbol{H}\boldsymbol{\tau}-\dot{\boldsymbol{x}}_{2\mathrm{d}}\\&=(\tilde{\boldsymbol{H}}+\hat{\boldsymbol{H}})\boldsymbol{\tau}+\boldsymbol{F}-\dot{\boldsymbol{x}}_{2\mathrm{d}}\\&=\hat{\boldsymbol{H}}\boldsymbol{\tau}-\boldsymbol{K}_2\tilde{\boldsymbol{x}}_2+\boldsymbol{B}_2(\bar{\boldsymbol{x}}_2)(\tilde{\boldsymbol{F}}+\boldsymbol{\varepsilon}_{\mathrm{F}})+[\boldsymbol{I}-\boldsymbol{B}_2(\bar{\boldsymbol{x}}_2)](\boldsymbol{F}-\boldsymbol{u}^{\mathrm{r}})\end{aligned} \tag{8-22}$$

式中，$\tilde{\boldsymbol{F}}=\tilde{\boldsymbol{W}}_{\mathrm{F}}^{\mathrm{T}}\boldsymbol{S}_{\mathrm{F}}(\bar{\boldsymbol{x}}_2)$，$\tilde{\boldsymbol{H}}=\tilde{\boldsymbol{W}}_{\mathrm{H}}^{\mathrm{T}}\boldsymbol{S}_{\mathrm{H}}(\bar{\boldsymbol{x}}_2)$，$\tilde{\boldsymbol{W}}_{\mathrm{F}}=\boldsymbol{W}_{\mathrm{F}}^*-\hat{\boldsymbol{W}}_{\mathrm{F}}$，$\tilde{\boldsymbol{W}}_{\mathrm{H}}=\boldsymbol{W}_{\mathrm{H}}^*-\hat{\boldsymbol{W}}_{\mathrm{H}}$。

全局神经网络的自适应学习算法如下：

$$\begin{cases}\dot{\hat{\boldsymbol{M}}}_{\mathrm{F}}=\boldsymbol{\Gamma}_{\mathrm{F}}\left[\boldsymbol{S}_{\mathrm{F}}\tilde{\boldsymbol{x}}_2^{\mathrm{T}}\boldsymbol{B}_2(\bar{\boldsymbol{x}}_2)-\delta_{\mathrm{F}}\hat{\boldsymbol{W}}_{\mathrm{F}}\right]\\ \dot{\hat{\boldsymbol{M}}}_{\mathrm{H}}=\boldsymbol{\Gamma}_{\mathrm{H}}(\boldsymbol{S}_{\mathrm{H}}\boldsymbol{\tau}\tilde{\boldsymbol{x}}_2^{\mathrm{T}}-\delta_{\mathrm{H}}\hat{\boldsymbol{W}}_{\mathrm{H}})\end{cases} \tag{8-23}$$

式中，$\boldsymbol{\Gamma}_{\mathrm{F}}$ 和 $\boldsymbol{\Gamma}_{\mathrm{H}}$ 是设计的正定矩阵，δ_{F} 和 δ_{H} 是设计的正参数。

至此，全局自适应神经网络控制器的设计已经完成，其基本思想是在传统自适应神经网络控制器的基础上通过引入一个 n 阶导光滑的切换函数 $\boldsymbol{B}_2(\bar{\boldsymbol{x}}_2)$，将神经网络控制器与鲁棒控制器相结合，实现系统全局一致最终有界稳定。

神经网络控制器是一种具有学习能力的智能系统，又称学习控制系统。一方面，通过对机器人实际运行过程中的样本数据进行学习，神经网络能够得到该机器人运动学或动力学输入输出量之间的非线性关系。由于神经网络的建立过程并不直接依赖于机器人的实际参数，所得到的这种非线性关系能够使系统不受参数不确定性对控制造成的影响。另一方面，神经网络控制系统具有很强的鲁棒性，能够降低机器人系统对特性或参数扰动的敏感性，使得机器人进一步智能化，从而实现机器人实时控制的目的。同时，神经网络应用于机器人轨迹跟踪控制是一种能够逼近精度更高的控制方法，保证了机器人末端执行器的位置和速度跟踪误差逐渐收敛于零。

总而言之，与古典控制器及现代控制器相比，神经网络控制器的最大优点是神经网络控制器的设计与被控对象的数学模型无关，这也是神经网络能够在自动控制中立足的根本原因；而其缺点是神经网络需要在线或者离线展开学习训练，并利用训练结果进行系统设计。这种训练在很大程度上依赖于训练样本的准确性，而训练样本的选取带有人为的因素。

8.3.2 柔性关节机器人自适应控制

协作机器人需要在动态变化和非结构化的工作环境中安全地执行物理交互。一种常用的方法是利用柔性关节来提高机械臂机械结构的柔顺性。柔性关节为机械臂提供了柔顺性，可以避免机械臂与障碍物之间接触力过大的现象。因此，柔性关节机械臂在人与机器人的物理协作领域得到了广泛应用。

协作机器人各个关节工作相对独立，关节之间的通信依靠电缆进行。这种相对独立的结构虽然体现了协作机器人轻量化的特点，但是同时会带来关节柔性问题。机械臂柔性产生的原因根据产生位置的不同，分为机械臂连杆间柔性和关节柔性。连杆间柔性产生的主要原因是设计时选取的材料刚度系数较低，由材料引起的连杆间柔性问题处理起来比较困难，需要解决材料的刚性问题。

关节柔性产生的主要原因是由于谐波减速器、力矩传感器等柔性器件的使用，导致关节的刚度降低，柔性关节机械臂的模型具有高度非线性、强耦合性和时变性等特点，加大了控制器设计的难度。同时，它的运动学和动力学模型不可避免地存在不确定性，较难用精确的模型来设计其控制器。本小节设计了智能伺服控制策略，来增加系统的内外抗干扰能力，提高系统的控制精度；同时对关节参数进行辨识，进而提高机械臂关节的工作性能。

协作机器人关节控制本质上是实现永磁同步电动机位置控制。利用 MATLAB/Simulink

仿真工具，搭建的位置环、速度环、电流环控制器和矢量变换模块，并选取合理的永磁同步电动机模型，组成完整的基于 PID 控制的永磁同步电动机位置控制模型，如图 8-13 所示。

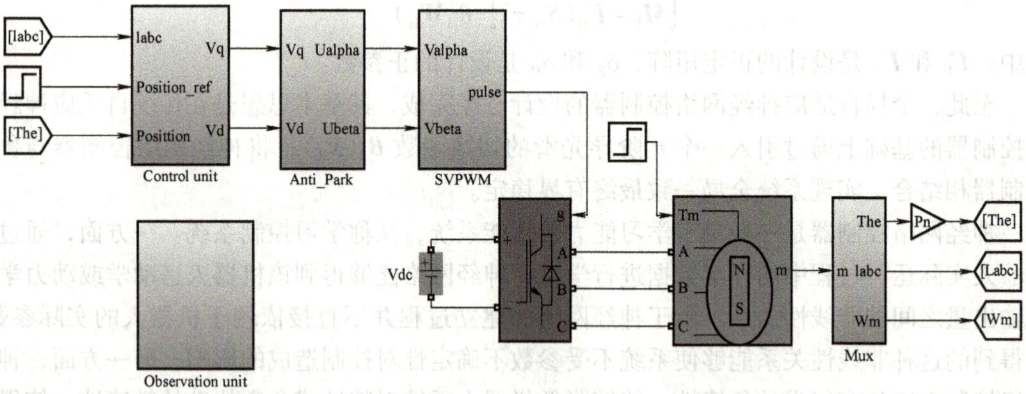

图 8-13　基于 PID 控制的永磁同步电动机位置控制模型

由图 8-13 可见，位置控制模型包括控制单元、输出观测单元、SVPWM(空间矢量脉宽调制)模块、电动机本体。控制单元主要包含位置、速度、电流控制器、信号采集模块、数据转换模块；输出观测单元主要用来分析电动机输出信号，包含三相电流、电动机转速、电动机位置、转矩等。SVPWM 模块用来生成驱动逆变器工作的 PWM(脉宽调制)信号；电动机本体主要输出电动机的转速、角度、电流、转矩、电压等信号，将上述信号作为反馈信号，进行闭环控制。

负载变化和外界扰动会导致系统的转动惯量发生变化。当转动惯量变大时，系统可能出现静态误差；当转动惯量变小时，系统会出现较大的超调从而导致系统不稳定，可以使用一种基于可调增益模型参考自适应控制的方法，用来辨识电动机转动惯量。

自适应控制系统目前主要的研究方向为自校正控制系统和模型参考自适应控制系统。模型参考自适应控制的主要思想是将不含未知参数的表达式作为参考模型，将含待辨识参数的表达式用于可调模型，且两个模型具有相同的输出物理意义。两个模型的偏差通过自适应律进行调整。当偏差无限接近时，即可辨识出实际物理模型中的待辨识参数。模型参考自适应算法在结构上主要分为可调模型、参考模型、自适应率，其结构框图如图 8-14 所示。

首先介绍模型参考自适应辨识算法的原理，其次设计变增益算法，使该模型能够根据当前辨识值的大小，自动选择合适的自适应增益。在模型参考自适应辨识算法中，自适应增益的选值直接影响辨识速度和精度。当伺服系统受到负载变化影响时，系统的转动惯量就会发生变化，此时若自适应增益不变，辨识结果会出现较大的波动。因此需要设计一种可调自适应增益算法，能够在负载发生变化时，及时调整自适应增益，并对转动惯量进行辨识。根据上述论述，可调自适应增益算法结构框图如图 8-15 所示。

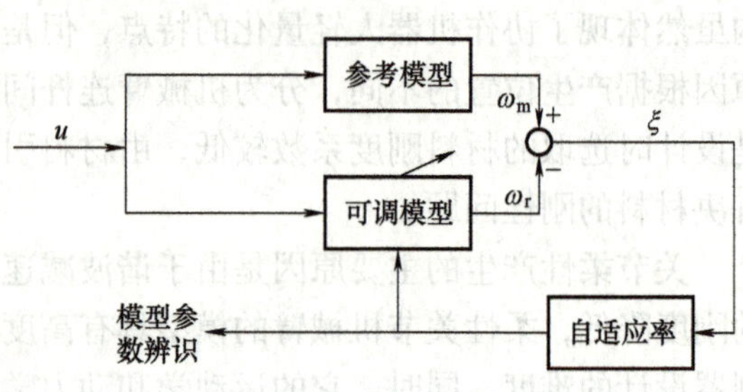

图 8-14　模型参考自适应算法结构框图

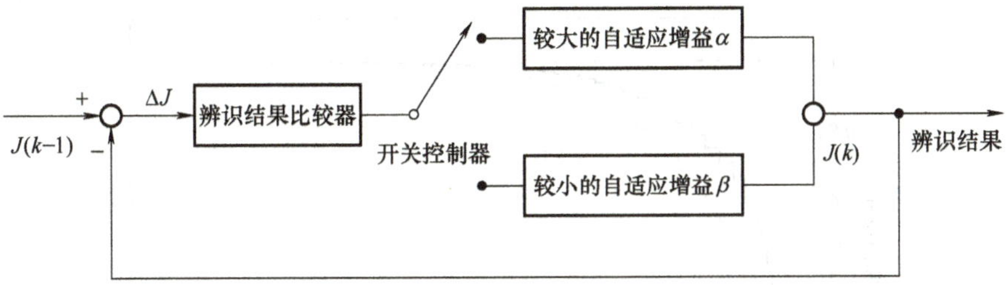

图 8-15　可调自适应增益算法结构框图

若机器人完成的任务是接触性作业(如清洁任务)，需要在机械臂末端与接触表面刚接触时与接触中实现力与位置的协同控制。由于机械臂末端在与环境接触的瞬间，接触力会有大幅振荡现象，容易造成清洁表面(尤其是玻璃等表面)的损坏、变形等。若在机械臂末端加入类似弹簧的缓冲装置来缓解接触力的冲击，则会导致采集到的接触力信息误差较大且末端的重力补偿问题也需考虑在内。针对复杂外部环境下采用阻抗控制方法力跟踪效果差的问题，本小节采用基于跟踪微分器的机械臂末端力与位置变阻抗协同控制方法来实现不同环境下接触性清洁作业中安全、有效的力控制。具体措施为将自适应变阻抗控制用于机械臂末端力与位置协同控制策略学习中，并基于 PI 控制思想设计自适应率，实现根据外部环境实时调整阻抗控制参数以应对斜坡、曲面等复杂环境中的力跟踪问题，由此保证清洁任务的顺利完成。

自适应率公式为

$$\begin{cases} b(t)=b-\Delta b(t)/\dot{\hat{e}}(t) \\ \Delta b(t)=\alpha[e_f(t-T)+\sum e_f(t-T)] \end{cases} \tag{8-24}$$

式中，b 为初始阻尼系数，α 为自适应系数，$\dot{\hat{e}}(t)$ 为估计误差。基于 PI 控制思想的自适应率主要通过力的差值 e_f、力差值的累加量 $\sum e_f$ 完成对阻尼参 $b(t)$ 的实时调整，以消除接触力与期望力之间的误差，实现高精度的期望力跟踪效果。此时，自适应变阻抗公式为

$$M(\ddot{x}_c-\ddot{x}_d)+[B_0+\Delta B(t)](\dot{x}_c-\dot{x}_d)=\Delta F \tag{8-25}$$

为解决接触力的冲击问题，缓解末端工具与环境接触时的冲击效果，采用非线性跟踪微分器对接触力进行滤波缓冲处理，非线性跟踪微分器为

$$\begin{cases} \dot{v}_1=v_2 \\ v_2=\mathrm{fhan}(v_1-v,v_2,r,h) \end{cases} \tag{8-26}$$

式中，r 为速度因子，对跟踪输入信号的速度有重要影响；h 是采样时间，其作用为控制系统的采样时长；fhan 函数为非线性跟踪微分器的核心，作用为使状态变量可以快速跟踪上系统的输入。如图 8-16 所示，选取不同的速度因子对于阶跃信号的跟踪效果不同，速度因子越大，跟踪速度越快。将跟踪微分器加入机械臂的控制算法中，选取合适的速度因子可保证接触力的缓冲过渡与快速响应。

自适应控制是能够根据性能指标和稳定性条件自动调整控制参数来保证良好工作状态的控制方法。对于难以设计的参数或难以估计的变量，通过采用自适应控制，可以很好地解决这些问题。但自适应控制也存在缺点，由于其需要实时在线辨识系统参数，因此存在计算量大、实现较为复杂、稳定性分析困难等缺点。

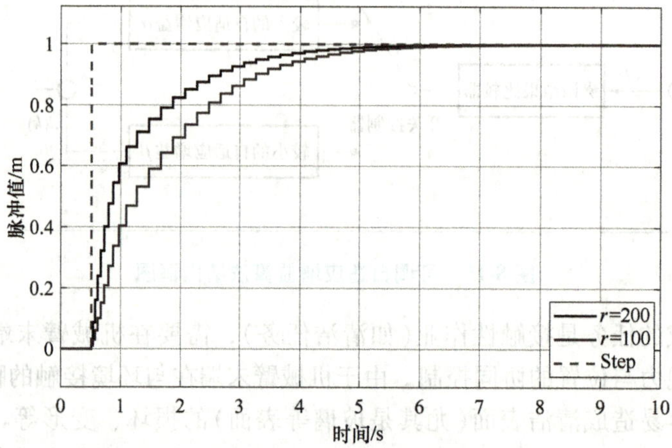

图 8-16 速度因子效果对比图

8.3.3 机器人控制技术在人机交互中的应用

机器人控制技术在人机交互中的应用是一个备受关注的研究领域，其旨在实现人与机器人之间的自然交互和合作。本小节将介绍机器人控制技术在人机交互中的应用场景和方法，包括语音识别、姿势识别、情感识别等方面；还将探讨机器人控制技术在智能家居、教育培训、服务行业和医疗护理等领域的应用案例，并展望未来的发展趋势和挑战。

1. 家居服务机器人的感知智能

服务机器人交互研究正在从人机交互走向人机协同。机器人与人的动态交互是人、产品、环境之间显性及隐形因素的动态连接，是一个具有交互性、动态性的复杂系统。在非结构化、非确定性的问题上，对于人类来说轻而易举的事情对于服务机器人的感知智能而言却是巨大的挑战。众所周知，可靠的感知智能是服务机器人实现自主行为的前提。当服务机器人处于一个高度动态、非结构化和不确定的家居环境之中，而其自身有限的感知智能无法提供充分的、实时的和优化的感知，服务机器人的能力和效用就会大打折扣。这就会导致服务机器人不能提供高效、高质量的家居服务，因而就无法被大众接受。

目前家居服务机器人对家居环境的感知智能上的局限性严重制约了其应用范围和应用效果，而这一局限性主要来自于机器人实现感知智能所需关键知识(即感知知识)的缺失。一方面，机器人受限于其自身有限的资源，无法携带大量传感器以获得充足的感知任务所需要的数据和相关的知识，因而也就无法对于家居环境有一个全面的了解。另一方面，机器人在执行感知任务的过程中需要处理大量来自家居环境的非结构化的、带噪声的视觉和声音等多媒体数据，以获得对外部环境的准确感知，但机器人自身所配备的有限的感知知识往往无法提供这一能力。因此，家居服务机器人急需自身平台之外的感知知识来源以实现自身可靠的感知智能。

深度学习是一类将大型人工神经网络(深度神经网络)应用于识别数据模式的机器学习算法。训练数据的不足会在深度神经网络的训练过程中引发过拟合现象，导致训练后得到的网络模型在未经训练的样本上性能表现较差，泛化能力不足。对于家居服务机器人而言，由于需要面对一个与实验室不同的家居环境，因此需要机器人从家居环境中实时地获得新的训练数据，并借助新数据对自身已有的存在缺陷的神经网络模型进行面向特定家居环境的定制化学习，而机器人从家居环境中实时获得的数据往往是连续到达的小批量数据。因而在家居环境中，传统的将深度神经网络训练所必需的大量带标注训练数据全部收集完毕并进行集中式学习的方法，难以满足家居服务机器人的实际需求。自演进式家居服务机器人概念图如图 8-17 所示。

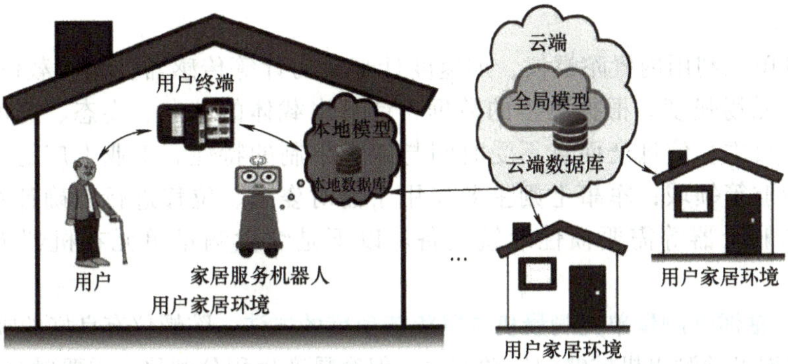

图 8-17　自演进式家居服务机器人概念图

深度学习下的一个子领域——迁移学习(Transfer Learning)，可以借助较小数量新的训练数据集实现深度神经网络的训练。迁移学习的主要思想是，面向某一目标任务的深度神经网络训练，可以使用一个在另一任务的大数据集上训练好的网络模型为起点，而非一个参数全部随机初始化的网络模型。可以将连续学习的思想与迁移学习的方法相结合，用以实现借助连续到达的小批量新数据训练深度神经网络。将连续学习的思想融入微调(Fine-tune)这一典型的迁移学习方法中，并通过一系列基于卷积神经网络(Convolutional Neural Networks, CNN)的训练实验，验证了在目标分类任务的输出类别不发生改变的情况下，借助一系列连续到达的新数据并采用连续微调的方法训练卷积神经网络，最终能够达到与集中所有新数据训练网络非常接近的性能。此外，通过引入用户以解决小部分新数据标注获取问题的主动学习(Active Learning)方法也得到了广泛的关注。该方法在以众包的方式向匿名用户征集数据标注的过程中，将难度最高的数据标注任务分配给最为专业的标注者去完成，以减少误标注现象的发生，提高模型性能。

综上所述，迁移学习、连续学习、主动学习的这些特点，对于自身存储空间和计算资源都十分有限的机器人，利用新数据进行深度神经网络训练以实现自身可靠的感知智能而言尤为合适，但目前关于这几个领域的现有研究大多数并未考虑它们在机器人上应用的特殊性。特别是对于家居服务机器人而言，进行迁移学习、连续学习、主动学习所涉及的新训练数据及其标注信息都需要通过与用户和家居环境的交互产生。因此，家居服务机器人的交互方式对于其借助新数据提供的知识实现自身感知智能的影响是一个需要进一步研究的问题。

2. 目标位姿估计与人机协同控制

目标位姿估计指的是根据目标物体的当前运动状态，估计其位置和姿态信息。目标位姿估计对于机械臂协同控制而言至关重要。目标位姿估计方法可以分为两大类：基于计算机视觉的方法与基于惯性传感器的方法。基于计算机视觉的方法采用 RGB(三原色)深度相机获取图像深度信息，将 2D(二维)图像特征扩伸到 3D(三维)空间并进行建模，从而对目标物体进行位姿估计，主流思想有基于深度学习、点云配准、模板的方法；基于惯性传感器的方法采用安置传感器的方法，通过传感器检测姿态信息，对目标物体的运动状态进行位姿估计，这种方法相比于图像的视觉识别，除去了光影、遮挡等因素干扰，所需处理的姿态数据量更少，同时因传感器设备成本低廉、耗能更少、交互方式更贴近人日常习惯而越来越受到研究人员青睐。

惯性测量单元利用内置陀螺仪、加速度计与磁力计等传感器，测量载体三轴角速度、线性加速度与磁场强度。根据测得的数据，计算出载体的航向、姿态、速度与位移等信息，具有完全自主、信息全面且不受时间与地域限制的特性。工业上广泛将其应用于机器人、汽车导航等领域；军事上则主要应用于需对姿态、位移进行精确计算的场合，如飞机、潜艇和航天器等需要惯性导航设备。以下是惯性测量单元在机器人控制中应用实例。

1）基于六轴惯性测量单元测量机械臂旋转角度的方法。陀螺仪有良好的瞬时响应效果，由此测得的数据可预测出机械臂的运动方向，但容易产生积分漂移，需要融合加速度计测量数据进行修正。

2）基于惯性测量单元姿态解算的人机交互协同控制(见图 8-18)。选用惯性测量单元 MPU9250 型号的传感器，并将其固定安置在头戴显示器上，通过检测人体头部运动姿态信息，将其经数据融合处理后，采用 IIC(集成电路总线)通信方式通过 STM32 电路板发送到自主搭建的二自由度舵机云台中，驱动舵机伺服控制使其与头部保持同步运动姿态，达到人机交互协同控制的效果。

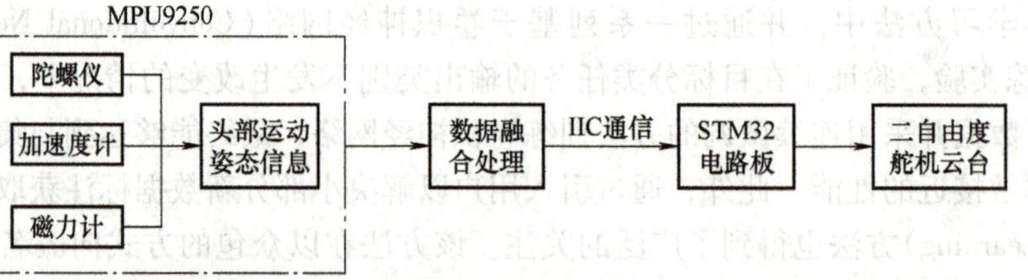

图 8-18　基于惯性测量单元姿态解算的人机交互协同控制

3. 基于多传感器信息的 VR 人机交互

现阶段，为了给使用者提供更加真实、自然的实时 VR(虚拟现实)体验，增强交互效果，采用的交互方式主要包括头戴式 VR 显示器和手持式的手柄控制器。同时，以其他类型的体感设备作为辅助来提供高保真的 3D 图形渲染环境。

为实现在不同 VR 场景下与物体的交互，使用户沉浸在虚拟体验中，目前多数使用带有点击按钮的手动控制器和惯性传感器实现用户与 VR 设备的交互。然而，这种交互方式与现实正常动作之间存在一定差异，在手部交互动作中尤为明显。例如，现实中，手的接触是抓取的前提条件，而力量是判断抓取成功的依据。然而，在虚拟场景中，以按键的按下作为抓取信号，这种交互方式与现实中的操作方式有着很大的不同。这种差异会大大降低使用者的真实感体验，用户在虚拟环境中无法像在现实中那样自然地抓取或触摸物体。可穿戴设备——数据手套是有望解决该问题的有效方案之一。数据手套通过传感器和软件捕捉手部运动和手指动作，并将这些数据转换为数字信号，实现对手部姿态的追踪和识别，从而可以在虚拟环境中进行更真实地交互。用户可以通过更直观、更直接的方式触摸和操作虚拟物体，使得虚拟环境与现实更加接近。

同时，基于动觉和触觉相互作用的触觉反馈也在感受世界的过程中起着非常重要的作用，其是在听觉、视觉、味觉、嗅觉之外不可缺失的感觉。如果用户能够以触觉交互的方式触摸和获得感觉，他们会更加沉浸在 VR 中。以下是 VR 技术的应用实例。

1）在生物医疗方面，通过数据手套收集和分析患者的各项身体数据，由医生进行远程医疗监测，实现远程医疗；在行为动作康复训练中，对小区域伤病如手指骨折、烧伤等患者运用数据手套与 VR 融合技术，有效捕捉患者的触觉感受和动作，并有针对性地调整康复训练，缩短康复疗程；在元宇宙的发展过程中，虚拟数字人也可使用动作表达自己的情感状态，有触觉感受的数据手套的使用，为其数据库的建立提供了帮助，也是用户在元宇宙中进行情感表达的一个重要渠道。因此，有触觉感受的数据手套作为一种重要的 VR 设备，它的发展和应用将会为用户提供更加丰富、自然、沉浸的虚拟体验，推动 VR 技术的发展和普及。

2）用于多模态触觉感知与交互的数据手套。该数据手套可以用于多模态触觉感知与交互，能够获得更真实的虚拟交互体验，并提高人机交互信息的多样性。它能够实时捕捉人机交互过程中的手部运动姿态和触觉感知信息。力反馈技术使手套能够产生一种沉浸式的触摸感，且具有便携小型化、高度集成化、轻松穿戴的优点。它采用多通道、多数据类型的方式捕获手套信息，并同步映射到虚拟空间中，从而实现现实与虚拟环境的无缝融合。Manus 的触觉手套如图 8-19 所示。

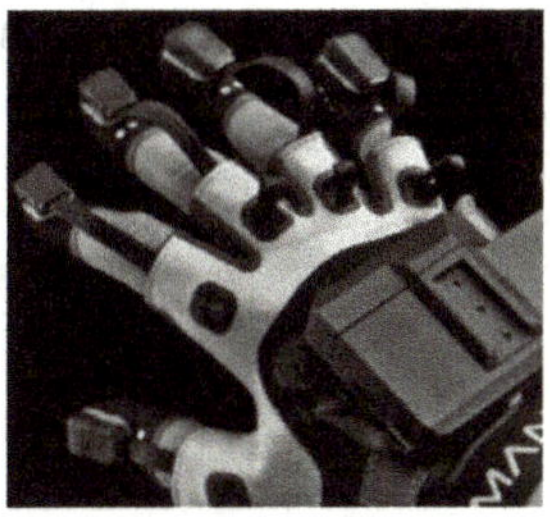

图 8-19　Manus 的触觉手套

本章小结

本章主要是对机器人智能控制的基本原理及其应用进行介绍，首先介绍了机器人控制系统的特点及其功能；然后详细讲解了机器人位置控制、力控制以及机器人力与位置协同控制的原理、方法；最后介绍了智能控制技术在机器人中的应用，包括机械臂轨迹跟踪神经网络控制、柔性关节机器人自适应控制以及机器人控制技术在人机交互中的应用。

思考题与习题

8-1　机器人控制系统有哪些特点？

8-2　机器人位置控制与力控制指的是什么？

8-3　什么是机器人主动柔顺控制？有何特点？

8-4　阻抗控制与导纳控制的区别与联系是什么？

8-5　神经网络控制在机械臂轨迹跟踪应用中的优缺点是什么？

8-6　自适应控制应用于柔性关节机器人的原因、方式、方法是什么？

参考文献

[1] 杨辰光，程龙，李杰. 机器人控制[M]. 北京：清华大学出版社，2020.

[2] 熊有伦，李文龙，陈文斌，等. 机器人学：建模、控制与视觉[M]. 2版. 武汉：华中科技大学出版社，2020.

[3] 陈甜. 不确定机器人系统的变阻抗控制设计与应用[D]. 成都：电子科技大学，2021.

[4] 曹宏利. 非结构化动态环境中机器人接触交互柔顺控制策略与实验研究[D]. 重庆：重庆大学，2020.

[5] 吴炳龙，曲道奎，徐方. 基于位置控制的工业机器人力跟踪刚度控制[J]. 机械设计与制造，2019，1：219-222.

[6] 张世玉，陈东生，宋颖慧. 基于自抗干扰的装配机器人阻抗控制技术[J]. 浙江大学学报(工学版)，2022，56(9)：1876-1881.

[7] 丁润泽. 基于阻抗控制的机器人力控制技术研究[D]. 哈尔滨：哈尔滨工业大学，2018.

[8] 王懂. 基于阻抗控制的机械臂力/位置控制关键技术研究[D]. 济南：山东大学，2018.

[9] 贾林. 磨抛机器人轨迹跟踪与柔顺控制方法及应用研究[D]. 长沙：湖南大学，2021.

[10] 蔡一樊. 基于模仿学习与强化学习的机械臂柔顺装配技术研究[D]. 北京：北京邮电大学，2024.

[11] 刘春芳，李长峰，李晓理，等. 一种基于跟踪微分器的机械臂末端位置与力变阻抗协同控制方法：202310163371.0[P]. 2023-05-09.

第 9 章　智能控制展望

导读

本章对智能控制的发展进行了展望。首先，对机器学习、深度学习、自然语言处理(NLP)等人工智能技术与智能控制的融合与应用进行了介绍；其次，探讨了智能控制理论的发展趋势；最后，从工业领域、交通领域两方面阐述了智能控制的应用需求与展望，并简要介绍了智能控制相关政策及发展规划。

本章知识点

- 人工智能与智能控制的关系
- 智能控制的发展趋势

9.1　人工智能与智能控制

人工智能与智能控制是两个紧密相关且相互促进的概念。它们在现代科技领域中发挥着至关重要的作用，共同推动着科技进步和智能化发展。

人工智能是一门研究如何使机器能够模拟和实现人类智能行为和思维过程的学科。它涵盖了机器学习、深度学习、自然语言处理等众多子领域，旨在让机器具备类似人类的感知、理解、推理、学习和决策能力。人工智能的发展不仅提升了机器的智能化水平，还为人类解决复杂问题提供了新的思路和工具。

在智能控制中，人工智能的应用发挥了关键作用。通过引入机器学习算法和深度学习技术，智能控制系统能够不断地从数据中学习和优化，提高决策的准确性和效率。同时，人工智能还可以为智能控制系统提供强大的数据处理和分析能力，帮助系统更好地理解和应对复杂的环境变化。

此外，人工智能和智能控制还在多个领域实现了深度融合。例如，在工业自动化领域，智能机器人可以根据环境的实时变化调整操作方式，提高生产效率和生产质量；在交通管理领域，智能交通系统可以根据交通流量和拥堵情况，实时调整交通信号灯的时间和路线规划，提高交通流畅度和效率；在环境监测领域，智能控制系统可以根据空气质量指标调整排放设备的运行状态，保护环境和人民的健康。

总之，人工智能与智能控制是相互促进、共同发展的关系。随着技术的不断进步和应用场景的不断拓展，它们将在更多领域发挥重要作用，推动人类社会向更加智能化、高效化的方向发展。

9.1.1 深度学习与智能控制

深度学习在智能控制领域的应用与发展已经展现出了巨大的潜力和广阔的前景。随着计算能力的提升和数据资源的日益丰富，深度学习为智能控制系统带来了前所未有的机遇和挑战。

1. 深度学习可以提高智能控制系统的决策精确度

深度学习将在智能控制系统中实现更加精确和高效的决策。传统的控制方法往往基于固定的数学模型和规则，而深度学习可以通过学习大量数据中的复杂映射关系，实现对系统行为的精准预测和控制。未来，深度学习将进一步优化算法和模型结构，提高控制决策的准确性和实时性，从而在各种复杂环境中实现更加稳定和可靠的控制。深度学习提高智能控制系统的决策精确度主要体现在以下五个方面。

1）强化学习与深度学习的结合。强化学习是智能控制系统中一种重要的决策方法，而深度学习则擅长处理大规模、高维度的数据。将两者结合起来，可以使智能控制系统在复杂的环境中自我学习、自我优化，从而不断提高决策效率。例如，先通过深度学习模型提取环境特征，再利用强化学习算法进行决策，可以实现未知环境下的快速适应和高效决策。

2）数据驱动的模型优化。深度学习模型需要大量的数据进行训练和优化。随着数据量的增加和质量的提高，深度学习模型可以更好地捕捉系统的内在规律和特性，从而提高决策的准确性。未来，通过持续收集和分析数据，可以不断优化深度学习模型，使其更好地适应复杂多变的控制任务。

3）多模态信息融合。智能控制系统往往需要处理不同来源、不同形式的信息。深度学习具有处理多模态数据的能力，可以将来自不同传感器的数据（如图像、声音、文本等）进行融合，提取出有用的信息用于决策。通过多模态信息融合，智能控制系统可以更加全面地了解环境状态，从而做出更加准确的决策。

4）实时决策与优化。深度学习模型可以在线学习并实时更新参数，这使得智能控制系统能够实时响应环境的变化。通过在线学习和实时优化，智能控制系统可以不断适应新的情况，提高决策效率。此外，深度学习还可以与实时控制算法相结合，实现对系统的实时调整和优化。

5）安全性与鲁棒性的提升。深度学习模型可以通过对抗性训练等方式提高其安全性和鲁棒性，从而确保智能控制系统在面临干扰或攻击时仍能保持稳定和高效的决策能力。这将使得智能控制系统更加可靠，能够在各种复杂环境下稳定运行。

因此，深度学习在未来有望通过结合强化学习、数据驱动的模型优化、多模态信息融合、实时决策与优化以及安全性与鲁棒性的提升等途径，提高智能控制系统的决策效率。这些技术的发展将为智能控制系统带来更加广阔的应用前景和更好的性能表现。

2. 深度学习可以提升智能控制系统的自适应性

在实际应用中，控制系统的运行环境往往具有不确定性和动态性，因此需要具备自适应调整参数和应对干扰的能力。深度学习可以通过在线学习和实时调整，使控制系统能够自适应地应对环境变化，提高系统的鲁棒性和稳定性。

深度学习作为当前人工智能领域的热门技术，其在智能控制系统的自适应性提升方面具有巨大的潜力。在未来，深度学习有望在以下三个方面推动智能控制系统的自适应性发展。

1）深度学习可以构建更复杂的智能控制模型。深度学习可以通过构建更精确、更复杂的模型来提升智能控制系统的预测能力。传统的控制系统往往基于固定的数学模型进行预测和控制，然而实际系统往往具有高度的复杂性和非线性，使得传统方法难以准确描述和预测。深度学习通过构建深度神经网络模型，能够学习并捕捉到系统内部的复杂关系和非线性特征，从而提高预测的精度和鲁棒性。

2）深度学习可以提升智能控制系统的自学习能力。深度学习可以帮助智能控制系统实现更好的自学习和自适应。随着系统的运行和环境的变化，控制系统的参数和规则往往需要进行相应的调整和优化。深度学习可以通过不断地学习和更新模型参数，使控制系统能够自动适应新的环境和任务需求。这种自学习和自适应的能力使得智能控制系统能够更加灵活和智能地应对各种复杂情况。

3）深度学习可以使智能控制系统的适应性随着计算能力的提升而提升。随着计算能力的提升和算法的优化，深度学习在未来有望实现更高效的模型训练和推理，使得智能控制系统的自适应性得以更好地实现。通过采用更先进的优化算法和并行计算技术，可以加速深度神经网络的训练过程，提高模型的收敛速度和精度。同时，采用轻量级的网络结构和模型压缩技术，可以降低模型的复杂度和计算成本，使得深度学习在实时控制系统中的应用变得更加可行和高效。

综上所述，深度学习在未来有望在模型预测、自学习和自适应以及计算效率提升等方面推动智能控制系统的自适应性发展。这将使得智能控制系统能够更加灵活、智能和高效地应对各种复杂环境和任务需求，为工业自动化、智能家居、智能交通等领域的发展提供强有力的支持。

3. 深度学习可以促进智能控制系统领域的交叉融合和创新发展

随着人工智能技术的不断进步，深度学习将与优化算法、强化学习、迁移学习等其他技术相结合，形成更加综合和强大的智能控制方法。这将有助于解决一些传统控制方法难以处理的复杂问题，推动智能控制系统领域的创新和发展。

1）深度学习将进一步提升智能控制系统的智能化水平。随着深度学习算法的不断优化和模型复杂度的提升，智能控制系统将能够更准确地理解和预测系统行为，实现更精细的控制。这不仅可以提高控制系统的性能，还可以减少对人工干预的需求，使系统更加自主和智能。

2）深度学习还将推动智能控制系统的创新应用。随着技术的不断进步和应用场景的不断拓展，智能控制系统将在更多领域得到应用。例如，在医疗领域，智能控制系统可以帮助医生进行更准确的诊断和治疗；在交通领域，智能控制系统可以实现更高效的交通管理和调度。这些创新应用将进一步推动智能控制系统领域的发展。

然而，深度学习在促进智能控制系统领域的交叉融合过程中也面临一些挑战。例如，数据隐私和安全问题、算法的可解释性和可靠性问题、计算资源的限制等，都需要得到妥善解决。因此，在未来的发展过程中，我们需要不断深入研究深度学习技术，解决其存在的问题和挑战，推动其在智能控制系统领域的应用和发展。

综上所述，深度学习在未来将促进智能控制系统领域的交叉融合，推动智能化水平的提升和创新应用的发展。同时，我们也需要不断解决面临的挑战和问题，为智能控制系统的进一步发展奠定坚实的基础。

9.1.2 模式识别与智能控制

模式识别是一种基于数据特征、模型、算法等技术手段，从数据中提取有用信息并发现隐藏模式或结构的过程。它通常涉及对对象、场景或过程的数据进行处理，以便进行分类、检测、识别、分割、分析等。模式识别是机器学习的一个分支，通过训练模型进行预测或决策。在人工智能领域，模式识别是实现智能识别、智能控制、智能移动、智能决策等应用的基础。它广泛应用于人脸识别、手写体识别、图像识别、语音识别、医学诊断、工业控制等多个领域。

在模式识别与智能控制的交叉领域，未来可以实现许多有趣且实用的应用。例如，在工业控制领域，模式识别技术可以用于监测设备状态、预测故障等，而智能控制则可以根据实时数据调整控制策略，实现更高效的能源利用和设备维护；在医学领域，模式识别技术可以用于辅助医生进行疾病诊断和治疗方案的制定，而智能控制则可以帮助实现精准的医疗操作和康复训练。

1. 自动化和智能化水平的提升

未来，随着算法和计算能力的进步，模式识别将在智能控制中实现更高级别的自动化和智能化。例如，在交通控制系统中，模式识别技术可以实时分析交通流量、车辆行驶轨迹等数据，从而智能地调整交通信号灯的配时，优化交通流畅度，减少拥堵。

1）模式识别可以帮助智能控制系统更好地理解和处理环境信息。通过对环境中各种数据的分析和识别，系统能够更准确地感知环境状态，从而为控制决策提供有力支持。例如，在智能家居系统中，模式识别可以识别用户的日常行为模式，从而自动调节室内温度、湿度和光线等环境参数，提供更加舒适的生活环境。

2）模式识别可以优化智能控制系统的决策过程。通过对历史数据和实时数据的分析和学习，模式识别算法可以提取出数据的特征，并根据这些特征进行决策。这不仅可以提高决策的准确性和效率，还可以使系统具备更强的适应性和鲁棒性。例如，在自动驾驶领域，模式识别技术可以帮助车辆识别道路标志、行人和其他车辆，从而做出正确的驾驶决策，确保行车安全。

3）模式识别还可以提升智能控制系统的自主学习能力。通过不断地学习和优化，系统可以逐渐提高自身的识别能力和控制性能。这种自主学习能力使得智能控制系统能够应对复杂多变的环境和任务要求，实现更加智能化的控制。

综上所述，模式识别对于提升智能控制的智能化水平具有重要意义。随着计算机技术和人工智能的不断发展，相信未来会有更多创新性的模式识别方法和技术应用于智能控制领域，推动智能化水平的不断提升。

2. 复杂环境和多变场景的处理能力

面对日益复杂的环境和多变的应用场景，模式识别技术需要不断提升其适应性和鲁棒性。例如，在智能制造领域，面对不同形状、大小和材质的物体，模式识别系统需要能够准确识别并引导机器人进行精准操作。

1）利用自适应计算。自适应计算是一种基于自然系统演化原理的智能计算方法，能够根据环境变化和目标需求自动调整和优化智能控制系统性能。在模式识别中，自适应计算可以通过遗传算法、粒子群算法、模拟退火算法等多种优化方法提高模型的准确度、稳健性和泛化能力。例如，遗传算法通过模拟生物进化的过程自动搜索最优解，粒子群算法通过模拟鸟群觅食过程寻找最优解，模拟退火算法通过模拟金属退火过程寻找全局最优解。

2）精确的特征提取与选择。模式识别技术能够从大量数据中提取出关键特征，这些特征对于后续的分类和决策至关重要。在复杂环境中，精心设计的特征提取方法，可以有效地减少噪声和干扰，使得控制系统能够聚焦于真正重要的信息。

3）分类与识别。利用模式识别中的分类算法，如支持向量机、神经网络等，智能控制系统可以对提取出的特征进行分类和识别。这有助于系统在多变场景中快速准确地识别出当前的环境状态或目标对象，从而做出相应的控制决策。

4）故障检测与预测。在工业控制领域，模式识别技术可用于故障检测和预测。通过对历史数据和实时数据的分析，系统可以识别出异常模式，及时发出警报或采取预防措施，从而提高系统的稳定性和安全性。

3. 隐私和安全性的保障

随着模式识别在智能控制中的广泛应用，如何保障个人隐私和数据安全成为了一个重要的问题。未来，模式识别需要在保证识别效果的同时，加强数据加密和隐私保护技术的研究和应用，确保用户数据的安全性和隐私性。

1）模式识别可以有效地识别和处理智能控制系统中的关键信息和数据。通过对数据的特征提取和判别，模式识别能够快速准确地找出可能存在的安全风险和隐私泄露点。例如，在智能家居系统中，模式识别可以识别出异常的使用模式，如长时间未关闭的电器设备或未经授权的访问行为，从而及时触发警报并采取相应的安全措施。

2）模式识别可以用于构建智能安全监控系统。通过对监控视频或传感器数据的分析，模式识别可以自动检测并识别出异常行为或事件，如入侵者、火灾或其他潜在的安全威胁。这种实时监控和预警机制能够显著提高智能控制系统的安全性，减少潜在的风险和损失。

3）模式识别还可以用于保护用户隐私。在智能控制系统中，用户的个人信息和行为数据是隐私保护的重点。通过采用先进的模式识别技术，如匿名化处理和差分隐私技术，可以在保证数据可用性的同时，最大程度地保护用户的隐私信息不被泄露或滥用。

然而，需要注意的是，模式识别技术在提升智能控制系统隐私和安全保障的同时，也面临着一些挑战。例如，随着技术的不断发展，新的攻击手段和隐私泄露风险也在不断出现。因此，需要持续关注和研究新的模式识别技术，以适应不断变化的安全威胁和隐私保护需求。

9.1.3　自然语言处理与智能控制

自然语言处理主要关注让计算机系统理解和生成人类使用的自然语言，而智能控制则侧重于设计自主系统，以实现预定目标或应对环境变化。在自然语言处理方面，随着深度学习等技术的发展，我们已经能够构建出更加智能和精确的模型，用于处理各种复杂的语言任务，如语音识别、机器翻译、情感分析等。这些技术使得计算机系统能够更好地理解和解析人类的语言，从而为智能控制提供了更丰富的信息来源。

智能控制则可以利用自然语言处理提供的信息，实现更加灵活和智能的决策和控制。例如，在智能家居系统中，通过自然语言处理技术，用户可以方便地与设备进行交互，表达自己的需求；而智能控制系统则可以根据这些信息，自动调整设备的运行状态，以满足用户的需求。

自然语言处理在智能控制中的应用前景广阔且充满潜力。随着技术的不断进步和算法的优化，自然语言处理有望在智能控制系统中发挥更加核心的作用，推动智能化、自动化水平的进一步提升。

1. 大模型技术

大模型技术的持续发展和优化将为自然语言处理在智能控制中的应用提供强大支持，特别是预训练语言模型，已经在自然语言处理任务中取得了显著成效。未来，随着模型规模和计算能力的提升，深度学习模型有望处理更加复杂、精细的自然语言指令，从而实现对智能控制系统更加精准和灵活的控制。大模型的优势主要表现在以下五个方面。

1）大模型具有更强的表达能力。由于拥有更多的参数和更深的网络结构，因此大模型能够学习到更复杂、更抽象的特征表示。这使得智能控制系统能够更准确地理解输入数据，并生成更精确的控制指令。通过捕捉更多的细节和语义信息，大模型提高了智能控制系统的准确性和泛化能力。

2）大模型有助于实现更高效的优化。在智能控制系统的优化过程中，参数优化和结构优化是关键环节。大模型通过提供更大的搜索空间和更复杂的优化算法，使得参数优化更为精确和高效。同时，大模型还可以支持更复杂的结构优化方法，通过改变模型的结构提高系统的控制性能。

3）大模型具备更强的学习能力。智能控制系统需要不断学习和适应环境变化，以优化控制策略。大模型通过利用深度学习技术，可以不断地从运行数据和反馈信息中学习，自动调整控制参数和策略。这使得智能控制系统能够更快速地适应新环境和新任务，提高系统的稳定性和响应速度。

4）大模型具备多模态感知能力。通过集成多种传感器数据，大模型能够实现对系统运行状态和环境信息的全面感知。这使得智能控制系统能够更全面地了解系统状态，并做出更准确的控制决策。

5）大模型具备更高的实时性和响应速度。由于大模型具有强大的计算能力和高效的推理机制，它能够实时获取和处理输入数据，并迅速做出相应的决策和控制动作。这保证了智能控制系统在实时应用场景中的稳定性和可靠性。

综上所述，大模型通过其强大的表达能力、优化能力、学习能力、多模态感知能力以及实时性和响应速度等方面的优势，显著提高了智能控制系统的能力，这使得智能控制系统能够更精准、高效和自适应地应对各种复杂环境和任务挑战。

2. 多模态自然语言处理

多模态自然语言处理将成为未来智能控制的重要发展方向。通过结合文本、语音、图像等多种信息，多模态自然语言处理可以实现对控制指令更全面、深入的理解。例如，在智能家居领域，用户可以通过语音、文字或手势等多种方式与控制系统进行交互，系统则能够准确识别并理解用户的意图，实现更加智能化的控制。多模态自然语言处理的优势主要体现在以下五个方面。

1）信息丰富度与准确性。多模态自然语言处理允许智能控制系统从多个来源获取输入信息，从而更全面地理解用户的意图和需求。例如，结合文本和语音信息，系统可以更准确地识别用户的命令和请求，降低误解的可能性。

2）上下文感知能力。多模态信息不仅提供了更多的数据点，还有助于智能控制系统更好地理解上下文。通过融合不同模态的信息，系统可以捕捉到更丰富的环境信息和用户状态，从而更准确地响应变化的情况。

3）增强的人机交互。多模态自然语言处理使得人机交互更加自然和直观。用户可以通过多种方式(如语音、手势、图像等)与系统进行交互，无须局限于单一的文本输入方式。这大大提高了用户的操作便利性和体验。

4）提升决策能力。多模态信息为智能控制系统提供了更全面的数据支撑，有助于系统在决策过程中考虑更多因素。这不仅可以提高决策的准确性，还可以使系统更具灵活性和适应性。

5）跨模态学习和推理。多模态自然语言处理技术使得智能控制系统能够跨模态学习和推理。这意味着系统可以从一种模态的数据中学习到有用的信息，并将其应用于另一种模态的处理中。这种跨模态能力进一步扩展了系统的应用范围和功能。

总的来说，多模态自然语言处理通过整合不同模态的信息，提高了智能控制系统的信息处理能力、上下文感知能力、人机交互体验和决策能力，从而显著提升了系统的整体性能。随着技术的不断发展，多模态自然语言处理将在智能控制系统中发挥越来越重要的作用。

3. 情感智能

情感智能的发展将为智能控制注入更多人性化的元素。通过理解和模拟人类的情感，智能控制系统将能够更加准确地把握用户的情感需求，提供更加个性化的服务。例如，在智能客服领域，系统可以根据用户的情感状态调整回复方式和内容，从而提升用户体验和满意度。自然语言处理在情感智能方面的应用主要体现在以下五个方面。

1）智能对话与理解。通过自然语言处理技术，智能客服能够识别和理解用户的输入，无论是文本还是语音。这种理解不仅限于字面意思，还包括用户的意图、情感和上下文。这使得智能客服能够与用户进行自然而流畅的对话，提供准确和个性化的回复。

2）自动回复与知识管理。借助自然语言处理技术，智能客服能够自动分析用户的问题，并从知识库中检索相关信息，然后生成回复。这种自动回复功能大大提高了客服的响应速度，同时减少了人工客服的负担。此外，自然语言处理还可以帮助智能客服系统有效地管理知识库，确保信息的准确性和时效性。

3）情感分析与情绪识别。自然语言处理技术可以分析用户的情感和情绪，帮助智能客服更好地理解用户的感受和需求。这使得客服能够更准确地判断用户的满意度和痛点，从而提供更贴心和有效的服务。

4）多语言支持。自然语言处理技术可以实现跨语言处理，使智能客服能够支持多种语言。这对于跨国企业或面向全球用户的企业来说尤为重要，能够扩大客服系统的覆盖范围，提高服务效率。

5）个性化推荐与服务。基于自然语言处理的分析和学习能力，智能客服能够根据用户的历史记录和行为数据，提供个性化的推荐和服务。这有助于提升用户体验，增加用户黏性。

综上所述，自然语言处理在智能控制中的应用前景广阔且充满挑战。随着技术的不断进步和应用场景的不断拓展，我们有理由相信自然语言处理将在未来智能控制系统中发挥更加核心和重要的作用，推动智能化、自动化水平的进一步提升。

9.2 智能控制理论的发展趋势

随着计算机技术、网络通信技术和自动化控制技术的不断发展，现代工程控制系统规模不断扩大，表现出更加复杂化、网络化、分布化的发展趋势，如多智能体系统、深度神经网络模型、混杂系统等复杂系统对控制技术提出了更为严苛的要求。此时，智能控制技术在这些复杂系统中的应用值得深入研究。

9.2.1 多智能体技术

多智能体系统是由多个智能体相互作用组成的群体系统，其中每个智能体都是自主的，具有一定的感知计算决策能力，同时各个智能体之间存在着一定的通信交互。相比于单个智能体，多智能体系统能够协调各个智能体共同完成大量复杂的任务。目前，多智能体系统已经在多机械臂协同控制、多飞行器编队控制、网络资源分配和城市管理与规划等多个领域广泛应用。

目前，对于确定的多智能体系统的控制研究已经取得一定的成果。但对实际多智能体系统建模，常常会存在模型误差和不确定性，并伴随有不可避免的各类非线性扰动，此时，依赖精确模型设计的多智能体控制技术可能不再适用。而且，多智能体系统中存在的未知非线性使得控制算法的设计变得更加困难。得益于模糊控制系统和神经网络对于非线性函数的任意逼近能力，多智能体系统的智能控制受到越来越多的关注。多无人机、多机器人的协同路径规划，以及基于智能体的协同设计与制造，都是智能控制与多智能体技术的强强结合。

9.2.2 深度学习神经网络

神经网络对于未知非线性函数的任意逼近能力，使得其在许多不确定非线性系统的控制中得到广泛应用，而传统的浅层神经网络限制了其表达复杂函数的能力。随着样本数据的不断完善和图形处理器的不断发展，深度学习神经网络模型训练得以改善，使其逼近复杂函数和拟合复杂模型的优点越发突出。

深度学习神经网络是一类由多层神经元组成的神经网络，其具有多个隐含层，最主要的优点是具有良好紧凑的非线性映射关系，相比于传统神经网络，可以处理更大的函数集合。深度学习神经网络已经成为解决复杂问题和处理大规模数据的有力工具。目前，该技术已经在城市智慧交通、暖通空调系统、发动机健康管理等各个领域得到广泛应用，例如通过图像数据集训练深度神经网络模型对不同物体和场景进行识别，通过大量历史传感器数据对暖通空调能效模型进行精准预测，通过预测模型对发动机进行故障诊断等。深度学习神经网络在数据挖掘、自然语言处理、多媒体学习等方面是将来的研究重点与难点。

9.2.3 混杂控制系统

随着信息化与工业化的深度融合，各产业领域的工业控制逐步向数字化、网络化和智能化发展。计算机需要基于采样传输的数字信号，而工业生产对应的是连续动态变量，在这种条件下，离散事件与连续状态的相互作用，在控制工程领域引出新的研究对象。

混杂控制系统是同时包含离散事件系统和连续变量系统的一类复杂动态系统。常见的信息物理系统、网络化控制系统和工业互联网等都属于混杂控制系统。对混杂控制系统的控制是对离散事件状态和连续事件状态的集成控制。目前，混杂控制系统理论已经在电力系统、新能源汽车能量系统和汽车悬架系统等方面得到广泛研究与应用。但是，对于混杂控制系统中存在的不确定性、时延、扰动等各种因素的处理，需要结合智能控制理论进行深度探讨。

9.3　智能控制的应用需求与展望

人工智能的理论与技术成果最有可能在控制领域得到最大的集成，智能控制将是人工智能及相关前沿技术的综合体现，发展智能控制技术会具有极强的带动性。智能控制技术理论的发展显著提升了工业、能源、交通、航天等体现国家重大战略需求的领域的自动控制水平。与此同时，许多控制应用对象向着大系统、多变量、强非线性、高复杂性与高控制性能需求的方向发展，对智能控制提出了更高要求。

9.3.1　工业领域智能控制

智能制造已成为公认的提升制造业整体竞争力的国家战略。随着工业 4.0 和智能制造的推进，工业领域对智能控制的需求不断增加。工业生产过程由信息化向智能化发展，工业企业由三层结构变革为智能化两层结构，如图 9-1 所示。

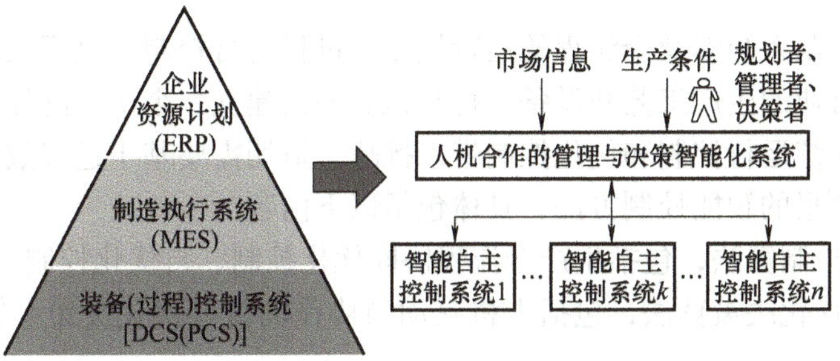

图 9-1　工业企业由三层结构变革为智能化两层结构

生产过程信息化的目标是将企业资源计划、制造执行和生产全流程运行控制中的管理与决策等知识工作实现信息化。生产过程智能化的目标是将上述生产过程中的知识工作如关键工艺参数的人工化验、复杂工况识别、生产全流程运行的协同控制、综合生产指标与运行指标的决策等实现自动化和人机互动与协作的智能化，从而实现生产过程全局优化。

1. 智能控制在工业应用各层次的深入发展

工业领域对智能控制的需求不断增加，智能控制在提高生产效率和灵活性、优化生产过程控制、设备维护和数据驱动决策等多个方面深入发展。

1）提高生产效率和灵活性。应用机器人和自动化设备，通过智能调度和优化算法，实现生产线的无缝集成和高效运行；实现生产线的自动化和智能化，提高生产效率，缩短生产周期。采用自适应控制和先进的生产管理系统，实现生产线的快速重构和调整，构建灵活生产的柔性制造系统，快速响应市场变化和定制化需求。

2）优化生产过程控制。通过高级控制算法，如自适应控制和预测控制，实现对生产过程的精细化管理。利用数据分析和建模技术优化复杂的生产过程，有效应对生产过程工况变化，提高控制性能稳定性，提高产品质量和一致性，减少资源浪费。

3）设备维护。智能控制系统可以延长设备寿命，减少故障率，降低维护成本。预测性维护通过实时监控设备状态，利用机器学习算法预测设备故障，提前进行维护。基于设备使用数据和历史故障记录构建预防性维护策略，制定维护计划，预防故障发生。

4）数据驱动决策。智能控制系统依靠数据驱动决策，实现生产优化和管理效率提升。通过传感器和物联网技术，实时监控生产设备和过程数据。基于大数据分析结果，提供决策建议，辅助管理层做出科学决策。

2. 复杂生产全流程运行优化控制

传统工业控制和优化往往针对工业过程的单一或部分控制环节。为了适应变化的经济环境，减少消耗，降低成本，提高生产效率，提高运行安全性，必须对控制、优化、计划与调度以及生产过程管理实现无缝集成，迫切需要实现生产过程的全流程优化。

全流程优化采用分层优化的策略。首先，在市场需求、节能降耗、环保等约束条件下，以最优化综合生产指标（反映企业最终产品的质量、产量、成本、消耗等相关的生产指标）为目标获取生产制造全流程的运行指标（反映整条生产线的中间产品在运行周期内的质量、效率、能耗、物耗等相关的生产指标）。其次，以生产线运行指标为约束，优化生产过程运行控制指标（反映产品在生产设备或生产过程中的质量、效率与消耗等相关的变量）。最后，通过过程运行控制实现运行指标的优化控制，进而实现企业综合生产指标优化。

全流程优化控制系统涉及全流程的运行优化、过程运行控制、过程控制等不同层次，运行层又涉及不同行业的生产工艺和设备运行知识。如何建立一个统一的控制结构来实现全流程优化控制，给传统运行控制和优化控制带来挑战。迫切需要基于过程数据、知识和模型的故障诊断和故障预报的智能控制方法，具体包括以下内容。

1）工业智能控制算法，包括生产全流程协同优化控制、自优化控制、高性能控制算法。

2）工业智能优化决策算法，包括人机互动与协作的智能优化决策、智能优化决策与控制一体化算法。

3）基于定量、半定量数据信息的复杂生产过程故障预报方法。

4）复杂生产过程异常工况的预报方法与诊断理论。

5）基于故障预报的复杂生产过程最优维护时机的确定方法。

6）数据的非线性特征提取理论以及非线性故障方向的描述、获取、重构与预测。

7）复杂控制、运行优化与调度过程中的性能评价与偏离最优状况的诊断。

3. 基于工业互联网的端边云协同的工业过程智能控制

传统 PLC/DCS 管理与控制系统无法实现工业大数据驱动的工业智能算法，工业网络无法传输异构工业大数据。随着以 5G 为代表的移动互联网、边缘计算、云计算与云平台软件的发展，工业互联网技术的突破为获得工业大数据和实现工业人工智能算法创造了条件。基于工业互联网的端边云协同技术为实现大数据驱动的工业智能算法创造了条件。因此，工业人工智能和工业互联网紧密融合与协同，为解决生产过程智能化的挑战难题开辟了新的途径。工业互联网协同的工业过程智能控制主要研究方向包括以下八个。

1）复杂工业动态系统的数字孪生智能建模算法，包括系统辨识与机器学习相结合的智能建模。

2）异构工业大数据驱动的复杂工况的感知与识别智能算法。

3）数字孪生驱动的高性能智能控制算法，包括基于强化学习的控制系统参数寻优。

4）数字孪生驱动的生产全流程协同优化控制算法。

5）数字孪生驱动的生产要素可视化监控、预测、回溯、优化决策的智能算法。

6）人机互动与协作的复杂工业系统的决策与控制一体化智能算法，包括设备运行管理与控制集成优化、生产全流程运行管理与控制集成优化、资源计划、制造执行、过程控制无缝集成优化。

7）人工智能驱动的复杂动态系统建模、控制与优化。

8）工业智能算法的端边云协同实现技术。

通过引入先进的控制技术、人工智能和大数据分析，智能控制系统能够实现工业生产的全面优化和提升，为工业 4.0 和智能制造的发展提供强有力的支持。未来，随着技术的不断进步，智能控制在工业领域的应用将会更加广泛和深入，推动工业生产向更高效、更灵活和更智能的方向发展。

9.3.2　交通领域智能控制

智能交通系统以提供高效、节能、低成本的交通运输服务为目标，是解决目前城市交通拥堵、气体和噪声污染的主要途径。目前主要的研究领域集中在先进交通分配和出行诱导技术、城市高速路与普通路网集成交通控制、交通分配与交通控制一体化研究以及交通信息获取与服务系统的研制，人、车、路的信息、管理和控制的一体化正在成为智能交通系统力图实现的目标。

1. 基于平行智能方法的智能车辆网联管理与控制

将平行智能方法引入智能车辆网联管理与控制，通过人工车联网与物理车联网的虚实互动、协同演化与闭环反馈，为人车路智能交通信息网一体化的智能交通系统增加计算实验与平行引导的功能，实现描述、预测与引导相结合的车联网智能，有效解决异构、移动、融合的交通网络环境下智能车辆的管理与控制问题。

2. 融合信息物理系统与云控制的交通流调控

在现代智能交通信息物理融合路网建设中存在对象种类复杂、采集数据量大、传输和计算需求高以及实时调度控制能力弱等问题，利用云控制系统理论、智能交通边缘控制技术和智能交通网络虚拟化技术，在云控制管理中心服务器上利用深度学习和超限学习机等智能学习方法对采集的交通流数据进行训练预测计算，能够预测城市道路的短时交通流和拥堵状况。进一步在云端利用智能优化调度算法得到实时的交通流调控策略，用于解决拥堵路段交通流分配难题，提高智能交通系统动态运行性能。

3. 自动驾驶车辆智能控制

车辆控制是自动驾驶汽车、车联网和自动化汽车中最关键的挑战之一，在车辆安全、乘客舒适性、运输效率和节能方面至关重要。车辆轨迹跟踪控制是自动驾驶系统的关键技术之一，旨在确保车辆能够按照预定的轨迹行驶。车辆轨迹跟踪控制对智能控制算法提出了更高的要求，需要综合考虑横向（方向）和纵向（速度）控制，设计集成控制策略，确保车辆在复杂环境中稳定和高效运行。

4. 自主式交通系统

自主式交通系统由智能运载工具、智慧基础设施和云端智能交通控制等组成，这一系统在没有足够人类监督的情况下，可在变化的、不可预测的交通环境中“理性行动”，或能在经验中学习，利用数据提升系统性能。自主式交通系统具有感知、交互、学习和执行能力，是一种具备单体智能、群体协同和整体优化功能的交通系统。如何实现异质交通流路车协同计算与级联控制、多载运装备交互计算与运动控制成为新的研究方向。

9.4 智能控制相关政策及发展规划

美国2016年发布《国家人工智能研究与发展战略计划》，并于2019年、2023年进行更新，指出了人工智能领域的许多安全挑战，明确了人工智能研发的优先事项和目标，协调和集中联邦研发投资，以确保美国人工智能系统研发继续处于领先地位。2017年国务院印发《新一代人工智能发展规划》（简称《规划》），人工智能正式成为我国国家战略。《规划》布局建立新一代人工智能基础理论体系，包括自主协同控制与优化决策理论等基础理论研究及类脑控制等前沿理论研究；建立新一代人工智能关键共性技术体系，研究移动群体智能的协同决策与控制技术、无人机自主控制和船舶车辆自动驾驶技术、高端智能控制、机器人及机械手臂自主控制技术等。

与此同时，自2017年起，“人工智能”连续多年被写入政府工作报告，并在2024年首次提出开展“人工智能+”行动，体现出从研发到场景应用再到产业打造的全链条赋能，意味着我国将基于大模型、大数据、大算力技术，实现人工智能在各行各业的落地应用，从而提升产业自动化水平，降本增效，促使数字经济再上新台阶。

发达国家将智能制造作为提升制造业整体竞争力的核心技术。美国智能制造领导联盟提出了实施21世纪“智能过程制造”的技术框架和路线，拟通过融合知识的生产过程优化实现工业的升级转型。德国针对离散制造业提出了以智能制造为主导的第四次工业革命发展战略，即“工业4.0”计划。欧盟发布“工业5.0”战略，将研究和创新向可持续、以人为本和富有韧性的欧洲工业过渡。英国宣布“英国工业2050计划”，日本和韩国先后提出“I-Japan战略”和《制造业创新3.0战略》，巴西出台《巴西数字化转型战略2022~2026》。

面对第四次工业革命带来的全球产业竞争格局的新调整，为抢占未来产业竞争制高点，我国宣布实施“中国制造2025”。2021年发布的《“十四五”智能制造发展规划》将智能制造作为国家战略，明确了智能控制作为关键基础技术的发展目标。报告提出，要提升智能控制系统的自主化水平，开发具有自主学习和自主决策能力的智能控制系统，实现从传统控制向智能化、自主化控制的转变，推动智能控制技术在生产流程、设备管理、质量控制等方面的广泛应用，提升生产过程的智能化水平。

美国国家情报委员会在《2030年全球趋势》（Global Trend 2030）报告中，从经济、社会发展角度提出了未来四大重要技术，其中，自动化和制造技术为第二大重要技术；华盛顿邮报网站给出了驱动未来经济的12种颠覆性技术，其中知识性工作的自动化列为第二种颠覆性技术。2023年美国政府发布了《美国政府关键和新兴技术国家标准战略》，重申了标准对于美国的重要性，标准战略列举 14 个关键和新兴技术领域，包含人工智能和机器学习、自动网联基础设施、智能网联自主交通等。2024 年，美国科技政策办公室更新发布《关键和新兴技术国家战略》中的“关键和新兴技术清单”，将先进计算、先进制造、人工智能、高度自动化、自主和无人驾驶系统以及机器人技术列入清单。自动化和智能控制技术已经成为促进社会经济发展、保障国家安全、使人类生活变得越来越美好的不可取代的技术。

近年来，多国科技和政府部门陆续发布政策文件，促进自动化、人工智能及智能控制技术在交通、新能源、工业、电网、农业、机器人、智能驾驶、类生物计算等领域的深入应用。

1. 交通领域

2023 年 1 月 10 日，美国能源部能源效率与可再生能源办公室发布《交通部门脱碳蓝图》，制定交通领域脱碳路线，指出最大限度地发挥自动化等变革性技术在减碳方面的积极作用，加速清洁交通变革。

2. 新能源领域

2024 年 3 月，美国能源部共计投入 85 亿美元，支持发展储能、清洁能源、电网、碳捕集技术，并支持能源和排放密集型行业脱碳。

氢能行业方面，聚焦新型自动化制造实现更大的规模经济、可加工性和放大设计、探索保持电解槽性能和耐用性的质量控制方法、减少关键矿物载量、优化报废回收和可回收性设计。开发自动化、集成化的分类和预处理方案，更快、更低成本回收报废消费电子电池。

储能方面，结合耦合理论、先进计算工具和新颖表征方法，增进对储热材料降解的理解，控制降解和不稳定性，设计耐用且高强度的改进材料。

增强型地热方面，开发预测和控制流体在增强型地热系统裂隙网络中流动的技术，探究流体与受压热岩的相互作用随时间改变流动行为的机理，并研究如何通过先进实时传感工具远程监控这些变化。

风力发电方面，利用机器学习加速浮动海上风力涡轮机和发电场的设计、控制及与电网的整合。通过机器学习、强化学习指导协调控制器设计，以减少风力涡轮机尾流损失；研究风电场与电解制氢耦合的模拟与控制策略。

建筑节能方面，重点关注清洁能源解决方案的研究、开发和示范，以实现建筑用能的脱碳并节省成本；重点开发智能控制设备，包括智能配电板和负荷管理系统、电网互动技术、负荷共享电路控制。

3. 工业领域

旨在促进工业减排和净零制造，2023 年英国国家科研与创新署宣布为 12 个项目资助 580 万英镑，扩大电力电子、机器和驱动产品的制造规模，助力英国建立电机、控制器及半导体供应基地。采用自动化和机器人技术生产电动汽车充电器；研制旋转电机线圈绕制、磁体放置和转子碳纤维捆扎的自动化工艺；实现用于连接电机铜铝部件的电子束焊接自动化和规模化等。

4. 电网领域

2022 年美国政府发布《美国实现 2050 年气候目标的创新：评估优先研发机会》报告，并宣布启动“净零变革者倡议”，提出通过开发传感器、控制器及基于机器学习的数据分析、数据安全、控制策略等来构建先进配电系统，实现净零电网和电气化目标。

5. 农业领域

2017 年美国农业部宣布资助 16 个“下一代农业技术和系统”研究项目，其中包含研发部署田间实时天气监测系统和新型喷嘴控制技术，缓解农药的离靶喷雾漂移；开发基于控制器区域网络的数据管理和决策支持系统，用于优化从粮食收获到存储的相关设备和收获时机；开展环境控制研究，研发可伸缩的通风分配系统，以改善肉鸡的生长环境和生产效益。

6. 机器人领域

美国国家科学基金会联合国防部、国防部高级研究计划局、国家航空航天局等联合投资 3700 万美元用于推动协作机器人的开发与使用，“规划和控制”是重点资助方向之一，研究能保障协作任务顺利执行的规划方法；可解释的有效规划方法；能有效标识搜索空间和速度规划的模型和算法；包括人机系统在内的混合系统的最优控制方法；模拟人类学习、推理和行动计划的控制器；适合人类操控的人机协同学习界面(接口)。美国国家科学基金会分别于 2011 年、2016 年、2021 年专门制定三版国家机器人计划，推动机器人控制与规划、机器人感知与导航等基础研究，提高机器人系统的智能化和自主性；促进机器人技术在医疗、制造和服务等行业的应用；推动机器人技术与人工智能、物联网等前沿技术的深度融合，实现机器人技术在更多领域的创新和应用。2016 年起，工业和信息化部连续多年发布“智能机器人”国家重点研发计划重点专项，推动智能机器人技术理论创新和应用发展。

7. 智能驾驶方面

2015 年英国工程与自然科学研究理事会与捷豹路虎公司共同出资 1100 万英镑，用于完全自主汽车的研究开发，资助方向包含实现自主、智能和互联控制，研究面向自适应自动驾驶、由驾驶员认知导向的最优控制权转换，面向互联自主汽车的基于云计算的安全分布式控制系统。2021 年美国能源部支持零碳排放汽车研发项目，开发和验证支持基础设施的高质量感知技术，实现自动驾驶汽车节能运行；基于人工智能的交通监控和分析系统的试点示范，扩展自动化互联电力共享车队，推进节能脱碳目标的实现。

8. 类生物计算方面

类生物计算是利用生物学系统(如 DNA、蛋白质或细胞)来进行信息处理和计算的前沿技术。2023 年美国国家科学基金会征集“通过工程类器官智能进行生物计算”项目，研究设计定制的类器官系统、开发维护平台和传感平台、创建基于类器官的生物控制器，搭建生物计算框架。

本章小结

本章展望了人工智能与智能控制的融合和智能控制在理论和应用需求方面的发展前景。首先，人工智能技术的发展促进了智能控制技术的进步，分别从深度学习、模式识别、自然语言处理等方面介绍人工智能技术与智能控制的融合与应用；其次，从多智能体技术、深度学习神经网络和混杂控制系统的角度探讨了智能控制理论发展趋势；最后，以工业和智能交通领域为代表阐述了智能控制的应用需求，并介绍了智能控制相关的政策和发展规划。

思考题与习题

9-1　简述智能控制与人工智能、深度学习之间的联系和区别。

9-2　简述智能控制理论的发展方向。

9-3　智能制造成为各国工业优先发展方向，选取一个特定应用场景简述工业制造对智能控制的现实需求与可能的解决方案。

9-4　简述智能控制可能的应用领域与促进产业升级方面的作用。

参考文献

[1]　柴天佑. 工业人工智能与工业互联网协同实现生产过程智能化及其未来展望[J]. 控制工程，2023，30(8)：1378-1388.

[2]　柴天佑. 生产制造全流程优化控制对控制与优化理论方法的挑战[J]. 自动化学报，2009(6)：641-649.

[3]　柴天佑，程思宇，李平，等. 端边云协同的复杂工业过程运行控制智能系统[J]. 控制与决策，2023，38(8)：2051-2062.

[4]　王晓，要婷婷，韩双双，等. 平行车联网：基于 ACP 的智能车辆网联管理与控制[J]. 自动化学报，2018，44(8)：1391-1404.

[5]　夏元清，闫策，王笑京，等. 智能交通信息物理融合云控制系统[J]. 自动化学报，2019，45(1)：132-142.

[6]　钱玉宝，余米森，郭旭涛，等. 无人驾驶车辆智能控制技术发展[J]. 科学技术与工程，2022，22(10)：3846-3858.

[7]　Select Committee on Artificial Intelligence of the National Science and Technology Council. The national artificial intelligence research and development strategic plan (2023 update)[EB/OL]. (2023-05-23)[2024-05-16]. https://www. nitrd. gov/national-artificial-intelligence-research-and-development-strategic-plan-2023-update.

[8]　BREQUE M, DE NUL L, PETRIDIS A. Industry 5. 0-Towards a sustainable, human-centric and resilient European industry[EB/OL]. (2021-01-01)[2024-04-18]. https: //data. europa. eu/doi/10. 2777/308407.

[9]　The Biden-Harris Administration. The United States government's national standards strategy for critical and emerging technology[EB/OL]. (2023-05-01)[2024-04-19]. https: //www. whitehouse. gov/wp-content/uploads/2023/05/US-Gov-National-Standards-Strategy-2023. pdf.

[10]　The White House Office of Science and Technology Policy. Critical and emerging technologies list[EB/OL]. (2024-02-12)[2024-04-21]. https: //www. whitehouse. gov/ostp/news-updates/2024/02/12/white-house-office-of-science-and-technology-policy-releases-updated-critical-and-emerging-technologies-list/.

[11]　U. S. Government Accountability Office. Decarbonization: status, challenges, and policy options for carbon capture, utilization, and storage[EB/OL]. (2022-09-29)[2024-04-18]. https: //www. gao. gov/assets/gao-22-105274. pdf.

[12]　UK Research and Innovation. Driving the electric revolution competition invests in net zero manufacturing tech[EB/OL]. (2023-09-08)[2024-04-21]. https: //www. ukri. org/news/driving-the-electric-revolution-competition-invests-in-net-zero-manufacturing-tech/.

[13]　The White House. U. S. Innovation to meet 2050 climate goals: assessing initial R&D opportunities[EB/OL]. (2022-11-01)[2024-04-19]. https: //www. whitehouse. gov/wp-content/uploads/2022/11/U. S. -

Innovation-to-Meet-2050-Climate-Goals. pdf.
[14] U. S. Department of Agriculture. USDA Invests in research on next generation of agricultural technology[EB/OL]. (2017-10-17) [2024-04-26]. https://nifa. usda. gov/announcement/usda-invests-research-next-generation-agricultural-technology.
[15] U. S. National Science Foundation. National science foundation and federal partners award $37M to advance nation's co-robots[EB/OL]. (2015-12-17)[2024-04-23]. http://www. nsf. gov/news/news_summ. jsp?cntn_id=137214&org=NSF&from=news.
[16] UK Research and Innovation. Jaguar Land Rover and EPSRC announce £11 million autonomous vehicle research programme[EB/OL]. (2015-10-01)[2024-04-23]. https://www. epsrc. ac. uk/newsevents/news/jlrannouncesautonomousvehicalresearchprogramme/.
[17] U. S. Department of Energy. DOE Awards $60 million to accelerate advancements in zero-emissions vehicles [EB/OL]. (2021-07-28)[2024-04-12]. https://www. energy. gov/articles/doe-awards-60-million-accelerate-advancements-zero-emissions-vehicles.
[18] U. S. National Science Foundation. Emerging frontiers in research and innovation (EFRI-2024/25): Biocomputing through EnGINeering organoid intelligence[EB/OL]. (2023-11-16)[2024-04-21]. https://www. nsf. gov/pubs/2024/nsf24508/nsf24508. htm.